B.I.-Hochschultaschenbücher
Band 50

Philosophische Probleme der modernen Physik

von

Peter Mittelstaedt

Prof. für Theoretische Physik
an der Universität Köln

7., überarbeitete Auflage

B·I·
Wissenschaftsverlag
Mannheim/Wien/Zürich

CIP-Titelaufnahme der Deutschen Bibliothek

Mittelstaedt, Peter:
Philosophische Probleme der modernen Physik / von Peter Mittelstaedt. – 7., überarb. Aufl. – Mannheim; Wien; Zürich: BI-Wiss.-Verl., 1989
(BI-Hochschultaschenbücher; Bd. 50)
ISBN 3-411-07050-1
NE: GT

Gedruckt auf alterungsbeständigem Papier
mit neutralem pH-Wert (bibliotheksfest)

Druck: Druckerei Krembel, Speyer
Bindearbeit: Klambt-Druck GmbH, Speyer
Printed in Germany
ISBN 3-411-07050-1

VORWORT ZUR SIEBENTEN AUFLAGE

Unter moderner Physik versteht man gewöhnlich diejenige Periode der Physik, die mit EINSTEINS Analyse von Raum und Zeit (1905) beginnt und bis an die Gegenwart heranreicht. Diese moderne Physik ist – abgesehen von der großen Zunahme an Tatsachenwissen – durch zwei Theorien gekennzeichnet, durch die sie sich in ihrer ganzen Struktur wesentlich von allen vorangehenden Epochen der Physik unterscheidet: die Relativitätstheorie und die Quantentheorie. Die im Zusammenhang mit diesen beiden Theorien aufgetretenen philosophischen Probleme sollen den Gegenstand dieses Buches bilden.

Bei der Darstellung der Probleme kam es mir besonders darauf an, den beiden, einander häufig entgegengesetzten Positionen der Physik und der Philosophie durch eine sorgfältige Analyse der begrifflichen Voraussetzungen der beiden Standpunkte gerecht zu werden. Dabei war einerseits klarzumachen, wieso die moderne Physik als eine empirische Wissenschaft überhaupt zu philosophischen Fragen führt und Aussagen über Zeit, Kausalität und Logik machen kann. Auf der anderen Seite war aber festzuhalten, daß die seit dem Beginn der griechischen Philosophie immer wieder hervorgehobene Möglichkeit, Erkenntnisse zu gewinnen, die nicht aus der Erfahrung stammen, nach wie vor besteht und durch die Entwicklung der modernen empirischen Wissenschaften in keiner Weise beeinträchtigt ist.

Seit dem Erscheinen der letzten Auflage (1981) war sowohl in der theoretischen als auch in der experimentellen Physik eine große Aktivität auf dem Gebiet der Grundlagen der Quantentheorie zu beobachten, die ihren Niederschlag u. a. in zahlreichen internationalen Tagungen gefunden hat. Ich erwähne insbesondere die beiden 1983 und 1986 in Tokio veranstalteten Konferenzen „Foundations of Quantum Mechanics in the Light of new Technology“, die 1985 und 1987 in Joensuu (Finnland) abgehaltenen Symposien „Symposium on the Foundations of Modern Physics“ sowie das 1984 in Köln veranstaltete „International Symposium on Quantum Logic“. Über diese Tagungen liegen ausführliche, im Literaturverzeichnis angegebene Tagungsbände vor, die einen umfassenden Überblick über die gegenwärtige Diskussion der Grundlagenprobleme der Quantentheorie bilden.

Eine Einbeziehung dieses sehr umfangreichen Materials in das vorliegende Buch wäre nur durch eine wesentliche Erweiterung des Umfangs und durch eine stärkere Betonung formaler Gesichtspunkte möglich gewesen. Der Charakter des Buches als einer Einführung und Übersicht sollte aber erhalten bleiben. Das erschien mir auch deswegen sinnvoll zu sein, da die formalsprachlichen Gesichtspunkte der heutigen Physik in meinem 1986 erschienenen Buch „Sprache und Realität in der modernen Physik" ausführlich dargestellt sind. Weiterhin wird durch die neuen Ergebnisse die Gesamtkonzeption des Buches nicht verändert sondern nur in mehrfacher Hinsicht vertieft und vervollständigt. Ich habe mich daher darauf beschränkt, die wichtigsten Ergebnisse der neuen Forschungsarbeiten in den Text ohne wesentliche Erweiterung des Gesamtumfangs einzuarbeiten und die Literaturangaben auf den neuesten Stand zu bringen.

Köln, im Januar 1989 *Peter Mittelstaedt*

INHALTSVERZEICHNIS

VI. Logik und Quantenlogik

EINLEITUNG

Die Physik ist eine Wissenschaft, deren methodischer Rahmen fest vorgegeben ist. Sowohl die Art und Weise Probleme zu stellen, als auch die Methoden, mit denen diese Probleme gelöst werden, stehen fest, ohne daß auf den speziellen Inhalt der jeweiligen Untersuchung Bezug genommen werden muß. Die Methoden sind erlernbar und können im Prinzip von jedem auf offene Fragen angewandt werden. Die Ergebnisse, die in dieser Weise gewonnen werden, sind also stets Antworten, die in einer fest umrissenen Weise auf Fragen gegeben werden, die ebenfalls von der Physik gestellt und formuliert worden sind. Der Bereich dessen, was überhaupt von dieser Wissenschaft erkannt werden kann und erkannt werden soll, ist daher in gewisser Hinsicht durch den methodischen Rahmen bereits vorgegeben.

Diese Eigenschaft scheint von vornherein die Möglichkeit philosophischer Probleme innerhalb der Physik auszuschließen. Denn versteht man unter Philosophie eine Weise des Denkens, die sich offenhält gegenüber methodischen und intentionalen Beschränkungen, so ist philosophisches Fragen innerhalb der Grenzen einer Wissenschaft nicht möglich. Das ständige In-Frage-Stellen eben dieser Grenzen, das Philosophie von allen Wissenschaften unterscheidet, kann nicht selbst wieder Bestandteil einer dieser Wissenschaften sein.

Versteht man unter Physik eine Disziplin, die Seiendes unter bestimmten vorgegebenen Aspekten betrachtet, so wird eine philosophische Reflexion innerhalb der Physik immer nur diese Aspekte zum Gegenstand haben können. Aller Fortschritt innerhalb der Physik wird daher niemals zu neuen, bisher unbekannten philosophischen Fragen führen. Nur wenn die Intention der Physik als solche eine Änderung erfährt, würden gewisse philosophische Urteile über Physik gegenstandslos werden. Solange man aber eine solche Veränderung des Konzepts der Physik auf Grund autonomer philosophischer Überlegungen durchgeführt hätte, wäre kein Anlaß, von philosophischen Problemen der Physik zu sprechen. Die Probleme hätten vielmehr ihren Ursprung in Überlegungen, die selbst außerhalb der Physik stehen.

Eine vollständig andere Situation läge aber dann vor, wenn die Veränderungen des methodischen Rahmens der Physik nicht auf Grund philosophischer, sondern auf Grund physikalischer Ergebnisse erfolgen würden. Dann könnte man legitim von philosophischen Problemen der Physik sprechen. Die physikalischen Resultate würden dann zu Fragen führen, die selbst nicht mehr im Rahmen der Physik beantwortet werden können.

Die wirkliche Lage der modernen Physik entspricht genau dieser Situation. Seit Beginn dieses Jahrhunderts wurden die methodischen Grundlagen der Physik zweimal entscheidend durch experimentelle Ergebnisse geändert: Die erste dieser Veränderungen führte zur Aufstellung der Relativitätstheorie, die zweite zur Quantentheorie. Durch die Aufstellung dieser Theorien wurde dann der begriffliche Rahmen der Physik in einer neuen, veränderten Form wieder gefestigt. Diejenigen philosophischen Fragen, die mit dieser Umbildung der klassischen Physik in die moderne Relativitäts- und Quantentheorie verbunden sind, sollen den Gegenstand dieses Buches bilden.

Der konkrete Anlaß zu einer Beschäftigung mit philosophischen Problemen der Physik waren gewisse Behauptungen, die von der Physik seit Beginn dieses Jahrhunderts aufgestellt worden waren. Es ging dabei darum, daß einige Strukturen, an deren Gültigkeit bis dahin niemand gezweifelt hatte, für falsch erklärt wurden. Die euklidische Geometrie, das Kausalgesetz und die Logik sind die markantesten Beispiele. Von physikalischer Seite wurde als Begründung dieser Feststellungen auf die Erfahrung verwiesen, die der einzige legitime Ursprung physikalischer Erkenntnis sei.

Gegen die genannten Behauptungen, insbesondere aber gegen deren empiristische Begründung können einige schwerwiegende philosophische Einwände geltend gemacht werden. Jeder feste methodische Rahmen, durch den eine bestimmte Wissenschaft definiert wird, verwendet gewisse Kategorien, Begriffe und Schemata, um die Erscheinungen zu ordnen und zu interpretieren. Gewisse Aspekte, unter denen man das Wahrgenommene betrachten kann, werden auf diese Weise ausgeklammert, andere Gesichtspunkte werden dagegen hervorgehoben. Aus diesen Ordnungsschemata, durch die die Wahrnehmungen zunächst einmal interpretiert werden, folgen im allgemeinen schon ohne empirische Erkenntnis gewisse Eigenschaften, die allen Gegenständen der betreffenden Wissenschaft zukommen, und zwar a priori. Die genaueste Darstellung dieses Gedankens für den Bereich der Naturwissenschaft findet sich bei KANT, der sich damit gegen die Behauptung HUMES wendet, daß alle Erkenntnis nur aus Erfahrung stammen könne. KANT rechnet zu den Erkenntnissen, die in dieser Weise a priori für alle Gegenstände der Naturwissenschaft gelten: die Struktur von Raum und Zeit, die euklidische Geometrie, das Kausalgesetz und den Substanzerhaltungssatz. Die Auseinandersetzung mit den oben erwähnten physikalischen Behauptungen über die Ungültigkeit dieser Strukturen wird es daher erforderlich machen, die von KANT vorgebrachten Argumente für die Möglichkeit einer Erkenntnis a priori genauer zu diskutieren. – Auf einer ähnlichen Stufe stehen die Argumente, die in der modernen Logik für die A-priori-Gültigkeit der logischen Gesetze angeführt werden. Die Bedingungen, unter denen Aussagen über Seiendes überhaupt gemacht werden können, legen bereits die Regeln fest, denen diese Aussagen notwendigerweise gehorchen müssen.

Da in dieser Weise die a-priori-Gültigkeit gewisser Strukturen der Erfahrung klargemacht werden kann, verliert der Hinweis auf die experimentellen Resultate dort seinen Sinn, wo es um die Prüfung eben dieser Strukturen geht. Die Physik wird dieser Situation insofern gerecht, als sie die aus den Bedingungen der Möglichkeit der Erfahrung sich ergebenden a-priori-Strukturen bereits so in ihrem Aufbau verarbeitet hat, daß kein konkretes Naturgesetz mit diesen Strukturen in Widerspruch geraten kann. Das tritt nicht immer deutlich hervor: Alle Aussagen der Physik beziehen sich auf Erfahrung und geben die Zusammenhänge experimentell realisierbarer Situationen an. Das bedeutet jedoch nicht, daß Physik auf nichts weiter als auf Erfahrungsdaten beruht. Allerdings werden die a-priori-Strukturen innerhalb der Physik meist nicht als solche hervorgehoben, sie treten vielmehr nur in Verbindung mit kontingenten Naturgesetzen auf und sind daher häufig geradezu verborgen. So wird z. B. das Kausalgesetz in der Physik nirgends als ein eigenes Gesetz formuliert. Der Grund ist, daß das Kausalgesetz bereits in den konkreten empirischen Gesetzen enthalten ist. Nur bestimmte Typen von Differentialgleichungen haben „kausale Lösungen", und nur diese Differentialgleichungen werden in der Physik verwendet.

In ähnlicher Weise wird auch den übrigen Erkenntnissen a-priori in der Physik Rechnung getragen. Gewisse allgemeine Strukturen der Naturgesetze sorgen dafür, daß in konkreten Fällen die betreffenden a-priori-Behauptungen immer erfüllt sind. Da somit die aus einer kritischen Reflexion auf die Bedingungen der Möglichkeit der Erfahrung resultierenden a-priori-Strukturen im Aufbau der Physik bereits berücksichtigt sind, ist eine Widerlegung dieser Strukturen durch physikalische Experimente nicht ohne weiteres möglich. Es entsteht daher die Frage, was unter diesen Umständen mit der Behauptung gemeint ist, daß aus empirischen Gründen an den a-priori-Strukturen gezweifelt werden muß.

Auf Grund dieser Überlegungen ist eine Veränderung derjenigen Sätze, die a-priori für alle Erfahrung gelten müssen, nur möglich, wenn sich die Bedingungen der Möglichkeit der Erkenntnis, also der methodische Rahmen und damit der Begriff der Physik selbst ändern. Durch eine solche Änderung der begrifflichen Voraussetzungen der Erfahrung würde sich aber dann auch die Struktur der Dinge verändern, die in der Erfahrung auftreten. Die Feststellung, daß die Veränderungen der a-priori-Strukturen in der Physik auf Erfahrung beruhen, darf daher auch nicht in einem empiristischen Sinne verstanden werden. Diese Veränderungen beruhen vielmehr auf einer Änderung des methodischen Rahmens der Physik, die aber ihrerseits nicht auf Grund philosophischer Überlegungen, sondern die ausschließlich aus empirischen Gründen erfolgt ist. Die Frage, wie empirische Resultate überhaupt einen Einfluß haben können auf die Wahl derjenigen Kategorien, mit deren Hilfe diese Erfahrungen zustande kommen, ist das eigentliche Problem, das die moderne Physik einer philosophischen Interpretation ihrer Resultate stellt.

Die Beantwortung dieser Frage ist möglich durch eine genaue Analyse derjenigen Bedingungen, unter denen empirisch-physikalische Resultate überhaupt nur gewonnen werden können: Das sind die Gesetze, denen die Meßvorgänge unterliegen. Die Tatsache, daß auch alle Meßinstrumente Gegenstände der Erfahrung sind und als solche selbst den zum Teil empirischen Gesetzen der Physik unterliegen, hat zur Folge, daß diese Gesetze wiederum einen Einfluß haben können auf die Struktur derjenigen Erfahrung, die mit Hilfe der Meßgeräte gewonnen werden kann. Die genaue Form der Naturgesetze, die zugleich die Gesetze der Meßgeräte sind, führt dann zu den für die moderne Physik charakteristischen Veränderungen des kategorialen Rahmens und damit des für diese Physik relevanten Erfahrungsbegriffes.

Unter diesen Umständen gibt es grundsätzlich zwei Methoden, die Physik als eine Theorie des Naturgeschehens zu formulieren. Die eine Methode geht aus von der Forderung, daß die Theorie nur Größen enthalten darf, die mit den tatsächlich existierenden Meßgeräten beobachtet werden können. Die Physik ist dann eine Theorie beobachtbarer Größen, die die Natur beschreibt, wie sie sich zeigt, wenn man sie mit realen Meßgeräten untersucht. Eine derartige Theorie verwendet ausschließlich solche Kategorien zur Ordnung der Erscheinungen, die sich aus einer Theorie des realen Meßprozesses ergeben. – Daneben gibt es noch die andere Möglichkeit, die aus der klassischen Physik, der euklidischen Geometrie und der klassischen Logik bekannten Schemata und Kategorien zur Ordnung der Erscheinungen beizubehalten, ohne zunächst die Frage der empirischen Realisierbarkeit dieser Begriffe zu stellen. Eine auf dieser Grundlage aufgebaute Physik muß jedoch ebenfalls eine korrekte Beschreibung der empirischen Phänomene einschließlich der Gesetze der Meßgeräte enthalten. Unter Verwendung dieser Kenntnisse wird man dann aber zeigen können, daß die ursprünglich zugrunde gelegten Begriffe und Schemata in keinem möglichen Experiment auftreten können und im Aufbau der Theorie die Rolle von unbeobachtbaren „verborgenen" Parametern spielen. Empirisch realisierbar sind nur diejenigen Begriffe, die auch in einer Theorie beobachtbarer Größen enthalten sind[1].

In den folgenden Untersuchungen sollen die auf einer Theorie der realen Meßprozesse beruhenden Abänderungen des methodischen Rahmens der Physik und die damit verbundenen Veränderungen der a-priori-Strukturen genauer behandelt werden. Der Ausgangspunkt wird jeweils die von der Physik geäußerte Kritik an Begriffen und Strukturen sein, die bisher als a-priori gültig betrachtet worden waren. Im einzelnen handelt es sich dabei um die Struktur von Raum und Zeit, die euklidische Geometrie, den Substanzbegriff, das Kausalgesetz und die Logik. Um die Kritik der Physik an diesen Begriffen sinnvoll diskutieren zu können, ist es notwendig, zunächst diejenigen Gründe im einzelnen anzugeben, die für die Gültigkeit dieser Strukturen unabhängig von der Erfahrung sprechen. Der Gedanke, daß es Ergebnisse der Naturwissenschaft gibt, die selbst nicht auf Erfahrung beruhen und doch auf die Erfahrung anwendbar sind, reicht weit in die Geschichte der exakten Wissenschaften zurück. So sind etwa die griechische Geometrie, wie wir sie aus der Darstellung Euklids kennen, und die Syllogistik des Aristoteles Theorien, deren Sätze sich aus wenigen Axiomen herleiten lassen, die ihrerseits auf Grund ihrer Evidenz gültig sind. Wir werden daher auf die wichtigsten

[1] Vgl. hierzu P. Mittelstaedt, Verborgene Parameter und beobachtbare Größen in physikalischen Theorien, Phil. Natural. X (1968)

in der Geschichte der exakten Wissenschaften vorgebrachten Argumente für die Gültigkeit der a-priori-Strukturen in der Erfahrung eingehen müssen. Dabei wird es sich als notwendig erweisen, bei der Diskussion der Raum-Zeit-Struktur, des Kausalgesetzes und des Substanzbegriffes in besonderem Maße auf die Argumentationen KANTS Bezug zu nehmen. Der Grund dafür ist, daß KANT unter Beachtung aller empiristischen Gegenargumente Beweise für die Gültigkeit der betreffenden a-priori-Strukturen in der Erfahrung angegeben hat, die für die gesamte neuzeitliche Physik vor EINSTEIN, die sogen. klassische Physik, relevant sind. – Für das Problem der Begründung der Logik werden wir in besonderem Maße auf die operative Begründung der Logik zurückgreifen, da sich damit die Gültigkeit der Sätze der Logik für sämtliche Aussagen der klassischen Physik nachweisen läßt.

Um die Notwendigkeit einer Abänderung des methodischen Rahmens der Physik durch eine Theorie des realen Meßprozesses deutlich machen zu können, ist es darüber hinaus notwendig, über die physikalischen Ergebnisse der modernen Physik kurz zu referieren. Das soll so geschehen, daß nur diejenigen Punkte erwähnt werden, die für die philosophische Fragestellung tatsächlich wesentlich sind.

Im einzelnen werden wir die Untersuchung beginnen mit einer Diskussion derjenigen Probleme, die durch die spezielle Relativitätstheorie aufgeworfen worden sind: Das sind die Fragen, die mit der Struktur von Raum und Zeit zusammenhängen, insbesondere das Problem der zeitlichen Aufeinanderfolge von Ereignissen (Kap. I). Die spezielle Relativitätstheorie ist von besonderem Interesse für unsere Fragestellung, denn in ihr hat EINSTEIN erstmals eine Weise des Denkens zur Anwendung gebracht, die für die ganze moderne Physik maßgebend geworden ist: Die spezielle Relativitätstheorie ist eine Theorie beobachtbarer Größen, die explizit Bezug nimmt auf die Möglichkeit der Beobachtung und den Meßprozeß. Die physikalischen und mathematischen Probleme der speziellen Relativitätstheorie sind vergleichsweise nicht sehr kompliziert, so daß an dieser Theorie die neue erkenntnistheoretische Situation besonders gut besprochen werden kann. – Im Anschluß daran sollen diejenigen Probleme behandelt werden, die durch die allgemeine Relativitätstheorie aufgeworfen worden sind, und die die Gültigkeit und Anwendbarkeit der euklidischen Geometrie im empirischen Raum in Frage stellen (Kap. II). Abgesehen von der rein mathematischen Struktur der physikalischen Theorie sind hier auch die methodischen und begrifflichen Fragen von größerer Kompliziertheit als in der speziellen Relativitätstheorie. Neben der dort schon aufgetretenen neuartigen Struktur, die eine Theorie beobachtbarer Größen kennzeichnet, wird uns hier erstmalig eine alternative Formulierung der Theorie begegnen, die mit verborgenen Parametern arbeitet, und die methodisch eine neue Form des Apriorismus ermöglicht.

Im Anschluß daran sollen diejenigen Probleme besprochen werden, die durch die Quantentheorie aufgeworfen worden sind. Dabei sollen zunächst die physikalischen Ergebnisse, insbesondere die Theorie des Meßprozesses in der Quantenmechanik dargestellt werden (Kap. III). Daran anschließend soll dann die durch die Quantentheorie veranlaßte Kritik des Substanzbegriffes (Kap. IV) und des Kausalgesetzes (Kap. V) besprochen werden. Im letzten Kapitel (Kap. VI) wird dann die Gültigkeit und Anwendbarkeit der klassischen Logik für den Bereich quantentheoretischer Aussagen behandelt.

I. RAUM UND ZEIT

Bei der Analyse der Begriffe des Raumes und der Zeit in der Relativitätstheorie ist erstmals eine Struktur sichtbar geworden, die für die ganze moderne Physik charakteristisch ist: Die Meßgeräte, mit denen die Eigenschaften der Natur bestimmt werden, sind selbst Gegenstände dieser Natur. Der Einfluß, den die Gesetze dieser Meßapparaturen auf die Meßresultate haben, muß in diesen Gesetzen, da sie zugleich die Gesetze der Meßergebnisse sind, bereits enthalten sein.

Für die Messung von Raum und Zeitintervallen mit Hilfe von Lichtsignalen erfuhr dieses Konzept eine konsequente Durchführung in der EINSTEINschen Relativitätstheorie. Dabei haben die Begriffe Raum und Zeit eine Umdeutung erfahren, durch die wesentliche Eigenschaften, die diesen Begriffen in der NEWTONschen Mechanik zukamen, verlorengegangen sind.

Der Rechtfertigung einer solchen Umdeutung durch den Hinweis auf experimentelle Resultate steht jedoch die Aussage der Philosophie KANTS gegenüber, daß Raum und Zeit als Bedingungen der Möglichkeit der Erfahrung in ihrer Struktur nicht von diesen Erfahrungen abhängig sein können. Es erhebt sich daher die Frage, wie die Ergebnisse der speziellen Relativitätstheorie in Anbetracht dieser Einwände in einer sowohl physikalisch als auch philosophisch befriedigenden Weise interpretiert werden können.

Problemstellung

Die Relativitätstheorie ist philosophisch in mehrfacher Hinsicht von Bedeutung. In ihr wurde erstmalig in der modernen Physik eine Betrachtungsweise wichtig, die man in Anlehnung an die KANTsche Terminologie als eine Reflexion auf die physikalischen Bedingungen der Möglichkeit der Erfahrung bezeichnen könnte. Diese Bedingungen sind die Naturgesetze, denen der Meßprozeß unterworfen ist. Diese neue, von EINSTEIN eingeführte Denkweise ist für die ganze moderne Physik von grundlegender Bedeutung geworden. Sie führt, wie sich zeigen wird, zu einer Änderung des methodischen Rahmens, innerhalb dessen physikalische Theorien möglich sind, und dadurch letzten Endes zu einer Änderung des Begriffs der Physik selbst.

Im Zusammenhang damit steht die Veränderung gewisser methodischer Voraussetzungen der Physik, die seit der Philosophie KANTS als unabänderliche Bedingungen der Möglichkeit der Erfahrung betrachtet wurden. Der daraus folgende scheinbare Widerspruch zwischen den bei KANT als a priori angenommenen Eigenschaften der Anschauungsformen Raum und Zeit und den in der Relativitätstheorie gewonnenen Ergebnissen über diese Begriffe hat dann auch den ersten Anstoß zu einer Diskussion der philosophischen Situation in der modernen Physik gegeben.

Eine befriedigende Diskussion dieser Schwierigkeit ist nur möglich, wenn man dabei sowohl der philosophischen als auch der physikalischen Seite des Problems gerecht wird. Vom philosophischen Standpunkt aus ist zunächst hervorzuheben, daß der transzendentale Charakter von Raum und Zeit und die damit verbundenen A-priori-Urteile über die Struktur der Erfahrung nicht von einer speziellen Erfahrung her korrigiert werden können. Insofern muß dem philosophischen Einwand gegen die Relativitätstheorie durchaus recht gegeben werden.

Auf der anderen Seite aber muß klargestellt werden, daß es sich bei der Relativitätstheorie keineswegs um eine Theorie handelt, deren Aussagen sich einfach auf Erfahrungsdaten beziehen. Vielmehr liegt das Schwergewicht dieser Theorie in einer Reflexion auf die physikalischen Vorbedingungen von Erfahrungen. Aus dieser Reflexion heraus besteht aber – wie sich zeigen wird – für die Relativitätstheorie nun ihrerseits die Möglichkeit, Kritik an den transzendentalen Aussagen der KANTschen Philosophie zu üben.

Bei der folgenden Behandlung dieses Problemkreises soll zunächst auf die physikalische Seite des Problems, d. h. auf die gegenüber der klassischen Physik neuartige Struktur der Relativitätstheorie eingegangen werden. Im Anschluß daran sollen die Argumente besprochen werden, die von seiten der Philosophie KANTS vorgebracht wurden, um die A-priori-Struktur von Raum und Zeit zu rechtfertigen. Die Gegenüberstellung dieser Argumente mit den Ergebnissen der Relativitätstheorie wird dann zeigen, in welchem Sinne man von einer Revision der Begriffe Raum und Zeit durch die Relativitätstheorie sprechen kann.

Spezielle Relativitätstheorie

NEWTON hat in den „Philosophiae naturalis principia mathematica“ (1687) die Begriffe des absoluten Raumes und der absoluten Zeit mit folgenden Worten eingeführt[1]: „Der absolute Raum bleibt vermöge seiner Natur und ohne Bezug auf einen äußeren Gegenstand stets gleich und unbeweglich“ und „die absolute, wahre und mathematische Zeit verfließt an sich und vermöge ihrer Natur gleichförmig und ohne Beziehung auf irgendeinen äußeren Gegenstand“. Damit diese Begriffe einen physikalisch nachprüfbaren Sinn bekommen, ist es notwendig, ein Meßverfahren anzugeben, mit dem man sie experimentell bestimmen kann.

Der Begriff der absoluten Zeit bekommt einen physikalisch realisierbaren Sinn, wenn man die Existenz starrer Körper voraussetzt. Mit ihrer Hilfe wäre es nämlich jederzeit möglich, die Uhren verschiedener Beobachter, auch wenn sie räumlich voneinander getrennt sind oder sich gegeneinander bewegen, zu synchronisieren. Diese so durch Uhrenvergleich hergestellte Zeit könnte man dann als die absolute Zeit bezeichnen und alle Vorgänge in ihrem zeitlichen Verhalten auf sie beziehen. Das gleiche Ergebnis würde man natürlich erhalten, wenn man die Synchronisation mit Licht durchführt und voraussetzt, daß das Licht sich geradlinig und instantan durch den Raum ausbreitet.

Wesentlich komplizierter liegen die Verhältnisse, wenn man den Begriff des absoluten Raumes präzisieren will. Eine Ortsmessung besteht immer darin, daß man Abstände und Winkel in bezug auf eine Basis mißt. Wir wollen auch hier von der Voraussetzung ausgehen, daß diese Messungen mit starren Maßstäben durchgeführt werden können. Eine solche Basis, auf die Ortsmengen bezogen werden, wollen wir allgemein als Bezugssystem bezeichnen. Mathematisch entspricht ein solches System einem bestimmten Koordinatensystem. Zunächst liefern daher die Messungen von Ortskoordinaten nur relative Aussagen, die sich auf jeweils ein Bezugssystem beziehen und daher nur einen relativen Raum darstellen.

Es könnte jedoch sein, daß es möglich ist, ein Bezugssystem besonders auszuzeichnen und dadurch einen absoluten Raum zu definieren, in dem sich alle Bewegungen abspielen. Natürlich ist es möglich, willkürlich ein Bezugssystem herauszugreifen und von diesem zu behaupten, daß es den absoluten Raum repräsentiere. Aber eine solche Aussage hätte keinerlei nachprüfbaren Inhalt. Es zeigt sich nämlich, daß die mechanischen Vorgänge in allen zueinander ruhenden oder gleichförmig bewegten Bezugssystemen vollkommen gleich ablaufen. Der Zustand der Ruhe ist daher von dem

[1] I. Newton, Philosophiae naturalis principia mathematica, 1687, deutsche Ausgabe von J. Ph. Wolfers, Berlin 1872, Seite 25

der gleichförmigen Bewegung mit den Mitteln der Mechanik experimentell nicht zu unterscheiden.

Während es auf Grund der oben erwähnten Synchronisierung von Uhren für alle Beobachter in gleicher Weise möglich ist, von zwei Ereignissen zu sagen, ob sie zu gleicher Zeit stattfanden, auch wenn sie an räumlich entfernten Stellen geschehen sind, ist ein analoges Vorgehen im Raum nicht möglich. Von zwei zeitlich getrennten Ereignissen wird die Behauptung, daß sie am gleichen Ort stattfanden, zwar für alle zueinander ruhenden Beobachter in gleicher Weise gelten, alle dazu bewegten Beobachter aber werden davon abweichende Feststellungen machen.

Die Mitteilung von Ortsmessungen muß auf Grund dieser Bemerkungen im allgemeinen unter Angabe des Bezugssystems erfolgen, auf die sich die Meßwerte beziehen. Das Bezugssystem stellt die experimentellen Vorbedingungen dar, unter denen die Messungen gemacht wurden. Beim Übergang von einem zum anderen Bezugssystem müssen daher die Meßergebnisse transformiert werden, und zwar mit derjenigen Transformation, die das Koordinatensystem der einen Basis in das der anderen überführt. Eine Formulierung der physikalischen Gegebenheiten von der Art, daß die experimentellen Vorbedingungen der Messung explizit so in Betracht gezogen werden, daß bei einer Änderung dieser Vorbedingungen (durch eine Transformation) sich auch die physikalischen Ergebnisse in entsprechender Weise ändern, bezeichnet man als kovariante Formulierung der Theorie. Sind, wie im vorliegenden Fall der klassischen Mechanik, die Grundgleichungen sogar völlig unabhängig vom Bezugssystem, so bezeichnet man sie als invariant. Die Kovarianz und Invarianz beziehen sich dabei stets auf eine bestimmte Gruppe von Transformationen. Diejenigen Transformationen, die den Übergang zu gleichförmig bewegten Bezugssystemen beschreiben, sind die GALILEI-Transformationen. Die klassische Mechanik ist daher eine GALILEI-invariante Theorie.

Bezeichnet man die Koordinaten des Bezugssystems K mit x, y, z, t, die des dazu in x-Richtung bewegten K' mit x', y', z', t' und die Komponenten der Relativgeschwindigkeit mit v_x, v_y, v_z, so lautet die GALILEI-Transformation, die von K nach K' führt, wenn K und K' zur Zeit $t = 0$ übereinstimmen:
(wenn $v_y = v_z = 0$)

$$x' = x - v_x t, \qquad y' = y, \qquad z' = z, \qquad t' = t\,.$$

Um dem Begriff des absoluten Raumes trotz der GALILEI-Invarianz der klassischen Mechanik einen Sinn zu geben, verwies NEWTON auf die Trägheitseffekte bei beschleunigten Bewegungen. Zur experimentellen Realisierung des absoluten Raumes gab er zwei dynamische Experimente an, mit deren Hilfe man angeblich die Größe und die Richtung der Bewegung gegen den absoluten Raum messen kann[1]. Es ist dies der Eimerversuch und ein Experiment, bei dem zwei Kugeln, die durch einen Faden verbunden sind, in Rotation um ihren Schwerpunkt versetzt werden. An der Krümmung der Wasseroberfläche bzw. an der Spannung des Fadens kann man dann die Bewegung gegen den absoluten Raum entnehmen. Die daran anschließende Diskussion, an der LEIBNIZ[2] und HUYGENS[3] maßgeblich beteiligt waren, fand erst einen gewissen Abschluß durch die Überlegungen MACHS[4], der die Rotation als eine Relativbewegung gegen den Fixsternhimmel interpretierte und damit dem absoluten Raum schließlich jede mechanische Rechtfertigung entzog[5].

Um so wichtiger wurde die Frage, ob man mit anderen als den mechanischen Mitteln eine Bewegung gegen den absoluten Raum nachweisen könnte. Von besonderem Interesse sind dabei die elektromagnetischen Vorgänge, da die Elektrodynamik vollkommen unabhängig von der Mechanik entwickelt worden war. Es wurde deshalb von DRUDE und ABRAHAM die Frage aufgeworfen, ob es nicht möglich sei, den Äther, den Träger der damals neu entdeckten elektromagnetischen Wellen, als „absoluten Raum" zu interpretieren und damit diesem Begriff doch noch – nun aber von der Elektrodynamik her – einen Sinn zu geben. Die einfachste Fragestellung ist auch hier wieder, zunächst einmal gleichförmig bewegte Systeme, in denen keine Trägheitseffekte auftreten – sogenannte Inertialsysteme –, experimentell miteinander zu vergleichen. Unter den sehr vielen Versuchen, die sich mit diesem Problem befaßt haben, hat der Versuch von MICHELSON, MORLEY und MILLER eine besondere Berühmtheit erlangt. Im Hinblick auf die große Geschwindigkeit der Lichtwellen schien es zweckmäßig, auch Inertialsysteme mit großen Geschwindigkeiten zu verwenden. In dem Experiment von MICHELSON wird daher die Bewegung der

[1] l. c. S. 31
[2] G. W. Leibniz, Briefwechsel mit Clarke
[3] Ch. Huygens, Œuvres complètes, vol. 10 (Briefwechsel 1691–1695)
[4] E. Mach, Die Mechanik in ihrer Entwicklung, Leipzig 1883
[5] Vgl. hierzu S. 81

Erde um die Sonne, die mit einer Geschwindigkeit von etwa 30 km/sec erfolgt, ausgenützt. Sowohl in diesem wie auch in allen anderen Experimenten, die sich mit diesem Problem befassen, zeigte sich übereinstimmend, daß die elektromagnetischen Vorgänge in allen Inertialsystemen vollkommen gleich ablaufen. Experimentell liegen also ganz ähnliche Verhältnisse vor wie in der klassischen Mechanik. Die Unabhängigkeit der Erscheinungen vom Inertialsystem bezeichnet man als Relativitätsprinzip.

Es ergibt sich hier jedoch sofort die folgende Schwierigkeit. Außer dem Relativitätsprinzip gilt empirisch das Prinzip der Konstanz der Lichtgeschwindigkeit. Unabhängig davon, ob ein Beobachter sich auf eine Lichtquelle zu oder von ihr weg bewegt, wird das Licht mit einer Geschwindigkeit von 300000 km/sec an ihm vorbeilaufen. Die Ausbreitungsgleichung für Lichtstrahlen lautet, wenn x_0, y_0, z_0 die Koordinaten der Lichtquelle sind und t_0 der Zeitpunkt, zu dem die Lichtausbreitung begann

$$(x - x_0)^2 + (y - y_0)^2 + (z - z_0)^2 = c^2 (t - t_0)^2 ,$$

und diese Gleichung gilt unabhängig vom gewählten Inertialsystem. Geht man jedoch mit Hilfe einer GALILEI-Transformation von einem x-Koordinatensystem zu einem x'-System über, so bleibt die obige Gleichung für die Lichtausbreitung nicht invariant.

Anschaulich kann man die Unvereinbarkeit der Konstanz der Lichtgeschwindigkeit mit dem durch die GALILEI-Invarianz ausgedrückten Relativitätsprinzip an dem folgenden Paradoxon klarmachen: Man denke sich eine Lichtquelle, die sich relativ zu einem Beobachter A mit der Geschwindigkeit v bewegt, während sie relativ zu einem anderen Beobachter B ruht. Beide Beobachter sehen dann als Wellenflächen des Lichts Kugeln, deren Mittelpunkte relativ zu ihnen ruhen, d. h. sie sehen verschiedene Kugeln. Der Widerspruch verschwindet erst, wenn man zuläßt, daß Raumpunkte, die für A gleichzeitig von Licht durchlaufen werden, für B nicht gleichzeitig durchlaufen werden. Die folgenden Betrachtungen werden zeigen, daß darin tatsächlich die Lösung des Paradoxons besteht.

Die Transformationen, die von einem Inertialsystem zu einem anderen führen, müssen, wie sich zeigen läßt, wegen der Gleichberechtigung aller Punkte im Raum und in der Zeit stets lineare Funktionen der Koordinaten x, y, z und t sein. Um dem Relativitätsprinzip Rechnung zu tragen, muß die Transformation, die von einem zum anderen Inertialsystem führt, die Form

$$x' = \frac{x - v\,t}{\sqrt{1 - \frac{v^2}{v_\infty^2}}}, \quad y' = y, \quad z' = z, \quad t' = \frac{t - \frac{v\,x}{v_\infty^2}}{\sqrt{1 - \frac{v^2}{v_\infty^2}}}.$$

haben, wenn man zwei Inertialsysteme betrachtet, die sich in x-Richtung mit der Geschwindigkeit v relativ zueinander bewegen. Die Größe v_∞^2 ist eine zunächst unbestimmte, von x, t und v unabhängige Konstante. Für den speziellen Wert $v_\infty = \infty$ erhält man offensichtlich die GALILEI-Transformation. Verlangt man weiterhin, daß die Transformation auch dem Prinzip der Konstanz der Lichtgeschwindigkeit genügt, d.h. die Gleichung für die Lichtausbreitung invariant läßt, so folgt $v_\infty^2 = c^2$. Die Transformationsformeln für zwei in x-Richtung relativ zueinander bewegte Inertialsysteme lautet daher:

$$x' = \frac{x - v\,t}{\sqrt{1 - \frac{v^2}{c^2}}}, \quad y' = y, \quad z' = z, \quad t' = \frac{t - \frac{v}{c^2}\,x}{\sqrt{1 - \frac{v^2}{c^2}}}.$$

Man bezeichnet diese (hier für einen Spezialfall angegebenen) Transformationen als LORENTZ-Transformation.

Die Situation ist also die folgende: Während man in der klassischen Mechanik den Übergang von einem zu einem anderen Inertialsystem mit Hilfe der GALILEI-Transformation durchführen kann, zeigt sich, daß für die Vorgänge der Lichtausbreitung, oder allgemeiner der Elektrodynamik, die LORENTZ-Transformation diesen Übergang beschreibt. Man muß sich daher für eine dieser Transformationen als die physikalisch richtige entscheiden. Für die LORENTZ-Transformation spricht, daß man die elektromagnetischen Vorgänge mit wesentlich größerer Genauigkeit kennt als die mechanischen, und daß die LORENTZ-Transformationen im Grenzfall $c \to \infty$ in die GALILEI-Transformationen übergehen. Es könnte also sein, daß die Mechanik in ihrer klassischen Form nur eine im Grenzfall $c \to \infty$ richtige Idealisierung der wirklichen Verhältnisse darstellt, die noch gewisse Korrekturen erfahren muß. Die einzige Schwierigkeit einer solchen Lösung besteht aber noch darin, daß die LORENTZ-Transformation, besonders die Tatsache, daß die Zeit beim Übergang von einem zum anderen Inertialsystem mittransformiert werden muß, vorläufig noch ganz unverständlich ist. Dagegen ist die Verwendung der GALILEI-Transformation bei einem solchen Übergang unmittelbar einleuchtend, solange jedenfalls, wie man von dem oben eingeführten Begriff der absoluten Zeit ausgeht.

An dieser Stelle setzt EINSTEINS Analyse des Zeitbegriffs ein. Sie geht davon aus, daß der in der klassischen Mechanik verwendete Begriff der absoluten Zeit nicht brauchbar ist. Die dort benötigte Methode der Synchronisierung von Uhren mit Hilfe von Wirkungen, die sich instantan ausbreiten, ist materiell nicht realisierbar. Der Grund ist, daß es ideal starre Körper nicht gibt, und daß das schnellste uns bekannte Signal, das Licht, eine endliche Ausbreitungsgeschwindigkeit besitzt. Es ist also ganz unzweckmäßig, den Gleichzeitigkeitsbegriff, wie ihn die klassische Mechanik verwendet, beizubehalten. An seine Stelle setzt EINSTEIN eine Definition, die wir als relative Gleichzeitigkeit bezeichnen wollen und die von vornherein die materiellen Gegebenheiten mit in Betracht zieht.

Für Ereignisse, die am gleichen Raumpunkt stattfinden, ist der klassische Begriff der Gleichzeitigkeit unproblematisch und soll daher beibehalten werden. Für solche Ereignisse A und B, die an räumlich verschiedenen Punkten x_A und x_B stattfinden, die relativ zueinander in Ruhe sind, soll der Begriff der Gleichzeitigkeit folgendermaßen definiert werden:

Ein Lichtsignal möge in x_A zur Zeit t_1 ausgesandt werden, in x_B reflektiert werden und schließlich in x_A zur Zeit t_2 wieder eintreffen (Fig. 1). Eine Uhr in x_B heißt dann synchron zur Uhr x_A,

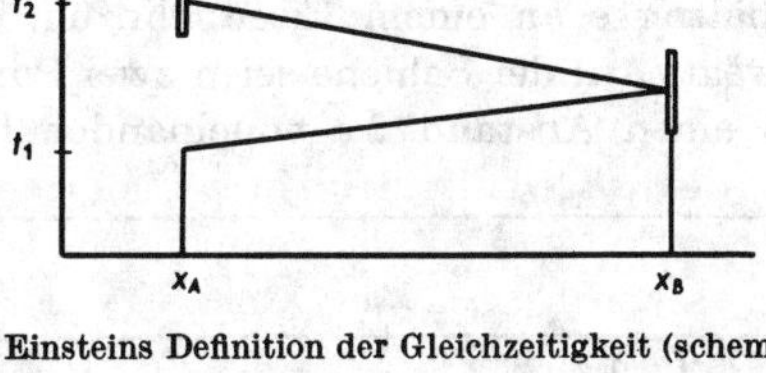

Fig. 1. Einsteins Definition der Gleichzeitigkeit (schematisch)

wenn sie im Moment der Lichtreflexion in x_B die Zeit $\frac{t_1 + t_2}{2}$ angezeigt hat. Die Anwendung dieses Begriffes auf konkrete Ereignisse bereitet offenbar keinerlei Schwierigkeiten. Daß es sich darüber hinaus auch um eine sinnvolle Definition des Begriffes der Gleichzeitigkeit handelt, sieht man aber erst, wenn man beachtet, daß die

Lichtgeschwindigkeit auf dem Hin- und Rückweg immer gleich ist. Daraus ergibt sich nämlich sofort, daß, wenn die Uhr B synchron zu A ist, dann auch die Uhr A synchron zur Uhr B ist, die Gleichzeitigkeit also eine symmetrische Eigenschaft ist. Weiter ist sie auch transitiv: Ist A synchron zu B und B synchron zu C, so ist auch A synchron zu C. Führt man für die Synchronizität eine zweistellige Relation $S(x, y)$ ein, so gelten also für diese Relation die drei Beziehungen:

$$S(A, A)$$
$$S(A, B) \rightarrow S(B, A)$$
$$S(A, B),\quad S(B, C) \rightarrow S(A, C)\ .$$

Der Begriff der relativen Gleichzeitigkeit erfüllt daher die Gesetze einer Gleichheitsrelation und ist somit auch in formaler Hinsicht befriedigend.

Es mag zunächst willkürlich erscheinen, daß man zur Definition der Gleichzeitigkeit gerade Lichtsignale verwendet, ohne nach anderen, eventuell schnelleren Methoden der Signalübermittlung zu suchen. Die folgenden Betrachtungen werden aber zeigen, daß die Geschwindigkeit des Lichts tatsächlich als eine Grenzgeschwindigkeit angesehen werden kann, die von der Geschwindigkeit keines möglichen Signals übertroffen werden kann. Es ist daher durchaus sinnvoll, die Synchronisierung von Uhren durch Lichtsignale vorzunehmen.

Die Verwendung eines Gleichzeitigkeitsbegriffs, der sich auf Lichtmessungen stützt, führt jedoch zu Ergebnissen, die von denen des traditionellen Begriffs abweichen, wenn wir bewegte Bezugssysteme untersuchen. Ein von EINSTEIN eingeführtes Beispiel erläutert die Verhältnisse an einem Eisenbahnzug, der sich gegen eine Schiene bewegt. Auf der Schiene seien zwei Punkte x_A und x_B vorgegeben, die einen Abstand $2\,s$ voneinander haben (Fig. 2).

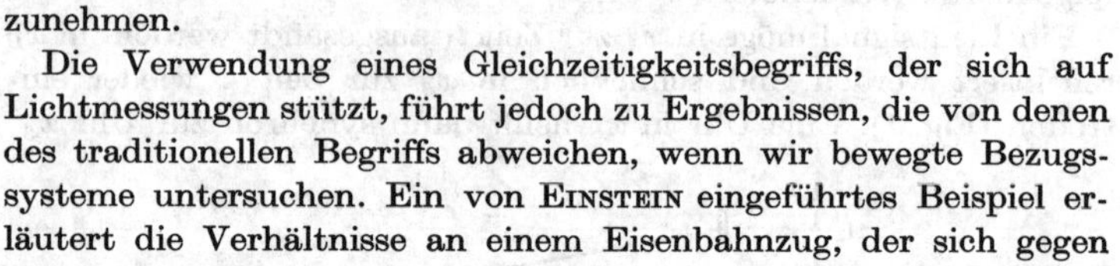

Fig. 2. Gleichzeitigkeit in bewegten Systemen

Der Mittelpunkt der Strecke sei x_M. Der Mittelpunkt x_M' eines Eisenbahnzuges, der sich mit der Geschwindigkeit v gegen die

Schiene bewegt, möge sich zur Zeit $t = 0$ gerade an der Stelle x_M befinden. Weiter sollen zur Zeit $t = 0$ in x_A und x_B Lichtblitze ausgesandt werden, die zu den Zeiten $t_A = t_B = \frac{s}{c}$, also gleichzeitig in x_M eintreffen. Dies ist die Situation, wie ein in x_M befindlicher Beobachter sie wahrnimmt. Er wird also sagen, die Lichtblitze hätten gleichzeitig stattgefunden.

In x'_M treffen die beiden Signale jedoch nicht zur gleichen Zeit ein (Fig. 3). Da der Zug sich mit der Geschwindigkeit v von x_A nach x_B bewegt, erreicht ihn das Signal aus x_B eher als das aus x_A, und zwar treffen die beiden Signale zu den Zeiten

$$t_B{}^{(v)} = \frac{t_B}{1 + \frac{v}{c}}, \qquad t_A{}^{(v)} = \frac{t_A}{1 - \frac{v}{c}}$$

in x'_M, d. h. in den Punkten $x_A{}^{(v)} = x_M + v\, t_A{}^{(v)}$; $x_B{}^{(v)} = x_M + v\, t_B{}^{(v)}$ ein. (Zweckmäßigerweise setzt man $x_M = 0$.) Das ist immer noch die Beschreibung, die ein in x_M ruhender Beobachter dem Vorgang geben würde. Sie ist vorläufig noch ganz unproblema-

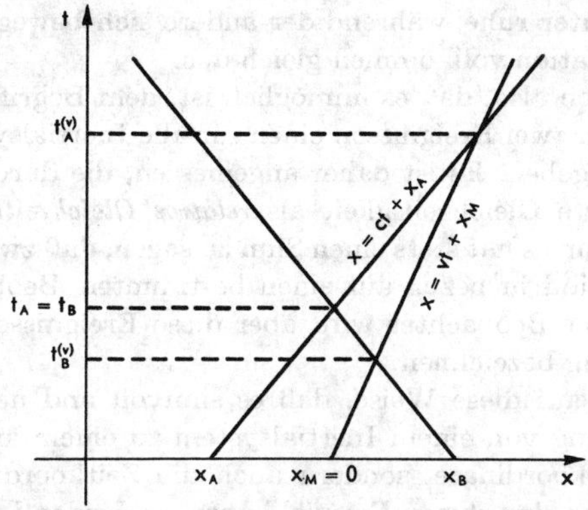

Fig. 3. Gleichzeitigkeit in bewegten Systemen

tisch, denn der in x_M ruhende Beobachter könnte ja behaupten, daß die beiden Lichtblitze an sich gleichzeitig seien und nur dem bewegten Beobachter, eben weil er sich bewegt, in einem zeitlichen Abstand

$$\Delta t^{(v)} = t_B{}^{(v)} - t_A{}^{(v)}$$

erscheinen.

Die Situation ändert sich jedoch, wenn wir dazu übergehen, zu fragen, was ein im Zuge, also in x'_M ruhender Beobachter sieht. Dazu müssen wir die beiden Ereignisse des Eintreffens der Lichtsignale in x'_M einer LORENTZ-Transformation unterwerfen. Bezeichnen wir die Zeiten, zu denen der bewegte Beobachter das Eintreffen der Lichtsignale in x_M registriert, mit $t_B^{(v)\prime}$ bzw. $t_A^{(v)\prime}$, so ergibt sich

$$t_B^{(v)\prime} = t_B^{(v)} \sqrt{1 - \frac{v^2}{c^2}}, \qquad t_A^{(v)\prime} = t_A^{(v)} \sqrt{1 - \frac{v^2}{c^2}}$$

und damit eine Zeitdifferenz $\Delta t^{(v)\prime}$ zwischen den Signalen von

$$\Delta t^{(v)\prime} = t_B^{(v)\prime} - t_A^{(v)\prime} = -\frac{2\,s\,v}{c^2} \Big/ \sqrt{1 - \frac{v^2}{c^2}}.$$

Der in x'_M ruhende Beobachter kann aber nun mit demselben Recht wie der in x_M behaupten, daß $\Delta t^{(v)\prime}$ der wirkliche zeitliche Abstand der Lichtblitze sei. Denn auch für ihn bilden wegen der Invarianz der Lichtausbreitungsgleichung die Wellenfronten der beiden Lichtsignale in jedem Augenblick Kugeln, ebenso wie für den in x_M ruhenden Beobachter. Es hat also gar keinen Sinn zu sagen, der eine Beobachter ruhe, während der andere sich bewegt. Für beide sieht die Situation vollkommen gleich aus.

Es zeigt sich also, daß es unmöglich ist, dem Begriff der Gleichzeitigkeit von zwei Ereignissen einen für alle Inertialsysteme gültigen Sinn zu geben. Es ist daher angemessen, die durch Lichtmessung definierte Gleichzeitigkeit als *relative Gleichzeitigkeit* zu bezeichnen. Denn es hat stets einen Sinn zu sagen, daß zwei Ereignisse gleichzeitig sind in bezug auf einen bestimmten Beobachter. Ein dazu bewegter Beobachter wird aber diese Ereignisse nicht mehr als gleichzeitig bezeichnen.

Man sieht auf diese Weise, daß es sinnvoll und notwendig ist, beim Übergang von einem Inertialsystem zu einem anderen nicht nur die Ortskoordinate, sondern auch die Zeitkoordinate mitzutransformieren. Im obigen Beispiel haben die beiden Lichtblitze im ruhenden System den räumlichen Abstand $\Delta x = 2\,s$ und den zeitlichen $\Delta t = 0$. Im bewegten System dagegen ergab sich

$$\Delta\, t^{(v)\prime} = -\,\frac{2\,s\,v}{c^2} \Big/ \sqrt{1 - \frac{v^2}{c^2}}.$$

Das ist aber genau der Wert, der sich ergibt, wenn man $\Delta x = 2\,s$, $\Delta t = 0$ einer LORENTZ-Transformation unterwirft. Es zeigt sich somit, daß sich die nach der EINSTEINschen Lichtstrahlmethode gemessenen Zeitintervalle beim Übergang von einem Inertialsystem zu einem anderen genauso transformieren, wie es die LORENTZ-Transformation vorschreibt. Wir können daher die nach der EINSTEINschen Methode gemessenen Zeitintervalle als ein konsistentes, materiell realisierbares Modell für den in der LORENTZ-Transformation auftretenden Parameter t auffassen.

Es ist wichtig zu beachten, daß zur Herleitung dieser Konsistenzeigenschaft der LORENTZ-Transformationen das Prinzip der Konstanz der Lichtgeschwindigkeit verwendet werden muß und daß das Relativitätsprinzip dafür allein nicht ausreicht. Verzichtet man nämlich zunächst auf das Prinzip der Konstanz der Lichtgeschwindigkeit und verwendet für den Übergang zwischen zwei Inertialsystemen die verallgemeinerten LORENTZ-Transformationen mit beliebigem v_∞, so führt die entsprechende Diskussion des Eisenbahnexperiments zu folgendem Ergebnis[1]: Für die Zeitdifferenz $\Delta\, t^{(v)\prime}$ zwischen den Signalen, die der (mit der Eisenbahn) bewegte Beobachter feststellt, ergibt sich

$$\Delta\, t^{(v)\prime} = -\,\frac{2\,s\,v}{c^2}\,\frac{\sqrt{1-\dfrac{v^2}{v_\infty^2}}}{1-\dfrac{v^2}{c^2}}$$

während man durch Transformation der Wert $\Delta\, x = 2\,s$, $\Delta\, t = 0$ die Differenz

$$\Delta\, t' = -\,\frac{2\,s\,v}{v_\infty^2}\Bigg/\sqrt{1-\frac{v^2}{v_\infty^2}}$$

erhält. Beide Werte stimmen *nur* überein, wenn $v_\infty = c$ ist, d.h. wenn man LORENTZ-Transformationen verwendet. Die gemessenen Zeitintervalle sind daher nur für die mit einer LORENTZ-Transformation berechnete Zeitkoordinate t ein konsistentes Modell. Geht man also von dem durch Lichtmessungen definierten Zeitbegriff aus, so ist die Verwendung der LORENTZ-Transformation zur Beschreibung des Überganges von einem Inertialsystem zum

[1] Eine eingehende Diskussion der Methoden zur Festlegung von v_∞, zu denen auch das verallgemeinerte Eisenbahnexperiment gerechnet werden kann, findet sich in: P. Mittelstaedt, Der Zeitbegriff in der Physik, Bibliographisches Institut, Mannheim 1976/80

anderen ebenso einleuchtend, wie es die Verwendung von GALILEI-Transformationen unter der Annahme einer absoluten Zeit war.

Sehr ähnliche Überlegungen, wie sie hier für den Zeitbegriff durchgeführt wurden, können auch in bezug auf die Ortsmessungen durchgeführt werden. Die Verwendung von Lichtsignalen zur Messung von Längen führt hier in ähnlicher Weise auf die LORENTZ-Transformation der Ortskoordinaten. Da aber der Unterschied dieser Formeln zur entsprechenden GALILEI-Transformation – abgesehen von der sehr wichtigen Abhängigkeit der Längen von der Geschwindigkeit, der sog. LORENTZ-Kontraktion – nicht von so grundsätzlicher Bedeutung ist wie die Tatsache, daß es keine absolute Zeit geben kann, soll eine Diskussion der Einzelheiten der Ortsmessung hier unterbleiben.

Nachdem in dieser Weise klargeworden ist, in welchem Sinne die in der LORENTZ-Transformation auftretenden Orts- und Zeitparameter tatsächlich als die physikalischen Größen Raum und Zeit interpretiert werden können, steht einer allgemeinen Verwendung der LORENTZ-Transformation beim Übergang zwischen Inertialsystemen nichts mehr im Wege. Auch die Gesetze der Mechanik müssen dann wegen des Relativitätsprinzips der Mechanik invariant gegenüber LORENTZ-Transformationen sein.

Das ist nur durch gewisse Korrekturen der Gesetze der klassischen Mechanik zu erreichen. Die in dieser Weise korrigierten Gesetze der relativistischen Mechanik gehen jedoch in die klassische Mechanik über, wenn man zum Grenzfall $c \to \infty$ übergeht. Das ist insofern verständlich, als eine unendlich große Lichtgeschwindigkeit instantane Signalübertragungen und damit die Einführung einer absoluten Zeit möglich macht, wie sie in der klassischen Mechanik vorausgesetzt wird.

Auf Grund des EINSTEINschen Zeitbegriffes ergeben sich wesentliche Veränderungen für die zeitliche Aufeinanderfolge von Ereignissen. Betrachten wir nämlich zwei Ereignisse (x_1, t_1) und (x_2, t_2), so gibt es zwei Möglichkeiten:

Entweder ist

$$\text{(I)} \qquad c^2(t_2 - t_1)^2 - (x_2 - x_1)^2 \geq 0 \;;$$

dann sagt man, die Ereignisse liegen zeitartig zueinander.

Oder es ist

$$\text{(II)} \qquad c^2(t_2 - t_1)^2 - (x_2 - x_1)^2 < 0 \;;$$

dann sagt man, die Ereignisse liegen raumartig zueinander. Der wesentliche Unterschied dieser beiden Fälle ist der, daß die zeitliche Aufeinanderfolge zeitartig zueinander liegender Ereignisse in allen Bezugssystemen gleich ist, während die Reihenfolge raumartiger Ereignisse von der Wahl des Bezugssystems abhängt. Man kann diese Verhältnisse leicht in einem x-t-Diagramm darstellen, wenn man das eine Ereignis in den Koordinatenursprung legt (Fig. 4). Liegt nun das zweite Ereignis in dem schraffierten Gebiet – dem sog. Lichtkegel –, so liegt es zu (x_1, t_1) zeitartig. Liegt es außerhalb des schraffierten Gebiets, so liegt es zu (x_1, t_1) raumartig. Die Grenze zwischen beiden Gebieten entspricht der Ausbreitung des Lichtes.

Wenn man von zwei Ereignissen sagt, daß das eine die Ursache des anderen ist, dann muß die zeitliche Reihenfolge dieser Ereignisse unabhängig vom Bezugssystem feststehen. Ereignisse, zwischen denen ein kausaler Zusammenhang besteht, müssen daher

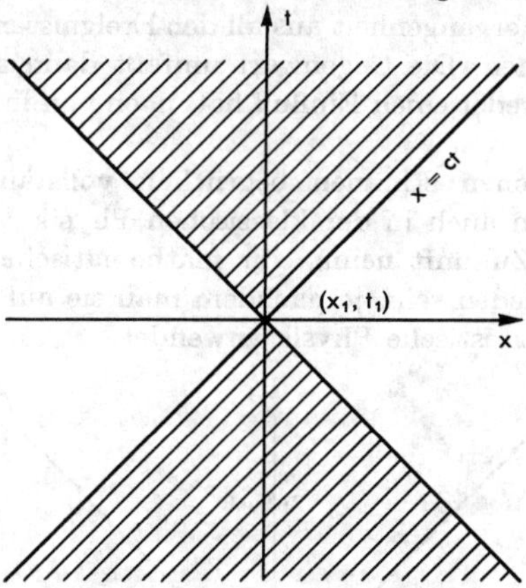

Fig. 4. Der Lichtkegel

zeitartig zueinander liegen, d.h., wenn (x_1, t_1) das Ursache-Ereignis ist, so muß das Wirkungs-Ereignis (x_2, t_2) in dem nach oben gerichteten Teil des Lichtkegels, dem sog. Vorwärtskegel, liegen. Entsprechend kann (x_1, t_1) nur Wirkungs-Ereignis sein, wenn das Ursache-Ereignis (x_2, t_2) im unteren Teil des Lichtkegels, dem Rückwärtskegel, liegt.

Die Weltlinien kausaler Vorgänge müssen daher innerhalb des Lichtkegels liegen, sich also mit einer Geschwindigkeit $v < c$ ausbreiten. Die höchste überhaupt mögliche Geschwindigkeit, mit der sich Wirkungen ausbreiten können, ist die Lichtgeschwindigkeit c. Anderenfalls nämlich lägen die Ereignisse raumartig zueinander und könnten deshalb nicht mehr als kausal bezeichnet werden. Die Lichtgeschwindigkeit spielt hier also die Rolle einer Grenzgeschwindigkeit für die Ausbreitung jeder Wirkung. Da auch Signale kausale Ereignisse sind, bestätigt sich durch diese Überlegung die anfangs gemachte Annahme, daß die beste überhaupt mögliche Synchronisierung von Uhren durch ein Signal mit Lichtgeschwindigkeit erfolgen muß.

Diese Überlegungen geben uns die Möglichkeit, die in der klassischen Physik übliche Einteilung der Zeit in Vergangenheit, Gegenwart und Zukunft sinngemäß auf die neuen Verhältnisse zu übertragen. Wir wollen dazu die folgenden Definitionen verwenden: Für ein bestimmtes Ereignis E im Weltpunkt (x_1, t_1) besteht die Zukunft aus all den Ereignissen, die kausal von E beeinflußt werden können und die Vergangenheit aus all den Ereignissen, die E beeinflußt haben können. Die Gegenwart umfaßt dann alle die Ereignisse, auf die E weder einen Einfluß hat, noch von ihnen beeinflußt wird.

Diese Definitionen stimmen begrifflich vollständig mit dem überein, was man auch in der klassischen Physik Vergangenheit, Gegenwart und Zukunft nennt; ihr mathematischer Gehalt wird aber sehr verschieden sein, je nachdem man sie auf die klassische oder auf die relativistische Physik anwendet.

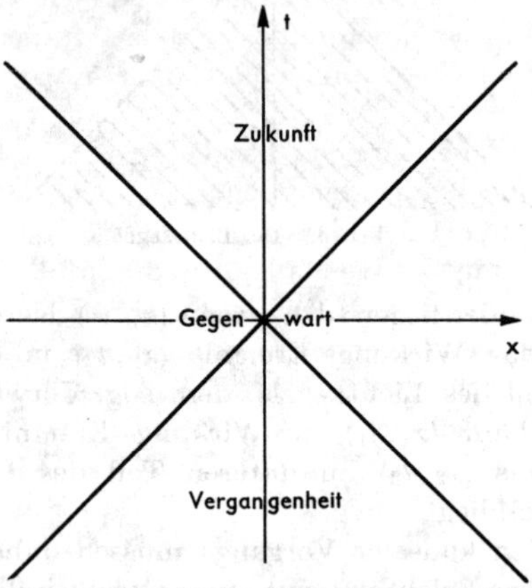

Fig. 5. Die Zeitordnung

In dem x-t-Diagramm eines Ereignisses x_1, t_1 ergeben sich dann nämlich die folgenden Verhältnisse (Fig. 5):

Der obere Teil des Lichtkegels entspricht der Zukunft, der untere der Vergangenheit. Alle anderen, zu (x_1, t_1) raumartig liegenden Punkte stellen die Gegenwart dar. Besonders der letztere Begriff unterscheidet sich formal wesentlich vom Gegenwartsbegriff der klassischen Physik. Dort zählen zur Gegenwart nur die auf der x-Achse liegenden Punkte, während hier das ganze durch den Lichtkegel begrenzte x-t-Gebiet der raumartigen Punkte dazu gerechnet werden muß.

Die Struktur der Physik in der Relativitätstheorie

Die Zusammenhänge zwischen den Begriffen Raum und Zeit, der physikalischen Realisierung dieser Begriffe und den Transformationseigenschaften der physikalischen Theorie waren im letzten Abschnitt sowohl an der klassischen wie an der relativistischen Physik besprochen worden. Dabei zeigte sich, daß die physikalischen Bedingungen, denen die Messungen von Raum und Zeitintervallen unterworfen sind, bereits von vornherein gewisse Eigenschaften der so gewonnenen Erfahrungswerte festlegen.

Das Relativitätsprinzip der klassischen Mechanik ist zunächst eine empirische Feststellung. Geht man nun von der für die vorrelativistische Physik relevanten Voraussetzung aus, daß Längen und Zeitintervalle mit starren Körpern bzw. mit einem anderen instantanen Signal (z. B. Licht) gemessen werden können, so hat diese Annahme, zusammen mit dem Relativitätsprinzip zur Folge, daß die klassische Mechanik eine GALILEI-invariante Theorie sein muß.

Die weiteren Überlegungen haben gezeigt, daß es weder ideal starre Körper noch unendlich schnelles Licht in der Natur gibt. Die Voraussetzungen der klassischen Theorie, nämlich Raum- und Zeitmessungen mit solchen Maßstäben durchführen zu können, ist daher materiell nicht realisierbar. Es ergibt sich daher die Notwendigkeit, die grundlegenden Messungen mit Hilfe solcher Gegenstände und Vorgänge auszuführen, die tatsächlich in der Natur vorkommen. Die Entwicklung der Relativitätstheorie hat gezeigt, daß das zur Messung von Raum- und Zeitkoordinaten am besten geeignete Medium das Licht ist.

Die Gesetze des Lichtes sind bestimmt durch die Elektrodynamik. Sowohl für die Elektrodynamik wie auch für die Mechanik gilt aber empirisch ein Relativitätsprinzip in bezug auf gleichförmig bewegte Bezugssysteme. In Verbindung mit der Verwendung des Lichts zur Messung von Orten und Zeiten hat das zur Folge, daß Elektrodynamik und Mechanik, d. h. aber die gesamte makroskopische Physik, nicht mehr GALILEI-invariante, sondern LORENTZ-invariante Theorien sein müssen.

Durch diese Verknüpfung der Messung von Raum und Zeit mit den Gesetzen des Lichtes erhält aber die Theorie eine gegenüber der klassischen Mechanik völlig neuartige Struktur: Die Mittel, mit denen die Natur erkannt wird, sind nichts anderes als Teile eben dieser Natur. Die physikalischen Gesetze sind zugleich die Gesetze der Meßgeräte und damit die physikalischen Bedingungen, unter denen überhaupt experimentelle Ergebnisse gewonnen werden können. Der Einfluß, den diese Gesetze von vornherein auf die Struktur der Meßergebnisse haben, muß in den Gesetzen, da sie zugleich für die Meßergebnisse selbst gelten, bereits enthalten sein.

Das wurde im letzten Abschnitt an Hand der Zeitmessungen in verschiedenen Inertialsystemen genau demonstriert. Die Gesetze der Lichtausbreitung in bewegten Systemen sind die physikalischen Bedingungen, unter denen Zeitmessungen vorgenommen werden müssen. Der Einfluß, den diese Bedingungen auf die tatsächlich gemessenen Zeitintervalle haben, muß in den Gesetzen der Lichtausbreitung bereits enthalten sein. Das kommt dadurch zum Ausdruck, daß die gemessenen Zeitkoordinaten sich beim Übergang zu einem anderen Inertialsystem gemäß der LORENTZ-Transformation transformieren. Die Messungen der Raum-Zeit-Koordinaten mit Hilfe von Licht stellen daher ein realisierbares und konsistentes Modell für die in der Ausbreitungsgleichung des Lichts auftretenden Variablen x und t dar.

Bei der Diskussion der klassischen Mechanik haben wir den Begriff der absoluten Zeit, der dieser Theorie zugrunde liegt, mit Hilfe von Meßverfahren interpretiert, die die Existenz von starren Körpern oder instantanen Lichtsignalen voraussetzen. Es muß jedoch betont werden, daß diese Darstellung schon ganz die Denkweise zur Anwendung bringt, die überhaupt erst durch EINSTEIN in die Physik eingeführt worden ist. Denn eine Reflexion auf die materiellen Bedingungen, unter denen eine experimentelle Realisierung der Begriffe Raum und Zeit überhaupt möglich ist, wurde von den Begründern der klassischen Mechanik an keiner Stelle durchgeführt. Sicherlich hätte eine solche Reflexion gewisse Zweifel an den Grundbegriffen der Mechanik wachgerufen, denn für die Existenz ideal starrer Körper gab es zu keiner Zeit glaubhafte Hinweise, und die Tatsache, daß das Licht sich nicht instantan ausbreitet, war durch die Messung der Lichtgeschwindigkeit durch Olaf Römer auch experimentell sichergestellt worden.

Der Grund dafür, daß an der klassischen Mechanik keinerlei Zweifel wach wurden, ist vielmehr, daß die Notwendigkeit, physikalische Begriffe durch die Angabe von Meßverfahren zu definieren, vor Einstein überhaupt nicht gesehen worden ist. Physik wurde als Wissenschaft einer vom Beobachter unabhängigen Natur verstanden, die zwar ihre Erkenntnisse experimentell prüfen kann, aber durch diese Möglichkeit nicht in ihrer Struktur beeinflußt wird. Diese Auffassung von Physik bereitete auch solange keine Schwierigkeiten, als eine Beeinflussung der Meßresultate durch den Meßprozeß noch vernachlässigbar klein war gegenüber den Fehlern, die unabhängig davon bei der Messung auftraten. So spielte es jedenfalls für die Belange der Mechanik lange Zeit keine Rolle, daß die Lichtgeschwindigkeit nur etwa 300000 km/sec beträgt und nicht unendlich groß ist, da fast alle in der Mechanik auftretenden Geschwindigkeiten gegenüber diesen Werten als sehr klein angesehen werden können.

Die Situation änderte sich jedoch, als die Verfeinerung der Beobachtungstechnik besonders elektromagnetischer Vorgänge so weit gesteigert worden war, daß die realen Eigenschaften der Meßinstrumente nicht länger unberücksichtigt bleiben konnten. Die Gesetze der Meßinstrumente (also die Wellengleichung des Lichtes) bekamen dadurch einen direkten Einfluß auf die Resultate der Messungen. Diese konnten daher auch nicht mehr als Aussagen über die unbeobachtete Natur interpretiert werden, da sie stets Bestandteile, die auf den Meßvorgang zurückzuführen sind, enthielten.

Die Physik war infolgedessen in bezug auf ihre Zielsetzung vor eine Alternative gestellt: Entweder Physik ist eine Wissenschaft der Natur an sich ohne Bezug auf die Möglichkeit der Beobachtung. Dann können die klassischen Begriffe Raum und Zeit beibehalten werden, die Aussagen der Theorie sind aber nicht mehr experimentell verifizierbar. Eine Konfrontation mit dem Experiment könnte dann nur dadurch erreicht werden, daß man zu dieser Physik noch eine Theorie des realen Meßprozesses hinzunimmt. — Oder aber Physik beschreibt die Natur, wie sie sich zeigt, wenn sie mit realen Maßstäben und Uhren untersucht wird. Dann muß sie ihre Begriffe dieser neuen Situation anpassen und wird dadurch eine Theorie, deren Behauptungen sich sämtlich auf experimentell realisierbare Vorgänge beziehen. In der vorrelativistischen Physik mußte eine derartige Entscheidung über die Aufgaben der Physik nicht getroffen werden, denn dort fielen die beiden möglichen Zielsetzungen noch zusammen. In der modernen Physik dagegen schließen sie sich aus.

Die Entscheidung darüber, welchen Weg die Physik einschlagen sollte, erfolgte eindeutig in Hinblick auf das Ziel, experimentelle Resultate beschreiben zu können und alle unbeobachtbaren Größen aus der Theorie zu eliminieren. Seit EINSTEIN ist daher die Physik eine Wissenschaft, die sich ausdrücklich als eine Theorie versteht, die die Natur beschreibt, wie sie sich zeigt, wenn sie mit realen Maßstäben und Uhren untersucht wird.

Raum und Zeit in der Philosophie Kants

Von seiten des philosophischen Apriorismus wurde gegen die Relativitätstheorie geltend gemacht, daß im Sinne der Philosophie KANTS Raum und Zeit zu den transzendentalen Bedingungen der Möglichkeit der Erfahrung gerechnet werden müssen und daher von dieser Erfahrung her niemals eine Änderung der Begriffe Raum und Zeit erfolgen könne.

Dieser Einwand richtet sich dabei vor allem gegen die von EINSTEIN behauptete Relativität der Zeit, die im Gegensatz zur Einheit der Zeit in der transzendentalen Betrachtungsweise zu stehen scheint. Unter „Einheit der Zeit" im Sinne von KANT ist dabei die Behauptung zu verstehen, daß alle empirischen Ereignisse in einem einheitlichen Zeitkontinuum angeordnet sind, und daß die Reihenfolge der Ereignisse objektiv und unabhängig vom Bezugssystem feststeht. Diese Einheit der Zeit besteht nach KANT notwendig für alle Gegenstände der Erfahrung. In der Relativitätstheorie hatte sich dagegen gezeigt, daß die Reihenfolge raumartig zueinander liegender Ereignisse stets vom Bezugssystem des Beobachters abhängt.

Gegenüber den Veränderungen, die der Zeitbegriff in der Relativitätstheorie erfahren hat, treten die Änderungen, denen die räumlichen Abmessungen beim Wechsel des Bezugssystems unterworfen sind, in der philosophischen Diskussion etwas in den Hintergrund. Tatsächlich sind diese Änderungen auch wesentlich subtiler und vor allem mehr quantitativer Natur als die des Zeitbegriffs. Die Frage, ob sich die Ortskoordinate nach der GALILEI-Transformation wie $x' = x - v\,t$ oder nach der LORENTZ-Transformation wie $x' = x - v\,t \Big/ \sqrt{1 - \frac{v^2}{c^2}}$ transformiert, ist wohl schon deshalb von geringerem Interesse für die philosophische Diskussion, weil es kaum möglich sein dürfte – etwa aus dem erkenntnistheoretischen Ansatz KANTS –, eine Stellungnahme für die eine oder andere dieser Transformationsformeln herzuleiten. Ähnlich wie mit der LORENTZ-Kontraktion verhält es sich mit der Änderung des zeitlichen Maßstabes unter Beibehaltung der Zeitordnung, die in der LORENTZ-Transformation von Ereignissen mit zeitartigem Abstand zum Ausdruck kommt. Auch diese Zeit-Dilatation ist ein zu quantitatives Ereignis, als daß sinnvoll ein Vergleich mit philosophischen Untersuchungen durchgeführt werden könnte.

Die folgende Diskussion soll sich aus diesen Gründen auch ausschließlich mit dem Problem der Einheit der Zeit im Sinne einer einheitlich feststehenden zeitlichen Reihenfolge empirischer Ereignisse befassen[1].

In der Philosophie KANTS wird die Notwendigkeit einer einheitlichen zeitlichen Ordnung durch eine genaue Analyse des Erkenntnisprozesses begründet. Zunächst wird darauf hingewiesen, daß die Erkenntnis von Gegenständen immer mit Anschauung verbunden ist: „Auf welche Art und durch welche Mittel sich auch immer eine Erkenntnis auf Gegenstände beziehen mag, es ist doch diejenige, wodurch sie sich auf dieselbe unmittelbar bezieht, und worauf alles Denken als Mittel abzweckt, die Anschauung“[2]. An dem Gegenstand einer empirischen Anschauung wird dessen Materie und dessen Form unterschieden, wobei Form „dasjenige (ist), welches macht, daß das Mannigfaltige der Erscheinung in gewissen Verhältnissen geordnet werden kann“[3]. Wesentlich für die transzendentale Betrachtungsweise ist, daß die Form der Erscheinungen als eine der Bedingungen, unter denen überhaupt erst Erscheinungen möglich sind, nicht selbst als eine Erscheinung betrachtet werden kann. Vielmehr muß die Form „insgesamt im Gemüte a priori bereitliegen“[3].

Die Untersuchung dieser reinen Form der sinnlichen Anschauung ergibt, daß es genau zwei solche Formen gibt, nämlich Raum und Zeit. Diese beiden Anschauungsformen sollten daher „im Gemüte

[1] Vgl. hierzu I. Strohmeyer, Transzendentalphilosophische und physikalische Raum-Zeit-Lehre, Mannheim 1980

[2] Kant, Kr. d. r. V. Aufl. B. S. 33

[3] l. c. S. 34

a priori bereitliegen", so daß alle uns tatsächlich zugänglichen Erscheinungen stets Erscheinungen in Raum und Zeit sind.

In der metaphysischen Erörterung der Begriffe Raum und Zeit wird darauf hingewiesen, daß Raum und Zeit keine empirischen Begriffe sind, die durch Abstraktion aus Erfahrungen gewonnen werden können, da Erfahrungen überhaupt erst durch die Vorstellungen von Raum und Zeit möglich werden. Da man sich „niemals eine Vorstellung davon machen kann, daß kein Raum sei"[1] und daß die Erscheinungen nicht in der Zeit sind, so sind Raum und Zeit notwendige Vorstellungen, die allen Erscheinungen zugrunde liegen. Raum und Zeit sind daher als Bedingungen der Möglichkeit von Erscheinungen zu betrachten.

Die Tatsache, daß Raum und Zeit keine diskursiven Begriffe, sondern reine Anschauungen sind, hat zur Folge, daß auf Grund dieser stets vorliegenden Anschauung gewisse Sätze über die Struktur der Erscheinungen a priori gelten. Kant rechnet zu den synthetischen Urteilen a priori, die in dieser Weise aus der Anschauung des Raumes gewonnen werden können, sämtliche Axiome der euklidischen Geometrie[2]. Aus der Anschauungsform der Zeit soll folgen, daß die Zeit eindimensional ist und daß verschiedene Zeiten infolgedessen nicht zugleich, sondern nacheinander sind.

Die Deutung von Raum und Zeit als Bedingungen der Möglichkeit von Erscheinungen läßt zwei Eigenschaften dieser Begriffe sichtbar werden, die sich zunächst auszuschließen scheinen. Die Tatsache, daß Raum und Zeit selbst keine Gegenstände sind, sondern nur Bedingungen, unter denen Erfahrungen von Gegenständen erst möglich werden, macht die „transzendentale Idealität" dieser Begriffe aus. Auf der anderen Seite besitzen diese Begriffe aber auch eine „empirische Realität". Denn alle Dinge, die uns in der Erfahrung entgegentreten, sind in Raum und Zeit, und die Struktur, die Raum und Zeit als reine Anschauungsformen haben, liegt daher auch in den empirischen Gegenständen vor. „Die Zeit ist also lediglich eine subjektive Bedingung unserer ... Anschauung... und an sich, außer dem Subjekte, nichts. Nichtsdestoweniger ist sie in Ansehung aller Erscheinungen, mithin auch aller Dinge, die uns in der Erfahrung vorkommen können, notwendigerweise objektiv"[3].

Die Behauptung der Einheit der Zeit bezieht sich auf die zeitliche Anordnung von Gegenständen, die in der Erfahrung auftreten. Um diese Behauptung diskutieren zu können, muß zunächst geklärt sein, wie raum-zeitliche Wahrnehmungen zusammen-

[1] l. c. S. 38 [2] Vgl. dazu S. 51 [3] Kant, l. c. S. 51

gefaßt werden müssen, damit daraus Gegenstände werden, die in der Erfahrung vorkommen können. Weiterhin muß die Frage geklärt werden, wie für empirische Ereignisse eine zeitliche Reihenfolge festgelegt werden kann. Diese Frage ist deshalb von Bedeutung, weil die Zeit selbst kein Gegenstand der Wahrnehmung ist: „Die Zeit kann an sich selbst nicht wahrgenommen, und in Beziehung auf sie gleichsam empirisch, was vorhergehe und was folge, am Objekte bestimmt werden"[1]. Es muß also noch genau festgelegt werden, wann man von zwei Ereignissen sagen kann, daß das eine früher und das andere später stattgefunden hat. Wie KANT in der Lehre vom Schematismus der reinen Verstandesbegriffe gezeigt hat, hängen diese beiden Probleme sehr eng miteinander zusammen. Die Ordnung der Erscheinungen zu Gegenständen der Erfahrung hat mit gewissen Verstandesbegriffen, den sogenannten Kategorien, zu geschehen. Die Bildung der Gegenstände der Erfahrung durch Kategorien kommt aber gerade dadurch zustande, daß die Mannigfaltigkeit der Wahrnehmungen nach Zeitverhältnissen geordnet wird. Die Struktur derjenigen Zeitordnung empirischer Ereignisse, die in dieser Weise zustande kommt, ist daher bestimmt durch die Kategorien, mit denen die Ordnung der Wahrnehmungen durchgeführt wurde.

Die „Einheit der Zeit" kann also nur dann eine für alle empirischen Ereignisse notwendigerweise zutreffende Eigenschaft sein, wenn die zeitliche Ordnung, die durch Anwendung der Kategorien auf die Erscheinung erzeugt wird, diese Eigenschaft a priori besitzen muß. Die folgenden Untersuchungen werden zeigen, inwiefern das wirklich der Fall ist.

Die Kategorien als reine Verstandesbegriffe können die raumzeitlichen Erscheinungen nur dann zu Gegenständen der Erfahrung zusammenfassen und ordnen, wenn feststeht, „wie reine Verstandesbegriffe auf Erscheinungen überhaupt angewandt werden können"[2]. Eine solche Anwendung ist nur möglich, wenn eine vermittelnde Vorstellung existiert, die „einerseits intellektuell, andererseits sinnlich" ist. Diese vermittelnde Vorstellung nennt KANT das transzendentale Schema. Dieses Schema der reinen Verstandesbegriffe erweist sich als die transzendentale Zeitbestimmung. Die weitere Untersuchung zeigt dann, daß diejenigen Regeln, die die hier besonders interessierende Zeitordnung bestimmen, durch die Schemata der Kategorien der Relation, d. h. Substanz, Kausalität und Wechselwirkung, geliefert werden.

[1] l. c. S. 233 [2] l. c. S. 177

Wie die zeitliche Reihenfolge konkret vorliegender Ereignisse tatsächlich zu erfolgen hat, das wird in den Analogien der Erfahrung auseinandergesetzt. Die Ordnung der Erscheinungen mit Hilfe der Kategorie der Kausalität legt fest, welches Ereignis das frühere und welches das spätere ist. Wenn zwei Erscheinungen sich als Ursache und Wirkung eines Vorganges deuten lassen, so ergibt sich daraus ihre zeitliche Reihenfolge. Denn die Bestimmung der Stellen in der Zeit „kann nun nicht von dem Verhältnis der Erscheinungen gegen die absolute Zeit entlehnt werden, (denn die ist kein Gegenstand der Wahrnehmung,) sondern umgekehrt, die Erscheinungen müssen einander ihre Stellen in der Zeit selbst bestimmen ...“[1].

Die zeitliche Ordnung der Erscheinungen mit Hilfe der Kausalkategorie ermöglicht es also, von den Zeiten t_A und t_B zweier Ereignisse A und B anzugeben, ob $t_A \leq t_B$ oder $t_B \leq t_A$ gilt. Es ist naheliegend, von hier aus eine Definition der Gleichzeitigkeit einzuführen: Die beiden Ereignisse A und B sind gleichzeitig, wenn $t_A \leq t_B$ und außerdem $t_B \leq t_A$ gilt. Denn offensichtlich folgt daraus $t_A = t_B$.

Diese Methode der Definition der Gleichzeitigkeit wird dann auch tatsächlich von Kant in der Dritten Analogie der Erfahrung verwendet. Die Ereignisse A und B sind gleichzeitig, wenn A Ursache von B ist, und umgekehrt. Denn da die Zeit selbst kein Gegenstand der Erfahrung ist, muß „etwas sein, wodurch A dem B seine Stelle in der Zeit bestimmt, und umgekehrt auch wiederum B dem A, weil nur unter dieser Bedingung gedachte Substanzen, als zugleich existierend, empirisch vorgestellt werden können. Nun bestimmt nur dasjenige dem anderen seine Stelle in der Zeit, was die Ursache von ihm... ist. Also muß jede Substanz... die Kausalität gewisser Bestimmungen in der anderen, und zugleich die Wirkungen von der Kausalität der anderen in sich enthalten“[2].

Aus diesen Bemerkungen wird klar, wie durch Anwendung der Kategorien der Relation auf die Erscheinungen diese in eine zeitliche Ordnung gebracht werden. Dabei sind diese Kategorien so gewählt – das wird im folgenden Abschnitt im einzelnen gezeigt werden –, daß mit ihrer Hilfe die Ereignisse tatsächlich in eine einheitliche zeitliche Ordnung gebracht werden, die unabhängig vom Bezugssystem des Beobachters objektiv feststeht.

Durch die Anwendung der transzendentalen Schemata auf die Wahrnehmungen entsteht also das, was Kant die Einheit der Zeit

[1] l. c. S. 245 [2] l. c. S. 259

nennt. „Diese Einheit der Zeitbestimmung ist durch und durch dynamisch, d. i. die Zeit wird nicht als dasjenige angesehen, worin die Erfahrung unmittelbar jedem Dasein seine Stelle bestimmte, welches unmöglich ist, weil die absolute Zeit kein Gegenstand der Wahrnehmung ist, womit Erscheinungen könnten zusammengehalten werden, sondern die Regel des Verstandes, durch welche allein das Dasein der Erscheinungen synthetische Einheit nach Zeitverhältnissen bekommen kann, bestimmt jeder derselben ihre Stelle in der Zeit, mithin a priori, und gültig für alle und jede Zeit“[1]. Immer dann, wenn sich Erscheinungen durch die erwähnten Kategorien zu Gegenständen der Erfahrung ordnen lassen, werden diese in einer einheitlichen zeitlichen Reihenfolge angeordnet sein.

Die Kritik des Zeitbegriffes in der Relativitätstheorie

In der KANTschen Darstellung des Erkenntnisvorganges werden Kategorien angegeben, mit deren Hilfe die Erscheinungen in eine zeitliche Ordnung gebracht werden: Das Kausalverhältnis zweier Ereignisse bestimmt deren zeitliche Reihenfolge und die wechselseitige kausale Beeinflussung legt entsprechend die Gleichzeitigkeit fest[2]. Wie diese Zeitordnung in konkreten Fällen durchgeführt werden kann, wird bei KANT allerdings nur angedeutet. Aus dem Begriff der Gleichzeitigkeit, den KANT verwendet, geht aber eindeutig hervor, daß jedenfalls für die Ausbreitung der Wirkungen, durch die Gleichzeitigkeiten definiert werden, keine obere Geschwindigkeitsgrenze festgelegt ist. Denn da das Kausalverhältnis zweier gleichzeitiger Ereignisse wechselseitig sein muß, wäre sonst die Gleichzeitigkeitsdefinition nur auf solche Ereignisse anwendbar, die am gleichen Ort stattfinden. Wie aus der Dritten Analogie der Erfahrung hervorgeht, ist das aber keinesfalls gemeint. Es wird vielmehr ausdrücklich davon gesprochen, daß diese Definition auf die „entlegendsten Gegenstände“ angewendet werden kann. Das ist aber nur dann der Fall, wenn man die Möglichkeit instantaner Wirkungsausbreitungen (durch starre Körper oder Licht) voraussetzt. Die erwähnte Definition der Gleichzeitigkeit gestattet dann die Synchronisierung aller Uhren im Sinne einer absoluten Zeit, so daß die zeitliche Ordnung sämtlicher Ereignisse in einer für alle Bezugssysteme einheitlichen Weise durchführbar ist. Die Verwendung der KANTschen Kategorien hat dann also zur Folge, daß alle empirischen Ereignisse in einer einheitlichen Zeit angeordnet sind.

[1] l. c. S. 262

[2] Vgl. hierzu I. Strohmeyer l. c.

Eine physikalische Theorie muß diese Zeitabhängigkeit der empirischen Ereignisse zum Gegenstand haben. Diejenige Theorie, die das in vollem Einklang mit den KANTschen Vorstellungen leistet, ist die klassische Mechanik. Die Einheit der Zeit ist dort durch die in allen Inertialsystemen gleiche absolute Zeit gewährleistet. Zu einer experimentellen Realisierung der absoluten Zeit muß auch hier die Möglichkeit instantaner Signalübertragungen vorausgesetzt werden.

Ebenso wie die klassische Mechanik befaßt sich auch die Relativitätstheorie mit der Zeitabhängigkeit empirischer Ereignisse. Der wesentliche Unterschied ist aber, daß in der Relativitätstheorie verlangt wird, daß alle Messungen mit real existierenden Meßgeräten durchgeführt werden können. Wie in dieser Theorie dann weiter gezeigt wird, ist der am besten geeignete Maßstab zur Durchführung von Raum-Zeit-Messungen das Licht. Dieses breitet sich aber nicht instantan, sondern mit einer endlichen Geschwindigkeit aus.

Die Endlichkeit der Lichtgeschwindigkeit und die in der Relativitätstheorie daraus hergeleitete Tatsache, daß kausale Wirkungen sich nur mit einer Geschwindigkeit $v \leq c$, d. h. im Lichtkegel ausbreiten können, hat aber zur Folge, daß die Methode der transzendentalen Zeitordnung nur noch auf einen sehr beschränkten Bereich von Ereignissen anwendbar ist. Das bedeutet, daß die Endlichkeit der Lichtgeschwindigkeit mit den KANTschen Begriffen der Zeitfolge und der Gleichzeitigkeit zwar nicht in Widerspruch steht, sie aber dennoch in ihrer Anwendbarkeit stark einschränkt.

Sind zwei Ereignisse A und B kausal verknüpft, so daß A Ursache von B ist, so muß B im Vorwärtslichtkegel von A liegen. Die KANTsche Definition der Zeitfolge, daß nämlich $t_A \leq t_B$ ist, wenn A Ursache von B ist, führt daher auch hier zu einem sinnvollen Ergebnis. Denn der zeitartige Abstand kausaler Ereignisse

$T = \frac{1}{c}\sqrt{c^2(t_A - t_B)^2 - (x_A - x_B)^2} \geq 0$ ist eine Invariante, so daß

die zeitliche Reihenfolge dieser Ereignisse unabhängig vom Bezugssystem feststeht. Für alle Ereignisse, die außerhalb des Lichtkegels liegen, bietet diese Definition aber keine Möglichkeit, etwas über ihre Zeitordnung auszusagen (Fig. 6).

Auch die Definition, die KANT für die Gleichzeitigkeit verwendet, läßt sich weiterhin anwenden, allerdings sind der Anwendbarkeit hier noch engere Grenzen gesetzt. Will man weiterhin $t_A = t_B$ durch die Gültigkeit von $t_A \leq t_B$ und $t_B \leq t_A$ definieren, so heißt das, daß $t_A = t_B$ genau dann gilt, wenn B im Vorwärtskegel von A und A im Vorwärtskegel von B liegt. Das ist aber überhaupt nur möglich, wenn die Raumpunkte der beiden Ereignisse zusammenfallen, d. h., wenn beide Ereignisse im Punkte (x_A, t_A) liegen. Die Gleichzeitigkeit $t_A = t_B$ gilt dann unabhängig vom Bezugssystem. Auf alle anderen, raumartig zu A liegenden Ereignisse ist dieses Kriterium der Gleichzeitigkeit aber gar nicht anwendbar.

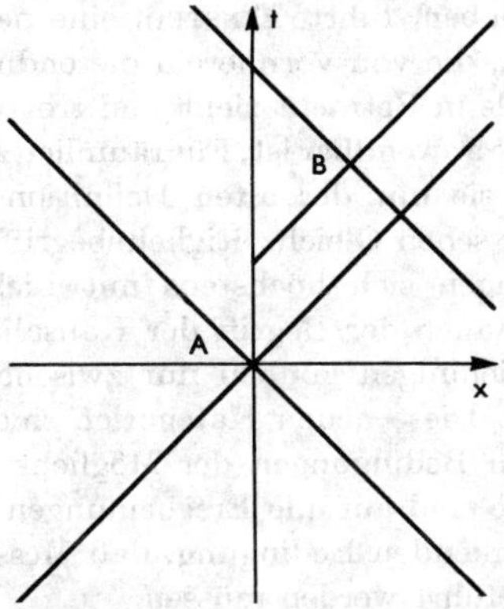

Fig. 6. Die zeitliche Ordnung von zwei Ereignissen

Die Methode, die Kant zur Zeitordnung verwendet, ist daher auf alle Ereignisse anwendbar, die innerhalb des Lichtkegels liegen. Dort erhält man dann auch dieselben Resultate wie unter der Voraussetzung einer unendlichen Lichtgeschwindigkeit:

a) Die zeitliche Reihenfolge von Ereignissen ist durch deren kausales Verhältnis eindeutig bestimmt.
b) Die Gleichzeitigkeit zweier Ereignisse ist durch deren wechselseitige Kausalität eindeutig bestimmt.
c) Die Einheit der Zeit ist insofern vorhanden, als die Reihenfolge bzw. Gleichzeitigkeit all der Ereignisse, die nach (a) bzw. (b) festgelegt ist, unabhängig von gewählten Bezugssystemen feststeht.

Der Nachteil dieser Methode ist aber, daß sie sich nur auf die Ereignisse innerhalb des Lichtkegels anwenden läßt. Besonders bei der Gleichzeitigkeitsdefinition ist das sehr nachteilig, denn von allen räumlich getrennten Ereignissen kann über deren Gleichzeitigkeit nie etwas ausgesagt werden. Man sieht jedoch sofort, daß *alle* Ereignisse von diesen Definitionen erfaßt werden, wenn $c \to \infty$ ist. Der Lichtkegel wird dann aufgeklappt bis zur x-Achse, so daß alle Ereignisse zeitartig werden. Das bestätigt die bereits oben gemachte Feststellung, daß nur unter der Voraussetzung instantaner Signalübertragungen die KANTschen Kategorien auf alle Ereignisse angewandt werden können.

Da die Lichtgeschwindigkeit aber in Wirklichkeit endlich ist, und daher die Definitionen KANTS nur einen beschränkten Anwendungsbereich haben, führte EINSTEIN eine neue Definition der Gleichzeitigkeit ein, die von vornherein die endliche Geschwindigkeit der Lichtsignale in Betracht zieht und trotzdem auf räumlich getrennte Ereignisse anwendbar ist. Für räumlich zusammenfallende Ereignisse stimmt sie mit der alten Definition überein. Da auf Grund des EINSTEINschen Gleichzeitigkeitsbegriffes gezeigt werden kann, daß Wirkungen sich höchstens mit Lichtgeschwindigkeit ausbreiten, erfährt auch der Begriff der Kausalität eine Veränderung: kausale Beziehungen können nur zwischen zeitartigen Ereignissen auftreten. Diese neuen Kategorien sind so gewählt, daß sie den empirischen Bedingungen der Möglichkeit der Erfahrung gerecht werden: Sie sind auf alle Erscheinungen anwendbar, auch unter der einschränkenden Bedingung, daß Messungen mit realen Maßstäben durchgeführt werden müssen.

EINSTEIN hat in diesem Zusammenhang immer wieder betont, daß Kategorien nicht a priori gegeben sind, und daß die Wahl der Verstandesbegriffe so zu erfolgen habe, daß diese Begriffe auf die Wirklichkeit anwendbar sind. „Es ist nach meiner Überzeugung eine der verderblichsten Taten der Philosophen, daß sie gewisse begriffliche Grundlagen der Naturwissenschaft aus dem der Kontrolle zugänglichen Gebiete des Empirisch-Zweckmäßigen in die unangreifbare Höhe des Denknotwendigen (Apriorischen) versetzt haben“[1].

Man wird diesen Vorwurf allerdings kaum der Philosophie KANTS machen können, denn KANT hat an keiner Stelle die Kategorien als denknotwendig bezeichnet. Die Kategorien gehören vielmehr zu den Bedingungen, unter denen die Erkenntnis von Dingen überhaupt erst möglich ist. Es kann daher durchaus vorkommen, daß bestimmte Wahrnehmungen sich nicht mit Hilfe der Kategorien zu Gegenständen der Erfahrung zusammenfassen lassen. KANT glaubt allerdings, daß dann „niemals so etwas, als Erkenntnis ist,

[1] A. Einstein, Vorlesungen, Princeton 1921

entspringen würde"[1]. In diesem Punkte wird man ihm in Hinblick auf die Begriffsbildungen in der modernen Physik nicht folgen können. Denn die von EINSTEIN eingeführten, neuen Begriffe der Zeitordnung lassen sich ebenso gut, und unter Umständen sogar besser auf die Wahrnehmungen anwenden als die Begriffe KANTS.

Auch die Möglichkeit, a priori gültige Sätze über die Erfahrung zu finden, wird nicht eingeschränkt. A priori im Sinne KANTS gelten gewisse Gesetze über Gegenstände der Erfahrung, die mit Hilfe der Kategorien aus den Wahrnehmungen gebildet worden sind. A priori gültige Aussagen in diesem Sinne gibt es aber auch bei EINSTEIN. Sie gelten für alle Ereignisse, die mit Hilfe der EINSTEINschen Begriffe Kausalität und Gleichzeitigkeit interpretiert worden sind. Von den Sätzen, die auf Grund der KANTschen Kategorien gelten und die in den Analogien der Erfahrung behandelt werden, sind sie jedoch im allgemeinen verschieden. Nur dann, wenn zwei Ereignisse zeitartig zueinander liegen, stimmen diese Sätze mit den oben unter (a), (b), (c) angeführten Ergebnissen KANTS überein.

Für solche Ereignisse aber, die raumartig zueinander liegen und über die mit den alten Begriffen gar nichts ausgesagt werden kann, erhält man wesentlich andere Resultate:

$\bar{a}$) Die zeitliche Reihenfolge raumartiger Ereignisse ist abhängig vom verwendeten Bezugssystem. Kausalbeziehungen können zwischen solchen Ereignissen nicht bestehen.

$\bar{b}$) Das Bestehen von Gleichzeitigkeiten zwischen raumartigen Ereignissen ist abhängig vom verwendeten Bezugssystem. Gleichzeitige Ereignisse haben, soweit sie raumartig sind, keinerlei Wechselwirkung.

$\bar{c}$) Die Einheit der Zeit, also die Tatsache, daß es einen objektiven Sinn hat, von einer zeitlichen Aufeinanderfolge von Ereignissen zu sprechen, geht verloren. Wie unter ($\bar{a}$) und ($\bar{b}$) bemerkt, hängt die Reihenfolge und Gleichzeitigkeit raumartiger Ereignisse immer vom Bezugssystem ab.

Die Beziehungen zwischen den verschiedenen Kategorien bei KANT und EINSTEIN, ihren Anwendungsbereichen und den dort a priori gültigen Sätzen lassen sich jetzt übersichtlich in der folgenden Tabelle zusammenfassen (E bedeute ein Ereignis, L die Menge der im Lichtkegel liegenden Ereignisse):

---

[1] Kant, Kr. d. r. V. Aufl. A S. 97

Begriffe	Licht-geschwindigkeit	Anwendungs-bereich	Sätze
Kausalität	$c \to \infty$	Alle E	a, b, c
Gleichzeitigkeit nach KANT	$c < \infty$	$E \in L$	a, b, c
Kausalität	$c \to \infty$	Alle E	a, b, c
Gleichzeitigkeit nach EINSTEIN	$c < \infty$	$E \in L$	a, b, c
		$E \notin L$	$\bar{a}, \bar{b}, \bar{c}$

Durch diesen Vergleich der Begriffe Gleichzeitigkeit und Kausalität bei KANT und EINSTEIN sowie der daraus folgenden Sätze über das Verhältnis von Zeitordnung und Kausalität wird aber folgendes deutlich: Die von KANT in den Analogien der Erfahrung behaupteten Zusammenhänge werden auch in Hinblick auf die neue Situation in der Relativitätstheorie nicht falsch. Denn *wenn* die zeitliche Ordnung der Erscheinungen mit den Begriffen KANTS durchgeführt werden kann, gelten weiterhin die erwähnten Sätze a, b, c über den Zusammenhang von Kausalität und Zeitfolge und die daraus resultierende Einheit der Zeit. Wie wir gesehen haben, ist das aber nur für Ereignisse im Inneren des Lichtkegels möglich.

Für raumartige Ereignisse werden die Überlegungen KANTS aber deshalb nicht falsch, weil diese Ereignisse durch die Kategorien KANTS gar nicht erfaßt werden können.

Eine Einbeziehung aller Ereignisse wäre nur unter der unrealistischen Voraussetzung möglich, daß die Lichtgeschwindigkeit unendlich groß ist. Denn beim Übergang $c \to \infty$ wird der Lichtkegel bis zur x-Achse aufgeklappt, so daß die Abstände aller Ereignisse zeitartig werden. Dann ließe sich für sämtliche Ereignisse eine in allen Bezugssystemen gültige zeitliche Reihenfolge festlegen. Aussagen über Gleichzeitigkeiten wären dann unabhängig vom Bezugssystem.

Zu Widersprüchen zwischen den Ergebnissen KANTS und der Relativitätstheorie wird man nur dann geführt, wenn man diejenigen Zeitverhältnisse, die bei Verwendung der KANTschen Kategorien vorliegen und demgemäß nur in deren Anwendungsbereich, dem Inneren des Lichtkegels, Gültigkeit besitzen, auf alle Ereignisse überträgt. Ein Beispiel dafür ist das oben erwähnte Experiment, bei dem die kugelförmige Ausbreitung eines Lichtsignals von einem ruhenden und einem bewegten Bezugssystem beobachtet wird: Jeder Beobachter sieht als Wellenfläche eine Kugel, deren Mittelpunkt relativ zu ihm ruht, jeder sieht also eine andere Kugel.

Der Widerspruch verschwindet sofort, wenn man an Stelle des Kantschen den Einsteinschen Begriff der relativen Gleichzeitigkeit verwendet, da dieser auf alle, also auch auf räumlich getrennte Ereignisse anwendbar ist. Zwar ist es mit diesem Begriff nicht mehr möglich, eine für alle Bezugssysteme einheitliche Zeit zu definieren, aber das ist auch mit keinem anderen Gleichzeitigkeitsbegriff möglich, der die Endlichkeit der Lichtgeschwindigkeit in Betracht zieht. Die Zweckmäßigkeit des Einsteinschen Begriffs für die Physik besteht darin, daß er in gleicher Weise für alle Ereignisse anwendbar ist. Für die Ereignisse im Inneren des Lichtkegels aber ergeben sich Resultate, die auch aus dem alten Begriff der Gleichzeitigkeit folgen.

Alle diese Überlegungen zeigen, daß die neuen und zum Teil ungewöhnlichen Ergebnisse der Relativitätstheorie, wie z. B. der Verlust der Einheit der Zeit, zurückzuführen sind auf Veränderungen derjenigen Begriffe, mit deren Hilfe Erfahrungen überhaupt erst zustande kommen können.

Die Veränderungen, die die Begriffe Kausalität und Gleichzeitigkeit in der Relativitätstheorie erfahren haben, wurden dabei hervorgerufen durch die Reflexion auf die physikalischen Bedingungen der Möglichkeit von Erfahrung. Die Einsteinsche Forderung, daß die naturwissenschaftlichen Begriffe sich auch materiell realisieren lassen, zwingt dann dazu, neue Begriffe zu definieren, die tatsächlich auf die Erfahrung anwendbar sind. Der Einsteinsche Begriff der Gleichzeitigkeit ist von dieser Art.

Während die ältere Physik sich stets als eine Theorie der Natur an sich verstand und infolgedessen entweder gar nicht auf Meßverfahren reflektierte, oder sich mit unrealisierbaren Definitionen – wie Messung durch ideal starre Körper – begnügte, ist das in der modernen Physik seit Einstein vollständig anders. Das Konzept der Physik ist insofern geändert worden, als Physik jetzt eine Theorie der Natur ist, wie sie sich zeigt, wenn sie mit realen Maßstäben und Uhren untersucht wird. Dieser neue Begriff der Physik ist für die ganze weitere Entwicklung maßgebend geworden. Seine Bedeutung ist erstmalig in der Einsteinschen Analyse der Raum-Zeit-Messungen bei Phänomenen mit hohen Geschwindigkeiten klargeworden.

II. EUKLIDISCHE UND RIEMANNSCHE GEOMETRIE

Die euklidische Geometrie läßt sich verstehen als eine Theorie, die ausgeht von der Konstruktion ihrer Grundbegriffe, und deren Sätze wahr sind auf Grund ihrer Evidenz. Die Sätze der euklidischen Geometrie sind dann in voller Strenge für alle Gegenstände der Erfahrung gültig. In der Allgemeinen Relativitätstheorie wird anderseits gezeigt, daß für die Abmessungen empirischer Gegenstände nicht die euklidische, sondern die RIEMANNsche Geometrie gilt.

Es erhebt sich daher die Frage, wie diese beiden, sich zunächst widersprechenden Behauptungen vereinbart werden können. Zu einer Beantwortung dieser Frage müssen sowohl die Gründe für die Evidenz der euklidischen Geometrie, als auch die empirisch physikalischen Argumente der Relativitätstheorie in Betracht gezogen werden.

Problemstellung

Die euklidische Geometrie ist eine Theorie, die die Beziehungen zwischen ideellen räumlichen Grundgebilden untersucht. Ihre Sätze lassen sich aus wenigen Grundsätzen, den Axiomen, mit Hilfe der Logik herleiten. Seit ihrer Entdeckung in der griechischen Mathematik gilt die euklidische Geometrie als Musterbeispiel einer Theorie, deren Axiome wahr sind auf Grund ihrer Evidenz und deren Sätze sich aus diesen Axiomen logisch beweisen lassen. Weder ihrem Gegenstande, noch ihrer Begründung nach sind daher die Sätze der euklidischen Geometrie von der Erfahrung abhängig. – Trotzdem sind die geometrischen Sätze auf mögliche Erfahrung bezogen und auf die Abmessungen realer Körper anwendbar: Die in der Geometrie behaupteten Zusammenhänge stimmen exakt mit denjenigen empirischen Sachverhalten überein, die sich durch Ausmessung wirklicher Körper ergeben.

Die Frage, worauf die Evidenz der Axiome und die Gültigkeit der geometrischen Sätze in der Erfahrung beruht, wird zuerst im neuzeitlichen Apriorismus gestellt und beantwortet: Die geometrischen Grundbegriffe sind nur definierbar durch ideelle Konstruktionsvorschriften, mit deren Hilfe die den Begriffen entsprechenden Grundgebilde konstruiert werden können. Diese Konstruktionsvorschriften legen aber bereits die allgemeinen Gesetze, die für die geometrischen Begriffe gelten, d. h. die Sätze der Geometrie, fest. Die Evidenz der einfachsten geometrischen Grundsätze, der Axiome, beruht also auf einer Einsicht in die den Begriffen zugrunde liegenden Konstruktionen. Diejenigen Konstruktionsverfahren, durch die geometrische Gebilde überhaupt nur hergestellt werden können, legen somit die allgemeinen Sätze, denen diese Gebilde gehorchen, bereits fest. Treten also Geraden, Ebenen, Dreiecke usw. in der Erfahrung auf, so müssen sie notwendig den Sätzen der euklidischen Geometrie gehorchen.

Die Konstruktionsverfahren selbst, und damit die geometrischen Grundbegriffe, scheinen zunächst willkürlich gewählt zu sein. Man wird jedoch in Hinblick auf die Anwendungen nur solche Konstruktionsprinzipien einer wissenschaftlichen Geometrie zugrunde legen, von denen man auf Grund einer vorwissenschaftlichen Erfahrung annehmen kann, daß sie sich wenigstens im Prinzip materiell realisieren lassen. Diejenigen Eigenschaften der wirklichen Dinge, durch die die Möglichkeiten des Konstruierens geometrischer Gebilde bestimmt sind, wollen wir als „vor-geometrische" Eigenschaften bezeichnen. Die Kenntnis „vor-geometrischer" Eigenschaften erfordert keine wissenschaftliche Geometrie, sondern kann einem qualitativen, vorwissenschaftlichen Erfahrungswissen entnommen sein.

Die Konstruktionen der euklidischen Geometrie sind prinzipiell ausführbar, wenn die Gegenstände der Erfahrung eine vor-geometrische Eigenschaft besitzen, die wir als „unbeschränkte Beweglichkeit" bezeichnen wollen. Durch diese „unbeschränkte Beweglichkeit" ist – im Rahmen unserer Problemstellung – der Bereich empirischer Gegenstände abgegrenzt, auf den die Sätze der euklidischen Geometrie anwendbar sind. Da die Dinge, die uns im täglichen Leben begegnen, fast ausnahmslos diese Eigenschaft der unbeschränkten Beweglichkeit besitzen, erübrigt sich im allgemeinen die Angabe dieser Eigenschaft als Abgrenzung für die Anwendbarkeit der euklidischen Geometrie.

In der allgemeinen Relativitätstheorie wird die Frage der Beweglichkeit von Körpern im Rahmen einer physikalischen Theorie genauer diskutiert. Das dort untersuchte Führungsfeld gibt an, welche Freiheitsgrade der Bewegung für einen materiellen Körper existieren. Gegenüber dem qualitativen vorwissenschaftlichen Erfahrungswissen sind die empirischen Sachverhalte in der Theorie des Führungsfeldes quantitativ und qualitativ genauer und richtiger erfaßt. Diese Theorie hat zu dem Ergebnis geführt, daß im allgemeinen kein materieller Körper die Eigenschaft der unbeschränkten Beweglichkeit besitzt, sondern nur eine schwächere Eigenschaft, die wir als „beschränkte Beweglichkeit" bezeichnen wollen. Da somit die für die Anwendbarkeit der euklidischen Geometrie vorausgesetzte unbeschränkte Beweglichkeit materieller Körper nicht gegeben ist, sind die Sätze der euklidischen Geometrie nicht auf die Abmessungen empirischer Gegenstände anwendbar.

Unter diesen Umständen gibt es für die empirische Geometrie zwei Möglichkeiten: Die erste Methode, trotz der geschilderten Umstände empirisch „Geometrie" zu betreiben, besteht darin, auf die konstruktiven Definitionen der Grundbegriffe überhaupt zu verzichten. Man geht statt dessen aus von bestimmten empirisch gegebenen Gegenständen und Phänomenen (z. B. starren Körpern oder Lichtstrahlen), die man als Maßstäbe benutzt, bzw. die man als gerade Linien definiert. Die mit diesen Maßstäben ausgemessenen Beziehungen zwischen den Lagen und den Abmessungen materieller Körper interpretiert man dann als die Sätze einer empirischen Geometrie. Diese empiristische Auffassung von Geometrie hat sich seit Gauss und Riemann immer stärker durchgesetzt und hat schließlich zu der von Einstein in der allgemeinen Relativitätstheorie formulierten Riemannschen Geometrie geführt. Als Maßstäbe werden dort die trägheitsfreien Bahnen von Massenpunkten bzw. die Lichtstrahlen verwendet.

Neben dieser empiristischen Geometrie gibt es noch eine andere Methode, empirische Geometrie zu betreiben, die sich eng an die im philosophischen Apriorismus entwickelten Vorstellungen anlehnt. Man geht dazu aus von der a-priori begründeten euklidischen Geometrie und formuliert die physikalische Theorie des Führungsfeldes in bezug auf diese euklidische Metrik ohne auf die Frage der empirischen Realisierbarkeit dieser Geometrie bezug zu nehmen. Das so berechnete Führungsfeld besitzt dann nicht mehr die Eigenschaft der unbeschränkten Beweglichkeit von Körpern, sondern nur noch die der beschränkten Beweglichkeit. Faßt man nun diese ebenfalls qualitative Eigenschaft der beschränkten Beweglichkeit als eine „vor-geometrische" Eigenschaft des Führungsfeldes auf, so kann man fragen, welche empirisch realisierbaren Konstruktionen geometrischer Grundbegriffe sich jetzt noch angeben lassen. Es zeigt sich dabei, daß in einem realen Führungsfeld nur eine RIEMANNsche Geometrie möglich ist. Diese RIEMANNsche Geometrie stimmt genau überein mit der in der allgemeinen Relativitätstheorie verwendeten empirischen Geometrie der Lichtstrahlen und Massenbahnen.

Diesen beiden möglichen Methoden, eine empirische Geometrie zu begründen, liegen zwei alternative Formulierungen der Theorie des Führungsfeldes zugrunde. Die erste, von EINSTEIN angegebene Theorie bezieht alle physikalischen Gesetze unmittelbar auf die empirisch begründete RIEMANNsche Geometrie. Dadurch wird die Theorie des Führungsfeldes zu einer Theorie, die ausschließlich beobachtbare Größen enthält. Sie beschreibt das Führungsfeld so, wie es sich zeigt, wenn es mit realen Maßstäben gemessen wird. Die zweite mögliche Formulierung dieser Theorie bezieht die physikalischen Gesetze auf einen euklidischen Darstellungsraum, der jedoch mit realen Maßstäben nicht ausgemessen werden kann. Beobachtbar ist nur das in der Theorie berechnete Führungsfeld, das mit dem in der EINSTEINschen Theorie berechneten Führungsfeld genau übereinstimmt. Diese Formulierung der Theorie des Führungsfeldes ermöglicht es dann, das im Apriorismus konzipierte Programm zur Begründung der Geometrie sinngemäß auf die neuen Verhältnisse zu übertragen.

Die Begründung der euklidischen Geometrie

§ 1. *Die griechische Geometrie*

Die euklidische Geometrie ist ein System von Sätzen, die von den Beziehungen gewisser räumlicher Grundgebilde (Punkte, Geraden, Ebenen) und den Relationen zwischen ihnen (schneiden, verbinden) handeln. Die griechischen Mathematiker hatten entdeckt, daß die Gesamtheit dieser Sätze sich logisch aus einer kleinen Anzahl von Grundsätzen, den Axiomen, herleiten läßt. Die älteste, uns überlieferte Darstellung der Geometrie als einer axiomatischen Theorie findet sich in den Elementen von EUKLID.

EUKLID geht aus von einigen Definitionen der geometrischen Grundgebilde, die aber keine Definitionen im strengen Sinne sind, sondern eher Gedächtnisstützen für diejenigen, die schon wissen, was mit den Begriffen gemeint ist. So definiert EUKLID z. B. „eine gerade Linie ist eine solche, die zu den Punkten auf ihr gleichmäßig liegt". Folgerungen werden aus diesen Definitionen nicht gezogen. Die wirkliche Grundlage der Geometrie bilden fünf Axiome, die bei EUKLID Forderungen genannt werden. In diesen

Sätzen wird die Möglichkeit, gewisse Grundgebilde zu konstruieren, gefordert. Da in der griechischen Mathematik die Lösung eines geometrischen Problems in der Angabe einer Konstruktion besteht, müssen die Axiome der Geometrie die Möglichkeit von Grundkonstruktionen sicherstellen. Um die geometrischen Sätze aus diesen Axiomen herzuleiten, werden noch einige weitere Sätze benötigt, die aber nicht speziell der Geometrie angehören, z. B. die Axiome der Gleichheit. EUKLID hat gezeigt, wie man aus diesen Voraussetzungen die bekannten Sätze der Geometrie rein logisch herleiten kann. Seine Darstellung galt bis ins 19. Jahrhundert als beispielhaft für jede axiomatische Theorie.

Die Axiome der Geometrie sind nicht beweisbar und müssen als unbewiesene Behauptungen der Theorie vorangestellt werden. Die Frage, woher man diese Sätze weiß, beschäftigt schon PLATON. Sie hängt zusammen mit der Frage, wovon geometrische Sätze eigentlich handeln. PLATON kommt zu dem Ergebnis, daß die Längen, Winkel usw., von denen die Geometrie spricht, nicht die Abmessungen wirklicher Gegenstände sind, sondern daß der Gegenstand der Geometrie die ideellen, nur geistig erfaßbaren geometrischen Figuren sind, und daß alle Beweise sich nur auf diese ideellen Gebilde beziehen[1]. Die in den Beweisen verwendeten körperlichen Linien, Dreiecke und Winkel dienen nur der Demonstration[2].

Die Wahrheit geometrischer Sätze beruht daher nicht auf Erfahrung, sondern auf der Einsicht in das Wesen der ideellen Grundgebilde. Diese Einsicht in einen mathematischen Sachverhalt ist je nach dessen Schwierigkeitsgrad unmittelbar vorhanden, oder kann durch Demonstration an körperlichen Dingen und durch Dialektik gewonnen werden. PLATON kennzeichnet diese Art der Erkenntnis ideeller Sachverhalte als Anamnesis, als Wiedererinnerung an eine Kenntnis, die der Mensch früher einmal besessen hat[3].

Die Frage, in welchem Umfang diese so als wahr erkannte reine Geometrie auf die wirklichen Dinge anwendbar ist, wird auch bereits bei PLATON gestellt. Um die offensichtlich vorhandene Entsprechung ideeller, geometrischer und körperlich-wirklicher Formen zu verstehen, greift PLATON auf seine Kosmologie zurück, nach der die wirkliche Welt von ihrem Schöpfer den unveränderlichen Ideen nachgebildet worden ist. Da aber zeitlose Ideen, zu denen auch die ideellen geometrischen Formen gehören, sich immer

---

[1] Platon, Staat VI, 510c–511b [2] l. c. 526a–527a

[3] Platon, Menon, 82b–85c

nur unvollständig im zeitlichen verwirklichen lassen, so muß man zufrieden sein, wenn ein wirklicher Gegenstand eine geometrische Eigenschaft, etwa dreieckig zu sein, „mit einiger Sicherheit annimmt“[1]. Die Sätze der reinen Geometrie und die Beziehungen zwischen den Abmessungen empirischer Körper stehen also nur in einem sehr losen Zusammenhang. Wegen dieser Trennung zwischen ideellen und wirklichen Gegenständen gibt es bei Platon kein eigentliches Anwendungsproblem der Geometrie. Denn daß die Geometrie auch empirisch „mit einiger Sicherheit gilt“, daran besteht keinerlei Zweifel. Daß sie aber darüber hinaus sogar exakt in der Erfahrung gilt, hat Platon nie behauptet.

§ 2. *Kants Theorie der Geometrie*

Das gleiche Phänomen Geometrie, das schon PLATON im Rahmen der Anamnesislehre zu deuten versuchte, stand auch KANT vor Augen: Ein System von Sätzen, die von idealen Gegenständen, Punkten, Geraden und Ebenen, und den Relationen zwischen ihnen handeln. Die Wahrheit dieser Sätze beruht auf ihrer Evidenz, die entweder wie bei den Axiomen unmittelbar vorhanden ist, oder bei abgeleiteten Sätzen mittelbar durch den betreffenden Beweis gegeben ist. In der Terminologie KANTS sind die Axiome der Geometrie synthetische Urteile a priori. Synthetisch, weil der Inhalt dieser Sätze nicht schon aus den Definitionen der in diesen Sätzen verwendeten Begriffe folgt; a priori, weil die Sätze der Geometrie nicht auf Grund einer kontingenten Erfahrung gelten, sondern „zugleich mit (ihrer) Notwendigkeit gedacht“ werden[2], also apodiktisch gelten.

Obwohl die Sätze dieser reinen Geometrie weder ihrem Gegenstand nach noch der Art ihrer Begründung nach etwas mit Erfahrung zu tun haben, sind sie nach KANTS Ansicht doch vollständig und in aller Strenge auf Gegenstände der Erfahrung anwendbar. KANT geht hier über PLATON hinaus, der von den Sätzen der Geometrie nur annimmt, daß sie in der Wirklichkeit „mit einiger Sicherheit“ gelten. Damit ist nicht gemeint, daß z. B. ideale Dreiecke in der Wirklichkeit tatsächlich vorkommen, sondern daß die geometrischen Sätze um so genauer gelten, je mehr die betrachteten empirischen Gegenstände sich den idealen geometrischen Formen nähern. KANT steht hier in der Tradition der neuzeitlichen Naturwissenschaft, die seit GALILEI und KEPLER von

[1] Platon, Timaios 50B
[2] Kant, Kr. d. r. V., Aufl. B, S. 4

idealen, exakten Gesetzen ausging, denen sich die wirklichen Dinge nur in einem idealen Grenzfall genau anpassen.

Von dieser synthetisch-apriorischen Geometrie, die KANT aus der Tradition gegeben ist und an deren Wirklichkeit er nicht zweifeln muß, fragt er nun, wie sie möglich ist. „Wir haben also einige, wenigstens unbestrittene, synthetische Erkenntnis a priori, und dürfen nicht fragen, ob sie möglich sei (denn sie ist wirklich), sondern nur, wie sie möglich sei[1]". Versteht man mit KANT unter Geometrie die „Wissenschaft, die Eigenschaften des Raumes synthetisch und doch a priori bestimmt[2]", so führt die Erörterung der Frage, wie eine solche Wissenschaft möglich ist, notwendig auf die Frage nach dem Wesen des Raumes: „Was muß die Vorstellung des Raumes denn sein, damit eine solche Erkenntnis von ihm möglich ist[3]".

KANTS Antwort auf diese Frage ist, daß der Raum die Form aller äußeren Erscheinung ist und als solcher zu den Bedingungen gehört, unter denen die Erkenntnis von Gegenständen überhaupt erst möglich wird.

Verlangt man nämlich, daß die synthetischen Sätze der Geometrie aus der Vorstellung des Raumes folgen, so muß der Raum ursprünglich Anschauung sein, da aus einem diskursiven Begriff keine synthetischen Sätze folgen könnten, sondern nur analytische. Weiterhin muß aber diese Anschauung vor aller Wahrnehmung eines Gegenstandes in uns bereitliegen, d. h. eine reine nichtempirische Anschauung sein. Denn anderenfalls wären die geometrischen Sätze nicht apodiktisch, sondern nur empirisch gültig.

Das ist offenbar nur möglich, wenn die Anschauung des Raumes als die formale Beschaffenheit aller Gegenstände im erkennenden Subjekt bereitliegt. Die Mannigfaltigkeit der Wahrnehmungen wird erst dadurch zur Erscheinung von Dingen, daß diese Wahrnehmungen in die Form des Raumes gebracht werden, d. h. unter dem Gesichtspunkt des Nebeneinander angeordnet werden. Der Raum ist daher eine im Subjekt liegende Anschauungsform, durch die erst die Erscheinung von Gegenständen im Raum möglich wird, d. h. der Raum gehört zu den Bedingungen der Möglichkeit der Erfahrung von Gegenständen.

Der so bestimmte Raum besitzt sowohl die Eigenschaft der „transzendentalen Idealität" als auch der „empirischen Realität".

---

[1] Kant, Prol., A 39/40; vgl. auch Kr. d. r. V., Aufl. B, S. 128

[2] l. c. S. 41

[3] l. c. S. 41

Mit transzendentaler Idealität ist gemeint, daß der Raum selbst kein Gegenstand ist, sondern zu den Bedingungen gehört, unter denen Erfahrungen von Gegenständen erst möglich werden. Mit empirischer Realität ist gemeint, daß alle uns in der Erfahrung begegnenden Gegenstände im Raum sind, da eben der Raum nichts anderes ist als die Form aller äußeren Erscheinung der Gegenstände der Erfahrung. Diese Verbindung zwischen dem Raum als der reinen Anschauung und dem empirischen Raum bildet eine der Voraussetzungen, durch die ein Zusammenhang zwischen der reinen und der angewandten Geometrie ermöglicht wird.

„Die Geometrie ist die Wissenschaft, die die Eigenschaften des Raumes synthetisch und doch a priori bestimmt[1]". Da der Raum die Form aller äußeren Erscheinungen ist, beziehen sich die Sätze der Geometrie auf diese reine Anschauungsform Raum. Sie folgen nicht als analytische Urteile logisch aus den Definitionen der geometrischen Begriffe, sondern „aus der reinen Anschauung (obgleich mittels des Verstandes)[2]". Diese Bemerkungen beziehen sich zunächst auf beliebige geometrische Sätze, die sämtlich synthetische Urteile a priori sind. Unter diesen Sätzen sind jedoch einige durch ihre Evidenz besonders ausgezeichnet, die Kant in Übereinstimmung mit dem geläufigen Sprachgebrauch Axiome nennt. „Diese sind synthetische Grundsätze a priori, sofern sie unmittelbar gewiß sind[3]". Sie folgen unmittelbar aus der reinen Anschauung. Die übrigen Sätze der Geometrie können aus diesen Axiomen mit Hilfe der Logik hergeleitet werden und werden von Kant ebenfalls als synthetische Urteile bezeichnet, „denn ein synthetischer Satz kann allerdings nach dem Satz vom Widerspruch[4] eingesehen werden, aber nur so, daß ein anderer synthetischer Satz vorausgesetzt wird, aus dem er gefolgert werden kann[5]".

Die Begründung der Geometrie erfordert somit eine genaue Beantwortung der Frage, in welchem Sinn die geometrischen Axiome als unmittelbar gewiß bezeichnet werden können. Gegenstand der Axiome sind die geometrischen Grundbegriffe und die Relationen zwischen ihnen. In der Geometrie begegnet uns eine Art der Begriffsbildung, die verschieden ist von der Bildung eines empirischen oder eines a priori gegebenen philosophischen Begriffes. Während die empirischen Begriffe durch Abstraktion aus der Erfahrung ge-

---

[1] l. c. S. 41 [2] l. c. S. 199 [3] l. c. S. 761

[4] Mit dem „Satz vom Widerspruch" ist im Sprachgebrauch Kants das System der Sätze der Logik gemeint.

[5] Kant, Prol., A 28

wonnen werden, die philosophischen Begriffe durch Explikation oder durch Definition aus anderen Begriffen, gewinnt man die geometrischen Begriffe durch Konstruktion in der reinen Anschauung. Unter Konstruktion eines Begriffes versteht KANT, „die ihm korrespondierende Anschauung a priori darstellen[1]". Es ist also zur Konstruktion eines Begriffes eine nicht-empirische, reine Anschauung nötig. So gelangt man etwa zum Begriff eines Dreiecks, indem man die ihm korrespondierende Anschauung entweder durch bloße Einbildung in der reinen Anschauung konstruiert oder die Figur in der empirischen Anschauung auf Papier zeichnet. „Die einzelne hingezeichnete Figur ist empirisch und dient gleichwohl, den Begriff, unbeschadet seiner Allgemeinheit, auszudrücken, weil bei dieser empirischen Anschauung immer nur auf die Handlung der Konstruktion des Begriffs, welchen viele Bestimmungen, z. B. der Größe, der Seiten und der Winkel, ganz gleichgültig sind, gesehen, und also von diesen Verschiedenheiten, die den Begriff des Triangels nicht verändern, abstrahiert wird[2]".

Die Tatsache, daß geometrische Begriffe durch Konstruktion gewonnen werden, hat den folgenden Grund: Die geometrischen Begriffe beziehen sich auf Figuren im Anschauungsraum, durch die diese Begriffe in der reinen Anschauung dargestellt werden. Der Raum, sagt KANT in der metaphysischen Erörterung dieses Begriffes, „wird als eine unendliche gegebene Größe vorgestellt[3]", die in Ansehung der Menge ihrer Teile unbestimmt und damit in sich stetig ist. Der Raum ist ein quantum continuum. Räumliche Inhalte (Linien, Flächen usw.) entstehen durch vorherige Zerlegung und anschließende Synthesis des quantum Raum. „Ich kann mir keine Linie, so klein sie auch sei, vorstellen, ohne sie in Gedanken zu ziehen, d. i. von einem Punkt alle Teile nach und nach zu erzeugen, ...[4]" Die geometrischen Gestalten entstehen daher durch die „successive Synthesis der produktiven Einbildungskraft[5]". Sie sind Größen, bei denen die Vorstellung der Teile der Vorstellung des ganzen vorausgeht, die also quantitativ erfaßbar sind. Dieser quantitative Charakter der geometrischen Gebilde ist es, der die Konstruktion der entsprechenden Begriffe ermöglicht. „Nur der Begriff von Größen läßt sich konstruieren, d. i. a priori

---

[1] Kant, Kr. d. r. V., Aufl. B, S. 741

[2] l. c. S. 741, 742

[3] l. c. S. 40

[4] l. c. S. 204

[5] l. c. S. 204

in der Anschauung darlegen[1]". Die geometrischen Begriffe beziehen sich auf zusammenhängende Teilmengen des quantum Raum, und lassen sich daher a priori in der Anschauung darstellen, d. h. konstruieren.

Es sind also die Verfahren, mit deren Hilfe man die den Begriffen korrespondierende Anschauung konstruiert, die die geometrischen Begriffe gewissermaßen definieren. Aus der Konstruktionsvorschrift für ein Dreieck soll nach KANT z. B. der Satz über die Winkelsumme unmittelbar eingesehen werden können. KANT betont jedoch ausdrücklich, daß dieser Satz nicht schon aus einer Definition des Dreiecks im üblichen Sinne gewonnen werden kann, also kein analytisches Urteil a-priori ist[2]. Die Axiome der Geometrie, also die geometrischen Sätze, die „unmittelbar gewiß sind[3]" ergeben sich somit unmittelbar aus den Konstruktionsvorschriften für die Begriffe, von denen die Axiome handeln. Die übrigen geometrischen Sätze lassen sich dann aus diesen Axiomen mit Hilfe der Logik herleiten.

Durch diese Bemerkungen ist im Prinzip geklärt, in welchem Sinne die geometrischen Sätze als synthetische Urteile a priori bezeichnet werden können. Die Evidenz der Axiome erklärt sich als eine unmittelbare Einsicht in die Konstruktionsprinzipien der Grundbegriffe. Damit ist sowohl der synthetische wie der apriorische Charakter der Axiome erwiesen. KANT hat jedoch für keinen geometrischen Begriff die entsprechenden Konstruktionsverfahren explizit angegeben. Infolgedessen hat er auch für keines der geometrischen Axiome dessen Evidenz deutlichmachen können. Ein solcher Nachweis ist für KANT vermutlich deswegen ohne Interesse gewesen, weil er keinen Grund hatte, an der Evidenz der Axiome der überlieferten euklidischen Geometrie zu zweifeln.

Man ersieht jedoch bereits aus dieser mehr prinzipiellen Diskussion des Begründungsproblems der Geometrie, daß die a-priori-Gültigkeit der euklidischen Geometrie nicht eine besondere Eigenschaft der Anschauungsform Raum ist, sondern auf den Konstruktionen beruht, den die geometrischen Begriffen zugrunde liegen. Der Anschauungsraum ist lediglich eine dreidimensionale stetige Mannigfaltigkeit, – ein dreidimensionaler topologischer

[1] l. c. S. 743
[2] l. c. S. 744
[3] l. c. S. 761

Raum[1] –, in welchem die zum Aufbau einer Geometrie notwendigen Konstruktionen vorgenommen werden können. Diese Konstruktionen, nicht aber der Anschauungsraum selbst, sind dann für die Gültigkeit geometrischer Sätze verantwortlich. Auf die schwierige Frage, welche topologischen Zusammenhangsverhältnisse der Anschauungsraum besitzt, werden wir noch eingehen.

Das für unsere Fragestellung wichtigste Problem ist, ob und in welchem Umfang diese reine Geometrie, die zunächst nur im Anschauungsraum aufgebaut ist, auch für Gegenstände der Erfahrung gilt. KANT behauptet die strenge Gültigkeit der Sätze der euklidischen Geometrie in der Erfahrung und begründet diese Behauptung. Diese Begründung erfolgt im Rahmen der Bestimmung des Wesens der Gegenstände der Erfahrung. Das Wesen des Dinges ist bestimmt durch die Bedingungen der Möglichkeit der Erfahrung, denn „die Bedingungen der Möglichkeit der Erfahrung überhaupt sind zugleich Bedingungen der Möglichkeit der Gegenstände der Erfahrung und haben darum objektive Gültigkeit in einem synthetischen Urteil a priori[2]". Diese synthetischen Urteile a priori kennzeichnen die Gegenstände der Erfahrung, weil Gegenstände immer schon Geformtes sind, in dem die Mannigfaltigkeit der Wahrnehmungen unter gewissen Gesichtspunkten geformt und interpretiert worden ist. Was wir über die Prinzipien dieser Formung wissen, gilt daher auch für das Geformte.

In den vier Grundsätzen des reinen Verstandes kennzeichnet KANT das Wesen des Dinges. Der erste dieser Grundsätze ist das „Prinzip der Axiome der Anschauung". Es behauptet u. a. die Anwendbarkeit der Geometrie auf die Erfahrung. Die Axiome der Anschauung selbst sind die Axiome der Geometrie. Sie stehen hier nicht zur Diskussion, sondern nur ihre Anwendbarkeit. Das Prinzip der Axiome der Anschauung lautet: „Alle Erscheinungen sind ihrer Anschauung nach extensive Größen[3]". „Alle Anschauungen sind extensive Größen[4]".

Der Beweis, den KANT für diesen Grundsatz angibt, erläutert zugleich seinen Inhalt; er geht aus von den Bedingungen der

[1] Wegen des quantitativen Charakters aller im Raum konstruierbaren Figuren ist der Anschauungsraum darüber hinaus vermutlich metrisierbar. Die Unsicherheit dieser Bemerkung ergibt sich aus der Schwierigkeit, die mathematisch genau festgelegte Eigenschaft der Metrisierbarkeit aus den mehr qualitativen Kantschen Argumenten zu erschließen.

[2] l. c. S. 198

[3] Kant, Kr. d. r. V., Aufl. A, S. 162

[4] Kant, Kr. d. r. V., Aufl. B, S. 202

Möglichkeit der Erfahrung von Gegenständen. Die Form aller äußeren Erscheinung ist die Anschauung des Raumes. Die Erscheinungen gelangen ins Bewußtsein durch die gleiche Synthesis des Mannigfaltigen, wodurch die Vorstellung eines bestimmten Raumes erzeugt wird. – Die Vorstellung eines bestimmten Raum-Intervalls entsteht aber aus dem gegebenen quantum Raum durch vorherige Zerlegung und anschließende Synthesis. Eine räumliche Gestalt ist also eine Größe, bei der die Vorstellung der Teile der Vorstellung des Ganzen vorausgeht. KANT nennt das eine extensive Größe. – Alle Erscheinungen sind also in bezug auf ihre räumliche Erstreckung extensive Größen, denn sie entstehen als Anschauungen durch die gleiche Synthesis, durch die ein Raum-Intervall überhaupt bestimmt wird.

Die Bedeutung dieses Satzes für das Anwendungsproblem der Geometrie besteht in der folgenden Überlegung: Die Gestalten der reinen Geometrie entstehen im Anschauungsraum durch eine „successive Synthesis der produktiven Einbildungskraft", d. h. durch das Bewußtsein der synthetischen Einheit der räumlichen Mannigfaltigkeit. Der Raum ist aber die Form aller Erscheinungen und besitzt als solcher notwendig empirische Realität. Die Gegenstände der Erfahrung entstehen hinsichtlich ihrer räumlichen Erstreckung ebenfalls durch eine synthetische Einheit der Mannigfaltigkeit der Wahrnehmungen. Sie werden also auf die gleiche Weise erzeugt wie die geometrischen Figuren. In der reinen Geometrie wird somit diejenige Synthesis, die sonst die Mannigfaltigkeit der Wahrnehmungen zu räumlichen Erscheinungen zusammenfaßt und damit empirische Gegenstände ermöglicht, in der reinen Anschauung des Raumes ausgeführt. Dadurch entstehen die Gestalten der reinen Geometrie.[1]

Die reine Geometrie kann daher im Prinzip auf die Gegenstände der Erfahrung angewandt werden. Man muß dazu nur diejenigen Konstruktionen, die den Gestalten der reinen Geometrie zugrunde liegen, im empirischen Raum ausführen. Daß das überhaupt möglich ist, ist im Prinzip der Axiome der Anschauung bewiesen. Wenn man auf diese Weise die Grundgebilde der euklidischen Geometrie (Geraden, Ebenen, Dreiecke, usw.) in den empirischen Raum übertragen hat, so gelten für die so konstruierten empirischen Größen die Sätze der euklidischen Geometrie, die man zunächst im Anschauungsraum gewonnen hat, mit voller Präzision.

[1] E. Richter hat darauf hingewiesen („Kant und die Frage nach den Einheitsfunktionen der Erkenntnis", Manuskript 1965), daß diese Überlegungen eine weitere Stütze in der transzendentalen Deduktion der Kategorien erhalten könnten.

In diesem Sinne sind KANTS Bemerkungen zu verstehen, daß „die reine Mathematik in ihrer ganzen Präzision auf Gegenstände der Erfahrung anwendbar“ sei[1], und daß der Geometer „wegen der ungezweifelten objektiven Realität seiner Sätze gesichert werden“ kann[2]. Man versteht jetzt aber auch den Sinn der oben gemachten Bemerkung, daß die Geometrie nur in einem idealisierten Grenzfall in der Erfahrung gilt. Denn die empirischen Gegenstände werden immer nur bis zu einem gewissen Grade den idealen Forderungen der Ebenheit, der Geradlinigkeit usw. entsprechen. Die geometrischen Sätze über Ebenen und Geraden werden daher um so genauer gelten, je mehr sich die Konstruktionen im empirischen Raum den idealen Forderungen annähern.

Der Raum als Form der Erscheinung gehört zu den Bedingungen der Möglichkeit der Erfahrung. Nur im Raum ist es möglich, die Mannigfaltigkeit der Wahrnehmungen unter dem Gesichtspunkt des Nebeneinander anzuordnen und zu räumlichen Erscheinungen zusammenzufassen. Diese für die Erfahrung notwendige, sie überhaupt erst konstituierende Anschauungsform Raum ist ein dreidimensionaler topologischer Raum. Im Prinzip der Axiome der Anschauung wird darüber hinaus gezeigt, daß er metrisierbar ist, da auf Grund derjenigen Synthesis, durch die Dinge überhaupt ins Bewußtsein gelangen, diese Dinge in ihrer räumlichen Erstreckung quantitativ erfaßt werden können. Der Raum als Form aller Erscheinung, der für die Erfahrung konstitutiv ist, ist also ein dreidimensionaler topologischer und metrisierbarer Raum.

Über die Zusammenhangsverhältnisse des Raumes im Großen läßt sich dagegen aus den bisherigen Überlegungen nichts Genaues sagen. Man wird annehmen dürfen, daß diese Struktur des Anschauungsraumes sich nach den Gegebenheiten der Mannigfaltigkeit der Wahrnehmungen richtet. Lassen sich diese in einem einfach zusammenhängenden Raum anordnen, so wird man diesen zur Ordnung der Wahrnehmungen verwenden, andernfalls aber kompliziertere Strukturen heranziehen. Da alle dem Menschen unmittelbar zugänglichen Wahrnehmungen sich ohne Schwierigkeit in einen einfach zusammenhängenden Raum anordnen lassen, wird man zunächst immer diese einfachste Struktur heranziehen. Dieses Problem wird erst akut bei der Diskussion kosmologischer Fragen.

Während die Dreidimensionalität die Metrisierbarkeit und die Zusammenhangsverhältnisse des Raumes im Großen konstitutiv

---

[1] l. c. S. 206 [2] Kant, Prol., A 62

für die Erfahrung sind, ist das nicht der Fall für die Euklidizität[1]. Diese entsteht vielmehr erst durch Konstruktion der für die euklidische Geometrie relevanten Begriffe. Daß die zunächst im Anschauungsraum konstruierte euklidische Geometrie auf die Erfahrung anwendbar ist, liegt daran, daß man die gleichen geometrischen Konstruktionen wie in der Anschauung auch im empirischen Raum ausführen kann. Daß das der Fall ist, wird gezeigt im Prinzip der Axiome der Anschauung. Dieses Prinzip garantiert aber nicht nur die Gültigkeit der euklidischen Geometrie in der Erfahrung, es sichert vielmehr die empirische Gültigkeit einer Geometrie überhaupt. Wie die Sätze der Geometrie im einzelnen lauten, ist für den Beweis dieses Prinzips unwesentlich und hängt ab von den Konstruktionsprinzipien der geometrischen Begriffe, von denen die Sätze handeln. Es ist daher Erfahrung möglich, ehe man eine wissenschaftliche Geometrie treibt, die diese Erfahrung in einer speziellen Weise strukturiert. Die euklidische Geometrie ist also nur eine mögliche, nicht aber notwendige Strukturierung der vor-geometrischen Erfahrung.

Da Kant jedoch nur die euklidische Geometrie, bzw. die für die euklidische Geometrie relevanten Begriffe kannte, wählte er immer wieder die euklidische Geometrie als Beispiel, um zu zeigen, daß sie nicht nur in der reinen Anschauung, sondern auch im empirischen Raum gilt. So erwähnt er z.B. die Sätze: „Daß die gerade Linie zwischen zweien Punkten die kürzeste sei[2]“, „daß durch zwei Linien sich gar kein Raum einschließen lasse, mithin keine Figur möglich sei[3]“, und daß die Summe der Winkel in einem Dreieck gleich zwei Rechten sei[4], aus denen eindeutig folgt, daß die euklidische Geometrie gemeint ist[5].

[1] Die These, daß die Euklidizität des Raumes konstitutiv für die Erfahrung ist, wurde von H. Scholz vertreten, da sich dann ohne weiteres die von Kant wiederholt aufgestellte Behauptung verstehen läßt, daß die euklidische Geometrie in Strenge in der Erfahrung gilt. (H. Scholz, Mathesis Universalis, Basel 1961, S. 204). Ich glaube jedoch, daß man an dieser Stelle die bei Kant ausdrücklich hervorgehobenen Unterschiede zwischen mathematischen und transzendentalphilosophischen Sätzen berücksichtigen muß. Während die Grundsätze des reinen Verstandes aus den Bedingungen der Möglichkeit der Erfahrung folgen, beruht die Wahrheit der mathematischen Sätze auf der Konstruktion ihrer Begriffe und der unmittelbaren Anschauung.

[2] Kant, Prol., A 29

[3] Kant, Kr. d. r. V., Aufl. B, S. 65

[4] l. c. S. 745

[5] E. Cassirer hat die These aufgestellt, daß Kant gar nicht die euklidische Geometrie gemeint habe, wenn er von empirischer Gültigkeit der Geometrie spricht. Zur Begründung bemerkt Cassirer richtig, daß die Euklidizität nicht konstitutiv für die Erfah-

Forts. S. 60

Es ist allerdings wichtig zu bemerken, daß mit diesen Sätzen nicht gemeint ist, daß die nichteuklidischen Geometrien nicht in der Erfahrung gelten. Diese stehen vielmehr als Alternativen gar nicht zur Diskussion. Zunächst natürlich, weil sie KANT unbekannt waren. Der wesentliche Grund ist aber, daß Geometrie für KANT eine Wissenschaft ist, die ausgeht von der Konstruktion ihrer Begriffe, was nach KANTS Ansicht in der euklidischen Geometrie der Fall ist. Ob sich auch andere Begriffe konstruieren lassen, aus denen dann andere Axiome folgen würden, wird nicht diskutiert. Über die Anwendbarkeit der nichteuklidischen Geometrie auf die Erfahrung ließe sich aber erst dann etwas sagen, wenn geklärt wäre, ob es sich hier um Geometrien in dem angeführten Sinn handelt.

KANT hat durch seine Überlegungen gezeigt, wie eine wissenschaftliche Geometrie möglich ist, die aus synthetischen und a priori gültigen Sätzen besteht und die in voller Strenge auf die Erfahrung anwendbar ist. Er nahm als selbstverständlich an, daß die überlieferte euklidische Geometrie eine Theorie dieser Art ist. Einen Beweis dafür hat KANT daher nicht angegeben. Er würde in der expliziten Angabe von Konstruktionsvorschriften für die geometrischen Grundgebilde bestehen, auf Grund deren die Axiome der euklidischen Geometrie unmittelbar einleuchtend sind. Auch die Behauptung, daß diese Geometrie in aller Strenge auf die Erfahrung anwendbar ist, wird nur im Prinzip bewiesen. Dagegen wird nicht gezeigt, wie denn nun die im Anschauungsraum durchgeführten Konstruktionen auf empirische Gegenstände zu übertragen sind, bzw. wie die Maßstäbe einer empirischen Geometrie beschaffen sein müssen.

Beide Fragen haben später größtes Interesse gewonnen. Die Entdeckung der logischen Möglichkeit nichteuklidischer Geometrien hat die Frage entstehen lassen, ob die euklidischen

---

rung ist, und der empirische Raum notwendig nur ein topologischer, metrisierbarer Raum sei. Allerdings behauptet Cassirer irrtümlich, daß der empirische Raum dann bereits ein Riemannscher Raum sei und glaubt durch diese Überlegungen die Differenzen zwischen der empirischen Riemannschen Geometrie der allgemeinen Relativitätstheorie und dem Kantschen Apriorismus der euklidischen Geometrie beseitigt zu haben (E. Cassirer, Zur Einsteinschen Relativitätstheorie, Berlin 1921, S. 85; 101). Abgesehen von der irrtümlichen Annahme, daß der Raum als Form der Erscheinung bereits ein Riemannscher Raum ist, hat Kant immer wieder hervorgehoben, daß Geometrie im Raum erst durch Konstruktion ihrer Begriffe entsteht, daß aber diese Geometrie auf die Erfahrung anwendbar ist. Auch sprechen die oben angeführten Sätze dafür, daß Kant eindeutig die euklidische Geometrie gemeint hat.

Axiome denn wirklich evidente Sätze sind, wie KANT behauptet. Die in der Gravitationstheorie bewiesene Unmöglichkeit, die euklidische Geometrie empirisch zu realisieren, hat andererseits Zweifel an der von KANT behaupteten strengen empirischen Gültigkeit der euklidischen Geometrie aufkommen lassen.

§ 3. *Der Empirismus: Gauss, Riemann, Helmholtz*

Während im Sinne KANTS Geometrie eine Wissenschaft ist, die sowohl im Anschauungsraum als auch im empirischen Raum auf der Konstruktion ihrer Grundgebilde aufbaut, wiesen die Untersuchungen von GAUSS in eine ganz andere Richtung. GAUSS war, ebenso wie später LOBATSCHEWSKY und BOLYAI zu dem Ergebnis gelangt, daß das fünfte euklidische Axiom – das Parallelenaxiom – logisch unabhängig ist von den übrigen Axiomen. Man kann es daher durch eine andere, diesem Axiom widersprechende Behauptung ersetzen und kommt so zu einer ebenfalls widerspruchsfreien axiomatischen Theorie. Man bezeichnet die so konstruierten Theorien als „nichteuklidische Geometrien". In welchem Sinne man hier überhaupt von Geometrie sprechen kann, ist allerdings zunächst noch nicht klar.

Die GAUSSschen Untersuchungen über die innere Geometrie gekrümmter Flächen und die darauf aufbauenden Untersuchungen von RIEMANN wiesen jedoch einen Weg zur Lösung dieser Frage. Unter den gekrümmten Flächen besitzen nämlich diejenigen Flächen, bei denen das GAUSSsche Krümmungsmaß konstant ist, eine besonders einfache Form der Differentialgeometrie auf der Fläche. Man erhält für die Fälle positiver und negativer Krümmung der Fläche gerade die beiden nichteuklidischen Geometrien als die inneren Geometrien dieser Flächen.

Die Verallgemeinerung dieser Überlegungen auf drei Dimensionen legte den Gedanken nahe, daß man ebenso wie auf gekrümmten Flächen auch im dreidimensionalen Raum eine nichteuklidische Geometrie realisieren kann, wenn dort analoge Verhältnisse vorliegen. Die von RIEMANN eingeführte Verallgemeinerung der Differentialgeometrie auf beliebige Dimensionen führte dann auch zu dem Ergebnis, daß in Räumen, in denen die von RIEMANN eingeführte Krümmung K überall und in allen Richtungen konstant ist – in den RIEMANNschen Kugelräumen –, eine nichteuklidische Geometrie gilt.

Vor diesem Hintergrund wird es verständlich, daß sowohl Gauss als auch Riemann es als eine sinnvolle Frage ansahen, zu prüfen, welche der drei möglichen Geometrien im empirischen Raum gilt. Es ist hier die wesentliche Vorentscheidung getroffen, daß es überhaupt einen Sinn hat, von einer empirischen metrischen Struktur des Raumes zu sprechen, auch ohne daß man bereits Geometrie betreibt. Nach der Auffassung des Apriorismus entsteht die Geometrie des Raumes durch die geometrischen Konstruktionen, die man in ihm ausführt.

Die Axiomsysteme der euklidischen und der nichteuklidischen Geometrien sind daher für Gauss gleichwertige mathematische Strukturen, über deren Gültigkeit im wirklichen Raum nur empirisch entschieden werden kann. Insbesondere hat Gauss die Möglichkeit bestritten, daß eine dieser Geometrien vor den anderen durch ihre Evidenz ausgezeichnet sei. Um die Geometrie des wirklichen Raumes zu bestimmen, hat Gauss selbst ein Experiment ausgeführt, durch das die metrische Struktur des empirischen Raumes ermittelt werden sollte: Eine Entscheidung zwischen den drei möglichen Geometrien kann durch Bestimmung der Winkelsumme in einem Dreieck getroffen werden. Gauss versuchte daher in einem großen Dreieck, das durch den Inselberg, den Brocken und den Hohen Hagen gebildet wurde[1], die Winkelsumme durch eine gewöhnliche Triangulation mit Lichtstrahlen zu messen. Innerhalb der Fehlergrenzen ließ sich keine Abweichung von der euklidischen Geometrie feststellen.

Inwiefern das Ergebnis dieses Experiments überhaupt eine Aussage über den Raum ist und inwiefern es von den physikalischen Eigenschaften der Lichtstrahlen abhängt, wird von Gauss nicht diskutiert. Er ging offenbar von der Annahme aus, daß Lichtstrahlen auf den geodätischen Linien eines Riemannschen Kugelraumes laufen, da andernfalls die Triangulationsmessungen keinerlei Sinn gehabt hätten. Die schwierige Frage, ob Lichtstrahlen überhaupt geeignet sind, den Raum auszumessen, und wie Meßgeräte beschaffen sein müssen, mit denen das möglich ist, ist weder bei Gauss noch später bei Riemann erörtert.

Diesem Problem liegt die Frage zugrunde, in welchem inhaltlichen Sinn die euklidische Geometrie und die beiden nichteuklidischen Geometrien als „Geometrien“ bezeichnet werden können, d. h. was hier mit dem offensichtlich verallgemeinerten

---

[1] Die Seitenlängen dieses Dreiecks sind 69, 85 und 107 km.

Begriff von Geometrie eigentlich gemeint ist. Zwar lassen sich diese drei Geometrien mathematisch als ein Spezialfall der RIEMANNschen Differentialgeometrie verstehen; der inhaltliche Sinn dieser RIEMANNschen Geometrie ist aber selbst noch solange unklar, als nicht geklärt ist, warum der Grundbegriff dieser Theorie, das Linien-Element ds, die von RIEMANN hypothetisch angenommene Form $ds = \sqrt{g_{\mu\nu}\, dx^\mu\, dx^\nu}$ hat.

Diese Fragen wurden entscheidend geklärt durch die Untersuchungen, die H. v. HELMHOLTZ dem Raumproblem widmete[1]. Wie GAUSS und RIEMANN geht auch HELMHOLTZ von der Voraussetzung aus, daß der empirische Raum eine vorgegebene metrische Struktur haben könnte und fragt, welche Möglichkeiten der empirischen Bestimmung dieser Struktur wir besitzen. HELMHOLTZ betrachtet als Grundbegriff der Geometrie den Abstand zweier Punkte. Empirisch kann man Abstände nur dadurch messen, daß man sie vergleicht mit einer irgendwo im Raum fixierten Längeneinheit. Dazu aber muß man die Längeneinheit auf dem untersuchten Abstand abtragen können, das heißt, es muß irgendwelche Körper geben, die man als Maßstab verwenden kann und die frei im Raum bewegt werden können. Als Maßstab kann man einen Körper aber nur dann gebrauchen, wenn er starr ist, d. h. wenn die relativen Abstände verschiedener Punkte, die auf dem Körper markiert sind, sich bei einer Bewegung nicht ändern. Um also überhaupt Abstände messen zu können, muß man Kongruenzen zwischen Strecken feststellen können, und das ist nur möglich, falls frei bewegliche starre Körper existieren, die als transportable Maßstäbe verwendet werden können. Die Existenz frei beweglicher starrer Körper gehört also zu den notwendigen Bedingungen, unter denen eine empirische Geometrie überhaupt erst möglich ist. Unter diesen Umständen kann man aber fragen, ob aus diesen Bedingungen der Möglichkeit empirischer Geometrie nicht bereits gewisse Strukturen desjenigen Raumes, den man empirisch ausmißt, von vornherein bestimmt sind. HELMHOLTZ hat gezeigt, daß das tatsächlich der Fall ist, und hat die betreffenden Strukturen des Raumes explizit angegeben.

Diesen Überlegungen liegt der folgende mathematische Sachverhalt zugrunde (HELMHOLTZscher Satz): Wir betrachten statt

[1] H. v. Helmholtz: „Über die Tatsachen, die der Geometrie zum Grunde liegen", Reden und Vorträge II, S. 1, Braunschweig 1896, und „Über den Ursprung und die Bedeutung der geometrischen Axiome", Wissenschaftliche Abhandlungen II, S. 168, Leipzig 1883.

eines starren Körpers ein System von Punkten, die sich in einem endlichen Raumstück befinden. Die freie Beweglichkeit eines Körpers entspricht dann einer isometrischen Abbildung des Raumstückes auf sich. Zunächst wollen wir jedoch annehmen, daß das Raumgebiet hinreichend klein ist, also nur beliebig kleine Körper frei beweglich sind. Der HELMHOLTZsche Satz behauptet dann[1]: Sind hinreichend kleine Raumgebiete durch eine punktale Drehung isometrisch auf sich abbildbar, so ist der Raum ein RIEMANNscher Raum. Das Linienelement hat dann die Form $ds^2 = g_{\mu\nu}\, dx^\mu\, dx^\nu$. Nimmt man darüber hinaus an, daß auch endlich ausgedehnte Punktsysteme durch eine punktale Drehung isometrisch auf sich abgebildet werden können, so ist der untersuchte Raum ein RIEMANNscher Kugelraum. Die Krümmung K des Raumes ist dann eine sowohl von der Richtung wie vom Ort unabhängige Konstante. Die Geometrie eines solchen Raumes ist dann entweder die euklidische ($K = 0$) oder eine der beiden nichteuklidischen Geometrien ($K \lesseqgtr 0$).

Durch diese mathematischen Zusammenhänge deutet sich zunächst eine Möglichkeit an, die euklidische Geometrie und die nichteuklidischen Geometrien unter einem inhaltlichen Gesichtspunkt als verallgemeinerte „Geometrien" aufzufassen. Sind nämlich endliche Punktsysteme frei beweglich, so ist damit in dem betreffenden Raum die Kongruenz endlicher Distanzen erklärt. Geht man daher umgekehrt aus vom Begriff der Distanz und der damit notwendig verbundenen freien Beweglichkeit von endlichen Punktsystemen, so wird man nur auf die absolute Geometrie geführt, die Krümmung K des Raumes bleibt noch offen. Die euklidische Geometrie und die nichteuklidischen Geometrien lassen sich daher inhaltlich als Distanzgeometrien verstehen[2]. In entsprechender Weise ist in einem allgemeinen RIEMANNschen Raum wegen der dort nur noch vorhandenen freien Drehbarkeit beliebig kleiner Raumelemente nur die Kongruenz infinitesimaler Distanzen erklärt. Die RIEMANNsche Verallgemeinerung der Geometrie besteht also in der Annahme, daß Distanzen nur für infinitesimal benachbarte Punkte erklärt sind.

Für die empirische Geometrie erhält man aus dem HELMHOLTZschen Homogenitätssatz das folgende Resultat: Sind hinreichend

---

[1] Wegen des Beweises vgl. z. B. D. Laugwitz, Differentialgeometrie, Stuttgart 1960, S. 145f.

[2] Wegen einer koordinatenfreien Formulierung dieser Zusammenhänge vgl. H. Busemann, The Geometry of Geodesics, New York 1955.

kleine starre Körper empirisch gegeben, die im Raum frei beweglich sind, so ist die Geometrie des Raumes, den man mit diesen starren Körpern als Maßstäben ausmißt, die Geometrie eines RIEMANNschen Raumes. Sind darüber hinaus sogar endlich ausgedehnte starre Körper frei beweglich, so ist die mit diesen Körpern ausgemessene Geometrie die Geometrie eines RIEMANNschen Kugelraumes. Welchen Wert die Krümmung K des Raumes hat, läßt sich aus den gemachten Annahmen über die Maßstäbe nicht voraussagen.

HELMHOLTZ ging von der empirisch nahezu richtigen Feststellung aus, daß es frei bewegliche, endlich ausgedehnte, starre Körper gibt. Verwendet man diese Körper als Maßstäbe zur Feststellung von Kongruenzen, so wird man notwendig zur absoluten Geometrie geführt. Die Frage nach dem genauen Wert der Krümmung K des Raumes kann man dann nur empirisch beantworten, indem man etwa die Winkelsumme eines Dreiecks bestimmt. Auf diese Weise zerfällt das Problem, empirisch die Geometrie des realen Raumes zu bestimmen, in zwei Schritte: Der erste besteht in der empirischen Feststellung, daß es endlich ausgedehnte, frei bewegliche, starre Körper gibt. Die Verwendung dieser Körper als Maßstäbe führt dann notwendig zu einer RIEMANNschen Geometrie mit konstanter Krümmung K. Der Wert von K muß dann in einem zweiten Schritt experimentell bestimmt werden.

Die Bedeutung dieser Feststellungen für die Geometrie des empirischen Raumes ist jedoch noch offen, solange nicht geklärt ist, wie man Körper auf ihre Starrheit prüft. Das könnte nur dadurch geschehen, daß man auf dem untersuchten Körper mindestens vier Punkte markiert, die nicht in einer Ebene liegen und die Abstände zwischen diesen Punkten vor und nach einer bestimmten Bewegung miteinander vergleicht. Sind die Abstände bei der Bewegung gleich geblieben, ist also das Punktsystem in ein kongruentes Punktsystem überführt worden, so wird man den Körper als starr bezeichnen. Um die Kongruenz von zwei Punktsystemen aber überhaupt nachweisen zu können, müßte man schon im Besitz von freibeweglichen Maßstäben sein, deren Starrheit aber wiederum nur durch Kongruenzmessungen festgestellt werden könnte. Es gibt also offenbar keine Methode, die Starrheit eines Maßstabes empirisch zu überprüfen.

Unter diesen Umständen kann man umgekehrt von einem beliebigen frei beweglichen Körper behaupten, er sei starr. Man kann dann diesen als starr definierten Körper als Maßstab zur Ausmessung des Raumes verwenden. Ist der Körper hinreichend klein, so wird die ausgemessene Geometrie des Raumes eine RIEMANNsche sein, ist er sogar endlich ausgedehnt, so erhält man die Geometrie eines RIEMANNschen Kugelraumes. Der numerische Wert der Krümmung K wird dabei abhängen von dem speziellen als starr definierten Maßkörper, genauer gesagt von der Wechselwirkung, die dieser Maßkörper mit möglicherweise im Raum vorhandenen Kraftfeldern hat. Die geometrischen Sätze, die man so durch Ausmessung des Raumes gewinnt, machen daher gar keine Aussagen über die Eigenschaften des leeren Raumes, sondern über die als starr definierten Maßstäbe und deren Wechselwirkung mit den verschiedenen Kraftfeldern[1].

Bei der Definition des starren Körpers geht HELMHOLTZ von der Annahme aus, daß ein physikalisch als unverformbar erkanntes Gebilde als starr bezeichnet werden kann. Die Unverformbarkeit muß also durch physikalische Messungen festgestellt werden. Solange man aber nicht genau weiß, welche Kraftfelder auf den so als starr erkannten Körper möglicherweise im Raum einwirken, ist nicht zu übersehen, welchen Einfluß die speziellen dynamischen Gesichtspunkte, die hier zur Definition der Starrheit verwendet wurden, auf die Geometrie des Raumes haben. Zunächst ist daher auch diese dynamisch-physikalische Definition des starren Körpers nur eine bestimmte Maßstabfestsetzung, die hier speziell nach physikalischen Gesichtspunkten erfolgt. Offenbar könnte man auch, wie oben erwähnt, einen beliebigen Körper als starr bezeichnen, um durch diese Festsetzung z. B. eine bestimmte, gewünschte Geometrie zu erhalten, was dann allerdings eine Abänderung der physikalischen Gesetze zur Folge hätte[2].

Die Frage, welche geometrische Struktur der leere Raum hat, ist daher eine empirisch unbeantwortbare Frage. Diejenige Geometrie, die man experimentell vorfindet, hängt ab von der Defi-

---

[1] Statt einen starren Maßstab zu definieren, mit dessen Hilfe man dann über die Geradlinigkeit von Kurven entscheidet, kann man auch das umgekehrte Verfahren einschlagen und von einer bestimmten empirischen Fläche, z. B. der Erdoberfläche, festlegen, sie sei eben. Aus dieser Festlegung ergeben sich dann die Maßstäbe und damit die Geometrie. Es ist offensichtlich, daß man auch mit dieser Methode keine experimentellen Aussagen über den Raum erhält, sondern daß die Meßversuche abhängen von dem Verhalten der als eben definierten Fläche. Eine genauere Diskussion dieses Verfahrens findet sich bei R. Carnap, Über den Raum, Kantstudien 56 (1922), S. 47.

[2] Der Gedanke, daß man auch die Physik abändern und die euklidische Geometrie beibehalten könnte, findet sich bereits bei Helmholtz, „Über den Ursprung ..." l. c., S. 29, und weiter ausgeführt von H. Poincaré, Wissenschaft und Hypothese, Leipzig 1914. Auch R. Carnap, l. c., betont diese Möglichkeit und schließt daraus auf die völlige Willkürlichkeit der Maßsetzung.

nition des Maßstabes und von den Veränderungen, die dieser Maßstab durch Kraftfelder erfährt, die im Raum vorhanden sind. Mit einem Empirismus der Geometrie des leeren Raumes ist offensichtlich kein vernünftiger Sinn zu verbinden.

§ 4. *Konventionalismus und Apriorismus: Poincaré, Dingler, Lorenzen*

Die Entdeckung der nichteuklidischen Geometrien hat für die Frage der Begründung der Geometrie das Problem aufgeworfen, eine der möglichen Geometrien als die wahre Geometrie zu erweisen. Die HELMHOLTZschen Untersuchungen hatten gezeigt, daß der inhaltliche Gesichtspunkt einer Distanzgeometrie nur zur absoluten Geometrie führt und die Entscheidung zwischen den drei möglichen Geometrien offen läßt. Grundsätzlich bieten sich zwei Gesichtspunkte, unter denen man versuchen kann, diese Entscheidung herbeizuführen.

1. Eine der drei Geometrien ist durch ihre Evidenz vor den beiden anderen ausgezeichnet; ihre Sätze lassen sich als synthetische Urteile a priori im Sinne KANTS deuten. In den axiomatischen Formulierungen der Geometrien läßt sich für keine der möglichen Geometrien eine solche Vorzugsstellung erkennen. Da weiterhin KANT die Frage der Begründung der Apriorität geometrischer Sätze nur sehr unvollständig behandelt hat, wurde diese Möglichkeit seit GAUSS fast allgemein verworfen.

2. Eine der Geometrien als die im realen Raum verwirklichte zu erkennen, erwies sich ebenfalls als undurchführbar. Alle empirischen Untersuchungen handeln von Maßstäben und Kraftfeldern, niemals aber vom Raum selbst und der in ihm gültigen Geometrie. Eine empirische Entscheidung zwischen den euklidischen und den nichteuklidischen Geometrien ist daher ebenfalls nicht möglich.

Aus diesen beiden Tatsachen zog H. POINCARE[1] den Schluß, daß die Geometrie weder eine Erfahrungswissenschaft ist, noch aus evidenten Sätzen besteht. Eine (durch ein bestimmtes Axiomsystem charakterisierte) Geometrie ist vielmehr eine Theorie, die die Gegenstände (Punkte, Geraden, Ebenen) und die Relationen (schneiden, verbinden), von denen sie handelt, überhaupt erst definiert. Die einzige Forderung, die an ein solches System von Axiomen – das implizit erst Definitionen ausspricht – zu stellen ist, ist seine Widerspruchsfreiheit. Dieser Standpunkt wurde auch

[1] H. Poincaré, Wissenschaft und Hypothese, deutsche Ausgabe, Leipzig 1914, S. 51, 52.

weitgehend von HILBERT in seinen „Grundlagen der Geometrie" eingenommen[1].

Die Frage, welches die wahre Geometrie ist, hat daher für POINCARE keinerlei Sinn. Die geometrischen Axiome sind Definitionen von Begriffen und beruhen auf Konvention. Man wird sich allerdings aus der Gesamtheit der möglichen Geometrien diejenige aussuchen, die sich durch ihre mathematische Einfachheit und ihre Zweckmäßigkeit für die angewandte Geometrie vor den anderen auszeichnet. POINCARE war überzeugt, daß durch diese beiden Gesichtspunkte eindeutig die euklidische Geometrie gekennzeichnet werden kann. Die Einfachheit ist offensichtlich vorhanden, wenn man die euklidische Geometrie mit den nichteuklidischen vergleicht. Wegen der Zweckmäßigkeit weist POINCARE darauf hin, daß die physikalisch als starr erkannten Körper, als Maßstäbe verwendet, mit hinreichender Genauigkeit zur euklidischen Geometrie führen. Die wichtige und schwierige Frage, ob das ein Zufall ist, oder welche Gründe es gibt, daß die physikalisch starren Körper eine Realisierung der euklidischen Geometrie gestatten, wird bei POINCARE nicht gestellt. Sie ist erst durch die allgemeine Relativitätstheorie angreifbar geworden.

Grundsätzlich bietet die empirische Realisierung einer der möglichen Geometrien jedoch kein neues Problem. Denn faßt man die geometrischen Axiome als implizite Definitionen der in ihnen vorkommenden Begriffe auf, so läßt sich dieser Gesichtspunkt auf die angewandte Geometrie übertragen. Eine empirische Linie wird man genau dann als euklidische Gerade bezeichnen, wenn sie den entsprechenden Sätzen der euklidischen Geometrie gehorcht, entsprechend eine Fläche als euklidische Ebene, wenn sie den Sätzen über eine Ebene gehorcht usw. Die Realisierung eines bestimmten geometrischen Axiomsystems in der Erfahrung ist auf diese Weise jederzeit möglich – vorausgesetzt natürlich, daß man überhaupt Flächen und Linien vorfindet, die wenigstens angenähert als Ebenen bzw. Geraden bezeichnet werden können[2]. Man

[1] D. Hilbert, Über die Grundlagen der Geometrie, Leipzig 1899.

[2] Man beachte jedoch, daß man z. B. die Geradlinigkeit einer Linie nicht an einer individuellen Linie mit Hilfe der euklidischen Axiome feststellen kann, sondern nur an einer hinreichend großen Menge von Linien, die auf Grund von Kriterien, die nicht innerhalb der Geometrie liegen, als gleichartig erkannt worden sind. Zweckmäßigerweise wird man eine solche Prüfung allerdings nicht mit Hilfe der synthetischen Geometrie durchführen, sondern mit der analytischen Formulierung. Wie man im einzelnen in einer analytischen Formulierung der Geometrie z. B. experimentell gegebene Bahnen von Massenpunkten darauf untersuchen kann, ob sie Geraden sind, wird genauer untersucht von G. Holland, Hamburger Dissertation 1964.

vermeidet so die Willkür, die mit der Festsetzung verbunden ist, daß ein bestimmter empirischer Gegenstand eine Gerade sei (z. B. die Bahn eines Lichtstrahls).

Auch die Willkür in der empirischen Maßsetzung läßt sich vermeiden, wenn man ein methodisch analoges Verfahren verwendet, um starre Körper geometrisch zu definieren, die man dann als Maßstäbe zur Ausmessung des Raumes benützen kann.

Bereits bei HELMHOLTZ findet sich die Bemerkung, daß man über die Starrheit eines Körpers, wenn man einmal die Physik außer Betracht läßt, nur mit Hilfe geometrischer Sätze entscheiden könnte[1]. Definiert man aber durch die Sätze der euklidischen Geometrie, wann ein Körper als starr zu bezeichnen ist, so wird ein in diesem Sinne starrer Körper, wenn man ihn als Maßstab verwendet, stets zu den Sätzen der euklidischen Geometrie führen[2].

Die Durchführung dieses Programms ist möglich, wenn man etwa ausgeht von der HILBERTschen Axiomatisierung der euklidischen Geometrie, die auf den Grundbegriffen Punkt, Gerade, Ebene, schneiden, verbinden, Orthogonalität und Parallelität aufbaut und daraus den Begriff der Kongruenz definiert[3]. Die Parallelkongruenz von zwei Punktepaaren A, B und A' B' kann man durch die Existenz eines Parallelogramms mit den Ecken A, B, A', B' definieren, die Spiegelungskongruenz von zwei Punktepaaren A, B und A' B' durch ein Parallelogramm, dessen Diagonalen orthogonal stehen. Allgemein heißen dann zwei Punktepaare A, B; A' B' kongruent, wenn es ein drittes Paar X Y gibt, das zu jedem der beiden Paare spiegelungs- oder parallelkongruent ist.

Mit diesem so definierten Kongruenzbegriff kann man die Starrheit eines Körpers geometrisch definieren. Man bezeichnet einen Körper als geometrisch starr, wenn jedes auf ihm markierte Punktepaar X Y bei jeder Bewegung des Körpers in ein kongruentes Punktepaar X' Y' übergeht. Auf mehrere Körper angewandt, erhält man dann ein Kriterium der Starrheit. Verwendet man nun solche geometrisch-starren Körper als Maßstäbe zur Ausmessung des Raumes, so wird man notwendig die Sätze der euklidischen Geometrie verifizieren. Auf Grund des zugrundegelegten Kongruenzbegriffes und der geometrischen Definition der Starrheit läßt sich das rein logisch einsehen.

---

1 H. v. Helmholtz, Über die Tatsachen, die der Geometrie zum Grunde liegen, l. c., S. 618.

2 H. v. Helmholtz, Über den Ursprung und die Bedeutung der geometrischen Axiome l. c., S. 30.

3 P. Lorenzen, Das Begründungsproblem der Geometrie, Phil. Natural. VI, 415 (1961).

Für das Begründungsproblem der Geometrie scheint durch diesen Schritt zunächst wenig gewonnen zu sein. Mit Hilfe des Axiomsystems – hier für die euklidische Geometrie – werden Maßstäbe definiert, mit denen man notwendig die in den Axiomen zugrundegelegte Geometrie empirisch verifizieren muß. Eine Entscheidung für eine der möglichen Geometrien ist auf diese Weise offensichtlich nicht möglich, und das angegebene Verfahren scheint nur den Verdacht zu bestätigen, daß die Auswahl der Geometrie völlig willkürlich ist, und daß man sogar die Maßstäbe so definieren kann, daß sich diese Willkür auf die empirische Geometrie überträgt. Gegenüber den oben erwähnten empirischen Verfahren der Maßsetzung und der Geradensetzung ist mit einem solchen Vorgehen methodisch jedoch ein gewisser Vorteil verbunden. Man ist bei der Festlegung des starren Maßstabes oder der geraden Linie nicht auf kontingente physikalischer Gegenstände und Phänomene angewiesen (physikalisch-starre Körper, Lichtstrahlen), sondern man definiert umgekehrt mit geometrischen Begriffen, wann ein Körper als (geometrisch) starr zu bezeichnen ist, und wann eine Linie gerade heißen soll. Die Frage, welche Geometrie sich empirisch ergibt, ist dann nicht mehr von zufälligen physikalischen Eigenschaften der verwendeten Maßstäbe abhängig, sondern kann auf Grund der Definitionen der Maßstäbe oder Geraden exakt vorausgesagt werden.

Durch ein solches Vorgehen wird die Geometrie allerdings nicht zu einem System von synthetischen Urteilen a priori im Sinne Kants. Schon Helmholtz[1] bemerkte, daß hier lediglich die Maßstäbe mit Hilfe der geometrischen Sätze so definiert werden, daß die damit ausgemessene Geometrie die gewünschte Struktur hat. Die Axiome der Geometrie sind dann aber nicht Sätze, deren Gültigkeit auf ihrer Evidenz beruht. Im Sinne Kants ist das auch nur möglich, wenn die Grundbegriffe der Theorie in der reinen Anschauung konstruiert werden, und wir auf Grund der verwendeten Konstruktionsvorschriften die Gültigkeit der Axiome unmittelbar einsehen können. Die hier diskutierten Axiomsysteme enthalten dagegen undefinierte Begriffe, die erst durch die Axiome in Bezug auf einige ebenfalls undefinierte Relationen implizit definiert werden. Auch ist die euklidische Geometrie in keiner Weise vor anderen Axiomsystemen ausgezeichnet.

---

[1] H. v. Helmholtz, Über den Ursprung und die Bedeutung der geometrischen Axiome, l. c., S. 30.

Die Vermutung, daß das Programm KANTS zur Begründung der Geometrie doch durchführbar sei, wurde zuerst von H. DINGLER[1] geäußert. DINGLER hat auch einige Konstruktionsvorschriften für geometrische Begriffe explizit angegeben. P. LORENZEN hat diese Ansätze in letzter Zeit genauer ausgearbeitet und die DINGLERschen Konstruktionsvorschriften in eine mathematische Form gebracht, die den Zusammenhang mit der axiomatischen Formulierung der Geometrie erkennen läßt. DINGLER und LORENZEN haben die Ansicht vertreten, daß man auf dem von ihnen eingeschlagenen Wege eindeutig zur euklidischen Geometrie geführt wird.

Der wesentliche Gedanke, der zu den bisherigen Überlegungen hinzukommt, besteht darin, daß die geometrischen Grundbegriffe Ebene, Gerade, Punkt usw. nicht nur formal durch Axiome festgelegt sind, sondern daß diese Begriffe einen genauen, konkreten Sinn haben. Solche inhaltlichen Begriffe liegen vermutlich auch den von EUKLID angegebenen Definitionen geometrischer Gebilde zu Grunde. Z. B. wird dort die Gerade definiert als eine Linie, die gleichmäßig zu ihren Punkten liegt. DINGLER versucht den Begriff der Ebene dadurch zu definieren, daß er Vorschriften angibt, wie man praktisch mit beliebiger Genauigkeit eine Ebene herstellen kann. Das kann folgendermaßen geschehen: Zwei Körper A und B werden aufeinander abgeschliffen; dadurch entstehen eine konvexe und eine konkave Kugelfläche. Nimmt man noch einen dritten Körper C hinzu, den man sowohl auf A als auch auf B abschleift, so entstehen an den Körpern A, B und C ebene Flächen.

Dieses Verfahren ist nicht dazu bestimmt, konkret ausgeführt zu werden, sondern durch diese Konstruktionsvorschrift soll der Begriff einer idealen Ebene oder die Idee der Ebene charakterisiert werden. Daß man durch gegenseitiges Abschleifen von realen Körpern niemals eine ideale Ebene erzeugen kann, ist dabei nicht wesentlich. Es kommt hier nur darauf an, eine Konstruktionsvorschrift für eine Fläche zu geben, deren ideelles, technisch nie erreichbares Endergebnis die Ebene kennzeichnen soll. DINGLER nennt diese Methode der Begriffserklärung eine operative Definition.

LORENZEN hat darauf hingewiesen, daß in dieser und den anderen operativen Definitionen, die Dingler ausspricht, als wesentlicher Gehalt Homogenitätsprinzipien enthalten sind. Das Ab-

[1] H. Dingler, Über Geschichte und Wesen des Experiments, München 1952.

schleifverfahren z. B. besagt ja nichts anderes, als daß alle Punkte der Ebene ununterscheidbar sind. Die darin enthaltene Homogenitätsaussage kann man folgendermaßen präzisieren: Ist E eine Ebene, P, P' Punkte und $A(E, P)$ eine geometrische Aussage, die von E und P handelt, so werde gefordert, daß für jedes P und P' gilt:

$$P \in E \wedge P' \in E \wedge A(E, P) \rightarrow A(E, P')$$

Gilt also $A(E, P)$ für einen in der Fläche E gelegenen Punkt P, so soll die gleiche Aussage A auch gelten für jeden anderen, ebenfalls in E gelegenen Punkt P'.

Durch solche Homogenitätsprinzipien lassen sich die Begriffe Ebene, Gerade, Parallelität, Orthogonalität definieren. Fügt man noch eine Erklärung für die topologischen Relationen der Inzidenz und des Zwischen hinzu, so sind damit alle Grundbegriffe und Grundrelationen der Geometrie definiert. Aus diesen Definitionen und aus den Homogenitätsprinzipien folgen aber bereits sämtliche Axiome der euklidischen Geometrie.

Die empirische Realisierung der euklidischen Geometrie stellt dann kein neues Problem dar. Man muß jetzt nur mit den operativ-definierten Begriffen den Begriff der Kongruenz erklären, wodurch der geometrisch-starre Körper definierbar wird. Die Verwendung eines solchen Körpers als Maßstab führt dann notwendig zu einer euklidischen empirischen Geometrie. Mit Hilfe des geometrisch starren Körpers kann man auch Flächen auf ihre Ebenheit prüfen. Einfacher läßt sich das direkt mit Hilfe des Dinglerschen Abschleifverfahrens durchführen[1]. Es ist wichtig zu beachten, daß man jetzt mit Hilfe der Dingler-Lorenzenschen Definitionen sogar von einer individuellen Fläche entscheiden kann, ob sie eben ist – ohne daß dazu die Gleichartigkeit einer hinreichend großen Menge von Flächen vorausgesetzt werden muß. (Vgl. dazu S. 68).

Versteht man mit Dingler und Lorenzen die operativen Definitionen geometrischer Begriffe als eine Verwirklichung der Kantschen Forderung, die Grundbegriffe der Geometrie in der reinen Anschauung zu konstruieren, so wird man die Axiome der euklidischen Geometrie als synthetische Urteile a priori deuten dürfen. Ihre Wahrheit beruht auf den Konstruktionsvorschriften, die zur Erzeugung der betreffenden geometrischen Gebilde führen,

[1] Zur Frage der Eindeutigkeit der Dingler-Lorenzenschen Konstruktionsvorschriften vgl. K.-H. Katthage, Die Eindeutigkeit des Dreiplattenverfahrens in: J. Pfarr (Hrsg.) Protophysik und Relativitätstheorie, Mannheim 1981.

bzw. die idealen Formen operativ definieren. Die Übertragung dieser reinen Geometrie in die Wirklichkeit geschieht dann durch Definition des geometrisch-starren Körpers, der als Maßstab der empirischen Geometrie verwendet wird. Die zunächst nur in der reinen Geometrie gültigen Axiome gelten dann notwendig auch für alle mit diesem Maßstab ausgemessenen Gegenstände der Erfahrung. Da die geometrischen Begriffe Ebene, Gerade usw. durch Konstruktionsvorschriften definiert sind, wird man die Realisierung dieser Formen in der Erfahrung nach genau diesen Vorschriften auszuführen haben. Daß Räumliches überhaupt meßbar ist, und daß somit empirische Geometrie möglich ist, hat KANT im Prinzip der Axiome der Anschauung bereits dargelegt. Lediglich die Frage, wie die Konstruktionen der Begriffe in der Anschauung konkret auszuführen sind, ist von KANT nicht behandelt worden. Man könnte sich daher KANTS Deduktionen durch die DINGLER-LORENZENschen Überlegungen ergänzt denken.

Durch diese Methode der Begründung der Geometrie ist zunächst keine bestimmte Geometrie ausgezeichnet. Als Geometrie wird man jetzt vielmehr jede Theorie bezeichnen dürfen, deren Grundbegriffe sich durch Konstruktion in der reinen räumlichen Anschauung gewinnen lassen und deren Axiome aus diesen Konstruktionsvorschriften notwendig folgen. Die Übertragung einer solchen Theorie in den empirischen Raum ist dann stets möglich. Die Vorzugsstellung der euklidischen Geometrie bestand für KANT vermutlich darin, daß er sich für diese Theorie eine konstruktive Definition ihrer Grundbegriffe vorstellen konnte und sonst keine Alternative sah. Auch die DINGLER-LORENZENsche Begründung der euklidischen Geometrie durch Homogenitätsprinzipien läßt keine Alternative zu den Konstruktionen der euklidischen Grundbegriffe sichtbar werden[1]. Man wird jedoch daraus nicht schließen dürfen, daß nur die euklidische Geometrie eine Geometrie ist, die auf evidenten Axiomen aufbaut und deren Sätze bei geeigneter Übertragung der Begriffe in den empirischen Raum notwendig für alle Gegenstände der Erfahrung gelten. Das wird vielmehr für jede Theorie räumlicher Gebilde der Fall sein, deren Grundbegriffe sich operativ definieren lassen.

---

[1] Verlangt man, daß operative Definitionen durch Homogenitätsrelationen zu erfolgen haben, so bleiben als Möglichkeiten nur die Geometrien der Riemannschen Kugelräume. Fügt man die weitere Forderung hinzu, daß keine bestimmte Länge in den Definitionen vorkommen darf – da der Begriff der Länge erst mit Hilfe der Kongruenz definierbar wird –, so zeigt sich, daß nur die euklidische Geometrie operativ begründet werden kann.

Die Theorie des Führungsfeldes

§ 1. *Einsteins allgemeine Relativitätstheorie*

Die Bewegung eines Massenpunktes der nur der Wirkung von Gravitationskräften ausgesetzt ist, wird im Rahmen der klassischen NEWTONschen Mechanik durch die Potentialgleichung für das Gravitationspotential

$$\triangle \Phi = 4\pi k \varrho \tag{1}$$

und durch die Bewegungsgleichung eines Massenpunktes

$$\frac{d^2 \mathfrak{r}}{d t^2} = - \operatorname{grad} \Phi \tag{2}$$

Die aus den beiden Gleichungen (1) und (2) berechnete Funktion $\mathfrak{r} = \mathfrak{r}(t)$ gibt dann die Bahnkurve des betrachteten Massenpunktes an. Dabei ist $\varrho(x, y, z)$ die Dichte der schweren Massen, die das Gravitationsfeld Φ erzeugen, und k die Gravitationskonstante. Zur vollständigen Bestimmung der Bahnkurve $\mathfrak{r}(t)$ müssen zu der Gleichung (1) noch Randwerte für $r \to \infty$ angenommen werden, für Gleichung (2) Anfangswerte $\mathfrak{r}(t_0) = \mathfrak{r}_0$ und $\mathfrak{r}'(t_0) = \mathfrak{r}'_0$.

Diese Theorie ist empirisch vollständig verifizierbar. Die euklidischen Koordinaten x, y, z eines Massenpunktes sind für jeden Zeitpunkt t experimentell bestimmbar. Der Grund dafür ist, daß das Licht im Rahmen dieser Theorie nicht von der Gravitation beeinflußt wird, da es eine verschwindende Ruhmasse besitzt. Die Lichtstrahlen werden daher durch gerade Linien beschrieben und können somit jederzeit zur Ausmessung des empirischen euklidischen Raumes verwendet werden, in dem dann die Bahnen der Massenpunkte die Form $\mathfrak{r} = \mathfrak{r}(t)$ annehmen. Die vollständige empirische Verifikation dieser Theorie ist allerdings nur unter der Hypothese möglich, daß das Licht sich instantan ausbreitet und somit auch zur empirischen Realisierung einer absoluten Zeit t verwendet werden kann.

Diese NEWTONsche Theorie ist trotz ihrer inneren Konsistenz in mehrfacher Hinsicht ergänzungsbedürftig. Die Endlichkeit der Lichtgeschwindigkeit zwingt zunächst dazu, diese Theorie im Sinne der speziellen Relativitätstheorie für Geschwindigkeiten zu verallgemeinern, die mit der Lichtgeschwindigkeit vergleichbar sind. Weiterhin ist empirisch gezeigt worden, daß Lichtstrahlen auch durch das Gravitationsfeld beeinflußt werden, wie die Ablenkung von Lichtstrahlen am Sonnenrand erkennen läßt. Das hat für die Gravitationstheorie zwei bedeutsame Konsequenzen: Zunächst ergibt sich unter sehr allgemeinen Voraussetzungen die mehr mathematische Folgerung, daß das Gravitationsfeld kein skalares Feld Φ sein kann, sondern ein Tensorfeld $g_{\mu\nu}$ sein muß. Weiter aber hat die Lichtablenkung im Schwerefeld zur Folge, daß man nicht mehr über die Möglichkeit verfügt, den euklidischen Darstellungsraum der Theorie empirisch zu realisieren, da alle in der Welt vorkommenden Gegenstände (Materie und Strahlung) von den Gravitationskräften beeinflußt werden. Verlangt man daher von der Theorie, daß alle in ihr auftretenden Bestimmungsstücke eine experimentell verifizierbare Bedeutung haben, so ist es sinnvoll, die Aussagen der Theorie nicht auf die unbeobachtbaren euklidischen Koordinaten-Achsen zu beziehen, sondern auf die wirklichen Bahnen von Lichtstrahlen und Massenpunkten bzw. auf Größen, die sich daraus bestimmen lassen. Die Durchführung dieses Programms zur Verallgemeinerung der NEWTONschen Gravitationstheorie ist EINSTEIN 1916 gelungen. Das Ergebnis ist die allgemeine Relativitätstheorie.

In dieser Theorie wird die Bewegung eines Massenpunktes beschrieben durch die EINSTEINschen Feldgleichungen für das tensorielle Gravitationsfeld $g_{\mu\nu}$:

$$R_{\mu\nu} - \tfrac{1}{2} R\, g_{\mu\nu} = -\varkappa\, T_{\mu\nu} \tag{3}$$

und durch die Bewegungsgleichung für die Bahn $x^\mu = x^\mu(\tau)$ eines Massenpunktes.

$$\frac{\mathrm{d}}{\mathrm{d}\tau}\left(g_{\mu\nu}\frac{\mathrm{d}x^\mu}{\mathrm{d}\tau}\right) = +\frac{1}{2}\frac{\partial g_{\alpha\beta}}{\partial x^\nu}\frac{\mathrm{d}x^\alpha}{\mathrm{d}\tau}\frac{\mathrm{d}x^\beta}{\mathrm{d}\tau} \tag{4}$$

Dabei ist $\varkappa$ die relativistische Gravitationskonstante $\varkappa = \frac{8\pi k}{c^4}$,

$$c^2\,\mathrm{d}\tau^2 = g_{\mu\nu}\,\mathrm{d}x^\mu\,\mathrm{d}x^\nu, \tag{5}$$

$T_{\mu\nu}$ der Energie-Impuls-Tensor der Materie und des Strahlungsfeldes, $R_{\mu\nu}$ und R sind Größen, die sich durch $g_{\mu\nu}$ und dessen Ableitungen ausdrücken lassen:

$$R_{\mu\nu} = g^{\alpha\beta}\left\{\frac{1}{2}\left(\frac{\partial^2 g_{\nu\alpha}}{\partial x^\mu\,\partial x^\nu} + \frac{\partial^2 g_{\mu\beta}}{\partial x^\nu\,\partial x^\alpha} - \frac{\partial^2 g_{\nu\beta}}{\partial x^\mu\,\partial x^\alpha} - \frac{\partial^2 g_{\mu\alpha}}{\partial x^\nu\,\partial x^\beta}\right)\right\}$$

$$- g_{\sigma\varrho}\,\Gamma^{\varrho}_{\mu\alpha}\,\Gamma^{\sigma}_{\nu\beta} + g_{\varrho\sigma}\,\Gamma^{\varrho}_{\mu\beta}\,\Gamma^{\sigma}_{\nu\alpha}$$

$$R = g^{\mu\nu} R_{\mu\nu}$$

$$\Gamma^{\nu}_{\alpha\beta} = \frac{1}{2} g^{\mu\nu} \left(\frac{\partial g_{\alpha\mu}}{\partial x^{\beta}} + \frac{\partial g_{\beta\mu}}{\partial x^{\alpha}} - \frac{\partial g_{\alpha\beta}}{\partial x^{\mu}} \right)$$

Aus der Bewegungsgleichung (4) ersieht man, daß die kräftefreien Bahnen von Massenpunkten durch Bahnen $x^{\mu}(\tau)$ gegeben sind, die sich als geodätische Linien in einem RIEMANNschen Raum auffassen lassen, dessen metrischer Tensor durch $g_{\mu\nu}$ gegeben ist. Dieser metrische Tensor ist daher im Prinzip auch umgekehrt durch die empirischen Bahnen von Massenpunkten und Lichtstrahlen bestimmbar. Im einzelnen erfordert das allerdings eine sehr genaue Analyse der jeweils untersuchten Vorgänge[1]. Wegen dieser dynamischen Definition bezeichnet man den metrischen Tensor $g_{\mu\nu}$ auch als Führungsfeld. Dieses stets mit realen Uhren und Maßstäben meßbare Führungsfeld wird nun als der metrische Tensor einer RIEMANNschen Geometrie aufgefaßt, und alle physikalischen Vorgänge werden in bezug auf diese RIEMANNsche Geometrie formuliert, d. h. die Grundgleichungen der Physik müssen als kovariante Gleichungen in einem RIEMANNschen Raum geschrieben werden.

Das gilt insbesondere von den Feldgleichungen der Gravitation selbst. Die EINSTEINsche Feldgleichung (3) ist daher eine kovariante Differentialgleichung für das $g_{\mu\nu}$-Feld und bringt dieses in Zusammenhang mit dem Energie-Impuls-Tensor $T_{\mu\nu}$. Vom Gesichtspunkt der Feldgleichung (3) erscheint $g_{\mu\nu}$ als das Gravitationspotential, das sich aus einer Materie-Verteilung mit dem Energie-Impuls-Tensor $T_{\mu\nu}$ ergibt. Die Gleichheit des durch (4) dynamisch definierten Führungsfeldes mit dem durch (3) definierten Gravitationsfeld $g_{\mu\nu}$ ist ein durch die EINSTEINsche Theorie erfaßter physikalischer Sachverhalt. Die Interpretation des $g_{\mu\nu}$-Feldes als metrischer Tensor einer RIEMANNschen Geometrie und die daraus erwachsende Forderung der Kovarianz aller physikalischen Gleichungen ist dagegen eine Konsequenz der von EINSTEIN vertretenen methodischen Forderung, daß eine physikalische Theorie nur beobachtbare Größen enthalten darf. Diese

---

[1] Einzelheiten über Meßverfahren findet man z. B. bei C. Møller, The Theory of Relativity, Oxford 1952; Kundt, W., and B. Hoffmann: In: Recent developements in general relalivity, p. 303. Warschau: PWN 1962, Marzke, R. F. and J. A. Wheeler, in: Chiu, H. Y. and W. F. Hoffmann: Gravitation and relalivity, p. 40. New York: W. A. Benjamin 1964.

Forderung ist in der allgemeinen Relativitätstheorie erfüllt. Sie beschreibt die physikalischen Vorgänge in Gravitationsfeldern wie sie sich zeigen, wenn man sie mit tatsächlich existierenden Uhren und Maßstäben beobachtet und nimmt dadurch explizit Bezug auf die Möglichkeit der Beobachtung und den Meßprozeß.

Die Theorie ist empirisch durch sehr genaue Messungen über das Verhalten von Körpern und Lichtstrahlen in Gravitationsfeldern bestätigt worden. Für den Fall, daß keine Materie vorhanden ist, die ein Gravitationsfeld erzeugen kann, wenn also $T_{\mu\nu} = 0$ ist, erhält man unter geeigneten Randbedingungen aus der EINSTEINschen Feldgleichung (3) das Ergebnis $g_{\mu\nu} = \eta_{\mu\nu}$, wobei $\eta_{\mu\nu}$ der metrische Tensor eines pseudoeuklidischen Raumes ist. Das ist die in der speziellen Relativitätstheorie verwendete Metrik. Sie ist unter den genannten Voraussetzungen empirisch realisierbar, da die trägheitsfreien Bahnen von Massenpunkten und Lichtstrahlen zufolge Gleichung (4) gerade Linien sind, wenn $g_{\mu\nu} = \eta_{\mu\nu}$ ist. Die allgemeine Relativitätstheorie geht dann also vollständig in die spezielle Relativitätstheorie über.

Der allgemeinen Relativitätstheorie liegt das gleiche erkenntnistheoretische Konzept zu grunde, wie der speziellen Relativitätstheorie. Physik beschreibt das Naturgeschehen, wie es sich zeigt, wenn es mit realen Maßstäben und Uhren gemessen wird. Sie ist daher eine Theorie, die ausschließlich beobachtbare Größen enthält. Prinzipiell besteht daneben aber noch die Möglichkeit, auch unbeobachtbare Größen in der Theorie zuzulassen. So könnte man etwa einen euklidischen mathematischen Darstellungsraum beibehalten und in ihm die Bewegungsgleichungen von Körpern im Gravitationsfeld formulieren. Die euklidischen Koordinaten wären dann unbeobachtbare Parameter, und die Theorie wäre nicht mehr vollständig verifizierbar. Die genauen Eigenschaften unbeobachtbarer Größen sind aber nicht durch Erfahrungsdaten vorgeschrieben, so daß zu ihrer Festlegung neue, anderweitige Gesichtspunkte herangezogen werden müssen.

§ 2. *Gravitationstheorie im flachen Raum*

Die Verallgemeinerung der NEWTONschen Gravitationstheorie im Sinne der speziellen Relativitätstheorie führt zusammen mit der Forderung, daß alle in der Theorie auftretenden Bestimmungsstücke empirisch realisierbar sein müssen, zur EINSTEINschen Gravitationstheorie. Verzichtet man zunächst einmal auf die methodische Forderung der durchgängigen experimentellen Realisierbarkeit, so wird man zu einer LORENTZ-invarianten Theorie des Gravitationsfeldes geführt. Die Potentialgleichung für das skalare NEWTONsche Potential

$$\triangle \Phi = 4\pi k \varrho \tag{1}$$

muß dann durch eine LORENTZ-invariante Feldgleichung ersetzt werden. Die experimentelle Tatsache der Lichtablenkung zwingt unter sehr allgemeinen Bedingungen dazu, statt eines skalaren Feldes ein Tensorfeld zu verwenden. An Stelle der skalaren Massendichte ϱ tritt in einer LORENTZ-invarianten Theorie der Energie-Impuls-Tensor $T_{\mu\nu}$ der Materie. Beachtet man noch, daß die Energie des freien Tensorfeldes $\psi_{\mu\nu}$ positiv definit sein sollte, so lautet die einfachste Verallgemeinerung der Potentialgleichung (1):

$$\Box^2 \psi_{\mu\nu} = f(T_{\mu\nu} - \tfrac{1}{2}\eta_{\mu\nu} T) \tag{6}$$

mit der Nebenbedingung

$$\psi_{\mu\nu}{}^{,\nu} = \tfrac{1}{2}\psi^{\lambda}_{\lambda,\mu} \tag{6a}$$

Dabei ist $T = T_{\alpha\beta}\,\eta^{\alpha\beta}$ und f eine Kopplungskonstante. Die Gleichung (6) läßt sich aus der LAGRANGEfunktion

$$L(x) = \tfrac{1}{2}\left[\psi_{\mu\nu,\lambda}\,\psi^{\mu\nu,\lambda} - 2\,\psi_{\mu\nu,\lambda}\,\psi^{\lambda\nu,\mu} + 2\,\psi_{\mu\nu}{}^{,\mu}\,\psi^{\sigma,\nu}_{\sigma} - \psi^{\sigma}_{\sigma,\lambda}\,\psi^{\nu,\lambda}_{\nu}\right] + fT^{\mu\nu}\psi_{\mu\nu} \tag{7}$$

durch Variation nach den Feldgrößen $\psi_{\mu\nu}$ herleiten, wenn man noch die Bedingung (6a) beachtet. Der erste Term der LAGRANGEfunktion (7) entspricht dem freien $\psi_{\mu\nu}$-Feld, der zweite der Wechselwirkung mit der Materie.

Die relativistische Verallgemeinerung der NEWTONschen Bewegungsgleichung

$$\frac{\mathrm{d}^2\mathfrak{r}}{\mathrm{d}t^2} = -\operatorname{grad}\Phi \tag{2}$$

erhält man ebenfalls aus einer LAGRANGEfunktion. Addiert man die LAGRANGEfunktion von N freien Massenpunkten

$$L^M = -\sum_{\alpha=1}^{N} m_\alpha c^2 \int d\tau_0$$

mit $c^2\,\mathrm{d}\tau_0^2 = \eta_{\mu\nu}\,\mathrm{d}x^\mu\,\mathrm{d}x^\nu$ zu der LAGRANGEfunktion der Wechselwirkung dieser Massenpunkte mit dem $\psi_{\mu\nu}$-Feld:

$$L^W = \int \mathrm{d}^4x\, fT^{\mu\nu}\,\psi_{\mu\nu} = f\sum_{\alpha=1}^{N} m_\alpha \int \mathrm{d}\tau_0\,\frac{\mathrm{d}x^\mu_\alpha}{\mathrm{d}\tau_0}\frac{\mathrm{d}x^\nu_\alpha}{\mathrm{d}\tau_0}\,\psi_{\mu\nu}\left[x_\alpha(\tau_0)\right]$$

so erhält man die Bewegungsgleichung des Massenpunktes α, wenn man $L^M + L^W$ nach der Weltlinie $x^\mu_\alpha(\tau_0)$ dieses Körpers variiert. Es folgt so die Bewegungsgleichung[1]

$$\frac{\mathrm{d}}{\mathrm{d}\tau_0}\left[(\eta_{\mu\nu} - 2f\psi_{\mu\nu})\frac{\mathrm{d}x^\mu}{\mathrm{d}\tau_0}\right] = -f\frac{\mathrm{d}x^\alpha}{\mathrm{d}\tau_0}\frac{\mathrm{d}x^\beta}{\mathrm{d}\tau_0}\psi_{\alpha\beta,\,\nu} - \qquad (8)$$

$$-\frac{\mathrm{d}}{\mathrm{d}\tau_0}\left[\eta_{\mu\nu}\frac{\mathrm{d}x^\nu}{\mathrm{d}\tau_0}\frac{f}{c^2}\psi_{\alpha\beta}\frac{\mathrm{d}x^\alpha}{\mathrm{d}\tau_0}\frac{\mathrm{d}x^\beta}{\mathrm{d}\tau_0}\right]$$

in der die Masse m_α des betreffenden Körpers nicht mehr vorkommt. Diese für das Gravitationsfeld charakteristische Tatsache bezeichnet man als Äquivalenz-Prinzip[2]. Es beruht darauf, daß das $\psi_{\mu\nu}$-Feld direkt an den Energie-Impuls-Tensor der Materie gekoppelt ist.

Der Zusammenhang dieser LORENTZ-invarianten Theorie der Gravitation mit EINSTEINS kovarianter Gravitationstheorie wird auf die folgende Weise sichtbar: In der EINSTEINschen Theorie werden alle Naturgesetze auf diejenige Metrik $g_{\mu\nu}$ bezogen, die durch Ausmessung der Bewegung von Massenpunkten im Gravitationsfeld bestimmt werden kann. Das Führungsfeld $g_{\mu\nu}$ ist also durch die Bewegungsgleichung definiert. Die hier angegebene Bewegungsgleichung (8) läßt sich nun auffassen als die Differentialgleichung für eine geodätische Linie $x^\mu(\tau)$ in einem RIEMANNschen Raum mit dem metrischen Tensor

$$g_{\mu\nu} = \eta_{\mu\nu} - 2f\psi_{\mu\nu}$$

Ersetzt man nämlich in Gleichung (8) $\psi_{\mu\nu}$ durch $g_{\mu\nu}$, so erhält man bis auf Glieder der Ordnung f^2 die Differentialgleichung

$$\frac{\mathrm{d}}{\mathrm{d}\tau}\left(\frac{\mathrm{d}x^\mu}{\mathrm{d}\tau}g_{\mu\nu}\right) = \frac{1}{2}\frac{\partial g_{\alpha\beta}}{\partial x^\nu}\frac{\mathrm{d}x^\alpha}{\mathrm{d}\tau}\frac{\mathrm{d}x^\beta}{\mathrm{d}\tau} \qquad (9)$$

die genau mit der EINSTEINschen Bewegungsgleichung in einem Gravitationsfeld $g_{\mu\nu}$ übereinstimmt. τ ist hier wieder die durch (5) definierte Eigenzeit im RIEMANNschen Raum. Dasjenige Führungsfeld, das auf Grund der Bewegungsgleichung (8) durch die Bahn eines Massenpunktes ausgemessen werden kann, ist also in linearer Näherung in f durch $g_{\mu\nu} = \eta_{\mu\nu} - 2f\psi_{\mu\nu}$ gegeben.

Ersetzt man nun in der Feldgleichung (6) ebenfalls $\psi_{\mu\nu}$ durch $g_{\mu\nu}$ und definiert $\varkappa = f^2$, so erhält man eine Feldgleichung für die Gravitationspotentiale $g_{\mu\nu}$

$$\Box^2 g_{\mu\nu} = -2\varkappa\left[T_{\mu\nu} - \tfrac{1}{2}T\eta_{\mu\nu}\right] \qquad (10)$$

[1] P. Mittelstaedt and J. B. Barbour, Z. Physik **203**, 82 (1967).

[2] Vgl. zu dieser Frage F. Rohrlich, Annals of Physics **22**, 165 (1963).

die genau übereinstimmt mit derjenigen linearen Näherung der EINSTEINschen Feldgleichung

$$R_{\mu\nu} = -\varkappa \left[T_{\mu\nu} - \tfrac{1}{2}\, T\, g_{\mu\nu}\right], \tag{3a}$$

die man für schwache Gravitationsfelder erhält, wenn man noch die zulässigen Koordinaten-Systeme in geeigneter Weise einschränkt. In dieser linearen Näherung ist daher die EINSTEINsche Gravitationstheorie genau äquivalent zu der hier angegebenen LORENTZ-invarianten Theorie der Gravitation. Ebenso wie in der EINSTEINschen Theorie wird hier der physikalischen Tatsache Rechnung getragen, daß das durch die Bewegungsgleichung (9) definierte Führungsfeld gleich ist dem aus der Feldgleichung (10) berechneten Gravitationspotential.

Die Verallgemeinerung dieser LORENTZ-invarianten Gravitationstheorie in der Weise, daß die in der Theorie auftretenden Feldgleichungen äquivalent sind zu den nichtlinearen EINSTEINschen Feldgleichungen, bereitet keine prinzipiellen Schwierigkeiten[1]. Man muß dazu ausgehen von einer wesentlich komplizierteren als der in (7) angegebenen LAGRANGEfunktion und erhält dann durch Variation nach den Feldgrößen die nicht-linearen Feldgleichungen des Gravitationsfeldes. Diese sind zunächst in einem pseudoeuklidischen Raum mit dem metrischen Tensor $\eta_{\mu\nu}$ formuliert. Der Übergang zu den kovarianten EINSTEINschen Gleichungen geschieht dann dadurch, daß man $\eta_{\mu\nu}$ eliminiert und die Feldgleichungen auf diejenige Metrik $g_{\mu\nu}$ bezieht, die als Führungsfeld durch die Bewegungsgleichungen definiert wird.

Die Theorie der Gravitation kann also vollständig in einem flachen Raum-Zeit-Kontinuum als eine LORENTZ-invariante Feldtheorie der Gravitation formuliert werden. Die Diskussion der Bewegungsgleichung zeigt jedoch, daß aus der Bewegung eines oder mehrerer Massenpunkte nur die Komponenten des Führungsfeldes $g_{\mu\nu}$, nicht aber die pseudoeuklidischen Koordinaten experimentell bestimmt werden können. Stellt man daher die EINSTEINsche Forderung auf, daß alle in einer Theorie auftretenden Bestimmungsstücke empirisch realisierbar sein müssen, so muß man die pseudoeuklidische Metrik $\eta_{\mu\nu}$ vollständig aus den Feldgleichungen eliminieren und durch das beobachtbare Führungsfeld $g_{\mu\nu}$

[1] Vgl. hierzu insbesondere S. Gupta, Proc. Roy. Soc. **A 65**, 608 (1952), Rev. Mod. Phys. **29**, 334 (1957); W. Thirring, Ann. Phys. **16**, 96 (1961). Wyss, W. Helv. Phys. Acta **38**, 469 (1965); J. B. Barbour, Dissertation Köln (1967).

ausdrücken. Man wird so zur EINSTEINschen Gravitationstheorie geführt[1].

Das pseudoeuklidische Führungsfeld ist also im allgemeinen in keinem Experiment feststellbar. Es spielt daher in der theoretischen Formulierung der Gravitationstheorie die Rolle eines Systems von verborgenen Parametern, die auf Grund derselben Theorie, zu deren Formulierung sie herangezogen werden, niemals gemessen werden können. Die Unmöglichkeit einer empirisch vollständigen Verifikation von Theorien, die verborgene Parameter verwenden, macht es aber unmöglich, die große Willkür, die man in der Wahl solcher verborgener Parameter hat, durch empirische Kriterien einzuschränken. So ist zunächst die Frage offen, warum man zur Formulierung der Gravitationstheorie gerade die Metrik $\eta_{\mu\nu}$ verwenden soll und nicht irgendeine andere, ebenfalls unbeobachtete Metrik $\tilde{g}_{\mu\nu}$.

Die Gründe für die Bevorzugung der $\eta_{\mu\nu}$-Metrik sind daher auch nicht rein physikalischer Natur. So wird man dem euklidischen Raum gegenüber den RIEMANNschen Räumen schon deshalb eine gewisse Vorzugsstellung geben, weil die euklidische Geometrie in historischer und systematischer Hinsicht der RIEMANNschen Geometrie vorausgeht. Die auf S. 48 ff. diskutierte Apriorität der euklidischen Geometrie läßt diese Vorzugsstellung deutlich erkennen.

Andererseits entspricht das Führungsfeld $g_{\mu\nu} = \eta_{\mu\nu}$ dem physikalisch interessanten Spezialfall, daß $T_{\mu\nu} = 0$ ist, d. h. keine Materie vorhanden ist. Indem man die Theorie in bezug auf die Metrik $\eta_{\mu\nu}$ formuliert, trägt man in einfacher Weise dem Umstand Rechnung, daß in Abwesenheit von Materie das Führungsfeld $g_{\mu\nu} = \eta_{\mu\nu}$ ist. Dieses Resultat ist daher kein eigentliches Ergebnis der Theorie, sondern eine Folge der bei der Formulierung der Feldgleichungen angenommenen Ausgangsmetrik $\eta_{\mu\nu}$. Diesem Ansatz liegt die Vorstellung zugrunde, daß das Gravitationsfeld

[1] Während die lokale Äquivalenz der lorentzinvarianten Gravitationstheorie und der Einsteinschen Theorie aus den angeführten Gründen ersichtlich ist, erfordert die Frage, ob die Theorien auch global äquivalent sind eine gesonderte Diskussion. Ähnlich wie in der Newtonschen Kosmologie (Vgl. O. Heckmann und E. Schücking in: Handbuch der Physik L III, p. 489, Berlin 1959) führt in der lorentzinvarianten Gravitationstheorie die Untersuchung des Gleichungssystems aus Feld- und Bewegungsgleichungen, das die Bewegung der unendlich ausgedehnten kosmischen Materie unter der Wirkung des von ihr selbst erzeugten Gravitationsfeldes beschreibt, auf verschiedene Lösungen für die Dichte und das Geschwindigkeitsfeld der kosmischen Materie, die den möglichen kosmologischen Modellen entsprechen. Zusammen mit dem empirischen speziellen Weltpostulat der Homogenität und Isotropie des Kosmos, wird man so auf Lösungen geführt, die nach Übertragung in den Riemannschen Raum mit den Friedmannschen Lösungen der Einsteinschen Theorie übereinstimmen (P. Mittelstaedt, Z. Phys. 211, 271 (1968)).

nur für die Abweichungen des Führungsfeldes vom flachen Raum verantwortlich ist, daß aber das pseudoeuklidische Führungsfeld selbst unabhängig von der Gravitationstheorie die Metrik des materiefreien Raumes darstellt.

§ 3. *Das Machsche Prinzip*

Die beiden Formulierungen der Gravitationstheorie – die allgemeine Relativitätstheorie und die Feldtheorie der Gravitation im flachen Raum — ergeben für den Fall verschwindender Materieverteilung unter den genannten Voraussetzungen das Raum-Zeit-Kontinuum der speziellen Relativitätstheorie. Da in Abwesenheit von Materie die pseudoeuklidische Metrik selbst meßbar ist, verschwindet hier der Unterschied zwischen einer Theorie beobachtbarer Größen und einer Theorie, die verborgene Parameter verwendet. Das pseudoeuklidische Führungsfeld wird in diesen beiden Formulierungen der Theorie nicht erklärt, sondern in der Gestalt von Randbedingungen für die Gravitationspotentiale bzw. als Ausgangsmetrik zusätzlich in die Theorie eingeführt.

Die Frage nach der Herkunft des Führungsfeldes $\eta_{\mu\nu}$ ist daher zunächst noch offen. NEWTON hatte dieses Problem in seiner Mechanik insofern vermieden, als er Bewegungen, bei denen Trägheitskräfte auftreten – z. B. die Rotation eines Eimers – als Bewegungen gegen den absoluten Raum interpretierte, d. h. das GALILEI-invariante Führungsfeld mit dem nicht näher erklärten „absoluten Raum" identifizierte. MACH hat später darauf hingewiesen, daß auch die Rotation zunächst nur eine Relativbewegung zwischen Körpern ist – zwischen dem Eimer und dem Fixsternhimmel – und daß die Behauptung, die Rotation sei eine Bewegung gegen den absoluten Raum, nur unter der zusätzlichen Annahme richtig ist, daß die Fixsterne im Raum ruhen. Da darüber keinerlei Kenntnisse vorliegen, ist der Begriff des absoluten Raumes zur Beschreibung keines möglichen Experiments notwendig und daher in der Physik überhaupt entbehrlich. Es genügt, Relativbewegungen zwischen Körpern zu betrachten, wobei erfahrungsgemäß die beschleunigten Relativbewegungen gegenüber den kosmischen Massen Trägheitskräfte hervorrufen, die gegenüber irdischen Massen nicht.

EINSTEIN war durch die spezielle Relativitätstheorie dazu geführt worden, als ein neues Prinzip die Forderung in die Physik einzuführen, daß alle Geschehnisse durch beobachtbare Ursachen im Sinne einer Nahwirkungstheorie kausal erklärbar sein müssen. Die in einem rotierenden Eimer auftretenden Trägheitskräfte müssen daher durch die relative Rotation des Eimers gegen die kosmischen Massen – denn sonst ist nichts beobachtbar – verursacht sein. Der Fixsternhimmel muß also kausal Trägheitskräfte in dem Eimer induzieren, wenn dieser relativ zu ihm bewegt ist. EINSTEIN stellte nun die zusätzliche Hypothese auf, daß das Feld, welches diese Kräfte induziert, das Gravitationsfeld der kosmischen Massen sei. Damit ergibt sich die folgende Behauptung, die man als MACHsches Prinzip bezeichnet: Die bei einer beschleunigten Bewegung eines Körpers gegenüber der kosmischen Massenverteilung auftretenden Trägheitskräfte sind verursacht durch die retardierten Gravitationswirkungen der kosmischen Massen. In einer engeren Anlehnung an den Sprachgebrauch der allgemeinen Relativitätstheorie könnte man statt dessen auch sagen: Das Führungsfeld des lokal materiefreien Raumes ist bestimmt durch die Gravitationswirkungen der globalen Massenverteilung.

Aus einer Theorie des Gravitationsfeldes müßte also dieses MACHsche Prinzip als eine beweisbare Aussage folgen. NEWTONS Gravitationstheorie liefert das MACHsche Prinzip nicht. EINSTEIN hat jedoch vermutet, daß seine verbesserte Theorie der Gravitation das MACHsche Prinzip ergeben würde. Tatsächlich sind dafür einige Anzeichen vorhanden. Die träge Masse eines Körpers vergrößert sich, wenn der Körper sich in einem Gravitationsfeld befindet, um einen zur Stärke des Gravitationspotentials proportionalen Beitrag. Weiter vergrößert eine rotierende Hohlkugel die Zentrifugalkräfte eines im Mittelpunkt der Kugel in entgegengesetzter Richtung rotierenden Körpers. Der quantitativ bei weitem wichtigere Beitrag zu den Trägheitskräften wird aber in diesen beiden Beispielen verursacht von der pseudoeuklidischen Metrik $\eta_{\mu\nu}$, die hier als Randbedingung für den metrischen Tensor $g_{\mu\nu}$ im räumlich Unendlichen in die Rechnung eingeht.

Im Sinne des MACHschen Prinzips dürfen aber Randwerte für $g_{\mu\nu}$ nicht vorgegeben werden, sondern sie müssen selbst aus der Theorie bzw. der Verteilung der kosmischen Massen folgen. Schon EINSTEIN vermutete daher, daß sich das MACHsche Prinzip nur in räumlich geschlossenen kosmologischen Lösungen der Feldgleichungen realisieren lasse[1]. Die Frage, ob die EINSTEINsche Gravitationstheorie tatsächlich dieses Ergebnis liefert, kann aber trotz einiger interessanter positiver Resultate in dieser Richtung[2] noch

[1] A. Einstein, The meaning of relativity, Princeton 1955; vgl. auch H. Hönl und H. Dehnen, Z. Physik **166**, 544 (1962), Ann. d. Physik **11**, 201 (1963), **14**, 271 (1964)

[2] F. Gürsey, Ann. Phys. **24**, 211 (1963)

nicht endgültig beantwortet werden. Es könnte sein, daß zu einer vollständigen Realisierung des MACHschen Prinzips eine Modifikation der EINSTEINschen Gravitationsgleichungen oder sogar die Einführung eines weiteren kosmischen Feldes notwendig ist[1].

Wir wollen jedoch auf diese Fragen hier nicht weiter eingehen, da uns am MACHschen Prinzip nur ein bestimmter Aspekt interessiert, der im Zusammenhang mit dem Geometrieproblem von Bedeutung ist. Der für das Begründungsproblem der Geometrie wesentliche und neue Gedanke, der sich aus dem MACHschen Prinzip ergibt, besteht darin, daß auch das pseudoeuklidische Führungsfeld des lokal materiefreien Raumes auf kontingente physikalische Ursachen zurückgeführt werden kann. Wir haben bisher dieses Führungsfeld durch die Bewegungsgleichungen von Massen und Lichtstrahlen definiert. Das MACHsche Prinzip besagt darüber hinaus, daß das pseudoeuklidische Führungsfeld auch dynamisch verursacht ist und sich nicht bereits aus der Methode des Messens von Länge und Zeiten, d. h. a priori, ergibt. Das Führungsfeld des lokal materiefreien Raumes ist daher begrifflich streng zu unterscheiden von einem mathematisch definierten empirischen euklidischen Raum. Dieser ist im Gegensatz zum Führungsfeld a priori bestimmt durch die geometrischen Begriffe und durch die Definition der als Maßstäbe verwendeten geometrisch-starren Körper.

Die Begründung einer physikalischen Geometrie

§ 1. *Problemstellung*

Die Frage, wie die Begründung der euklidischen Geometrie im philosophischen Apriorismus vereinbart werden kann mit den Ergebnissen der Allgemeinen Relativitätstheorie, kann jetzt behandelt werden. Aus der im ersten Abschnitt dargestellten a-priori-Begründung der euklidischen Geometrie wird man zunächst schließen, daß auch die empirische Geometrie euklidisch sein muß, aus der im zweiten Abschnitt behandelten allgemeinen Relativitätstheorie hingegen scheint zu folgen, daß die empirische Geometrie eine RIEMANNsche Geometrie ist.

---

[1] Vgl. hierzu u. a. folgende Literatur:
F. Hoyle, Monthly Notices Roy. Astron. Soc. **108** 372 (1948)
F. Hoyle and J. V. Narlokov, Proc. Roy. Soc. **A 270**, 334 (1962)
H. Yilmaz, Phys. Rev. **111**, 1417 (1958)
C. Brans and R. H. Dicke, Phys. Rev. **124**, 925 (1961)

Auf Grund der oben (S. 48–72) durchgeführten Überlegungen ist der Aufbau einer Geometrie im empirischen Raum grundsätzlich auf zwei Weisen möglich.

1. Man geht aus von der Tatsache, daß der Gegenstand geometrischer Sätze die Beziehungen ideeller Gebilde sind, die durch Konstruktionsvorschriften im reinen Anschauungsraum definiert sind. Die empirische Realisierung dieser reinen Geometrie ist dann nur möglich mit Hilfe von Maßstäben, deren Eigenschaft der geometrischen Starrheit erst mit Hilfe der reinen Geometrie festgelegt werden kann. Die Gültigkeit der Sätze der euklidischen Geometrie in der Erfahrung steht dann unter diesen Bedingungen a priori fest und ist nicht mehr von kontingenten empirischen Tatsachen abhängig.

2. Man geht aus von einem bestimmten empirischen Gegenstand, den man als starr definiert, bzw. von einer bestimmten empirischen Linie, die man als gerade definiert. Die Eigenschaften des Raumes, den man mit dem als starr definierten Maßkörper ausmißt, hängen dann ab von den speziellen, im allgemeinen nicht näher bekannten Eigenschaften des willkürlich gewählten Maßstabes.

In der physikalischen Theorie der Gravitation wird dagegen ausgegangen von der Tatsache, daß die trägheitsfreien Bahnen von Massenpunkten und Lichtstrahlen geodätische Linien einer vierdimensionalen RIEMANNschen Mannigfaltigkeit beschreiben. Das dynamisch definierte Führungsfeld $g_{\mu\nu}$ ist in Anwesenheit von Materie der metrische Tensor einer RIEMANNschen Geometrie. In einem lokal materiefreien Gebiet ist $g_{\mu\nu} = \eta_{\mu\nu}$ ein pseudoeuklidisches Führungsfeld. Dieses Führungsfeld ist jedoch ebenfalls rein dynamisch definiert und daher begrifflich streng zu unterscheiden von einer euklidischen Geometrie im mathematischen Sinne. Auch das pseudoeuklidische Führungsfeld ist physikalischen Ursprungs. Es ist anzunehmen, daß es im Sinne des MACHschen Prinzips erzeugt wird durch die globale Verteilung der Massen im Kosmos. Der genaue Mechanismus der Erzeugung des Führungsfeldes durch die kosmische Massenverteilung ist für das folgende jedoch nicht wesentlich. Entscheidend ist, daß auch das Führungsfeld des lokal materiefreien Raumes durch empirische Fakten verursacht ist und nicht schon allein durch die Methode des Experimentierens, d. h. a priori, gegeben ist.

Die empirische Geometrie und die Theorie des Führungsfeldes haben daher zunächst nichts miteinander zu tun. Die Geometrie beruht auf wohldefinierten Konstruktionen von Figuren und Maßstäben im Raum, die Theorie des Führungsfeldes dagegen auf der Untersuchung der trägheitsfreien Bahn der Massenpunkte. Der Zusammenhang beider Theorien wird sichtbar, wenn wir die in der modernen Physik tatsächlich verwendete empirische Geometrie betrachten und nach ihrer Begründung fragen (§ 2). Im Anschluß daran werden wir die Beziehungen dieser physikalischen Geometrie zum Apriorismus genauer untersuchen (§ 3).

§ 2. *Die Begründung einer physikalischen Geometrie im Rahmen der allgemeinen Relativitätstheorie*

Die in der Physik verwendete empirische Geometrie basiert auf den Ergebnissen der Allgemeinen Relativitätstheorie. Das Verfahren, nach dem diese empirische Geometrie aufgebaut ist, ist jedoch verschieden von den beiden soeben erwähnten Methoden, Geometrie zu betreiben. Man geht dabei nicht aus von allgemeinen Vorschriften zur Konstruktion von Meßgeräten, aber auch nicht von individuellen empirischen Körpern, sondern von Klassen von Gegenständen bzw. Vorgängen, die man zur Ausmessung des Raumes verwenden kann. Beispiele dafür sind Massenpunkte oder Lichtstrahlen bzw. deren kräftefreie Bahnen.

Die Bahnen von Massenpunkten werden dabei als geometrisch gleichartig betrachtet. Durch diese Identifizierung ist man prinzipiell in der Lage, von einer hinreichend großen Schar von Bahnkurven empirisch zu entscheiden, ob sie z. B. geodätische Linien einer RIEMANNschen Geometrie sind[1]. Der wesentliche Vorteil des Verfahrens, Gegenstandsklassen als Maßstäbe zu verwenden und nicht individuelle Gegenstände, liegt darin, daß man nicht von den speziellen physikalischen Eigenschaften des willkürlich gewählten Maßkörpers abhängig ist, denn die Eigenschaften der kräftefreien Bahnen oder der Lichtstrahlen sind physikalisch bekannt, und daher ist der Einfluß, den die Verwendung dieser Vorgänge zur Ausmessung des Raumes auf die Geometrie des Raumes hat, jedenfalls teilweise überschaubar. Aus den genauen physikalischen Eigenschaften der als Maßstäbe verwendeten Gegenstandsklasse wird man daher im allgemeinen gewisse Strukturen derjenigen Geometrie, die man mit diesen Maßstäben empirisch ausmißt, bereits vor der Messung angeben können.

[1] Wie das im einzelnen zu geschehen hat, wird diskutiert bei G. Holland, Hamburger Dissertation 1964.

Die physikalischen Gesetze, denen die Meßgeräte unterliegen, gehören also zu denjenigen „Eigenschaften" der Maßstäbe, aus denen bereits gewisse Sätze über die mit diesen Maßstäben ausgemessene empirische Geometrie folgen. Im geometrischen Apriorismus ist es die Eigenschaft der geometrischen Starrheit der Maßstäbe, die zur Folge hat, daß die Sätze der euklidischen Geometrie notwendig in der Erfahrung gelten. In Analogie zu dieser Situation könnte man auch diejenigen empirisch-geometrischen Sätze, die bereits aus den physikalischen Eigenschaften der Meßgeräte folgen, als „synthetische Urteile a priori" bezeichnen. Der wesentliche Unterschied ist allerdings der, daß im Apriorismus diese Urteile aus den Konstruktionsvorschriften der geometrischen Begriffe folgen, während hier physikalische Gesetze zugrunde liegen. Als Beispiel für einen solchen a-priori gültigen Satz betrachten wir den dreidimensionalen Raum und die Möglichkeit, ihn mit einem physikalisch starren Maßstab auszumessen. Es gilt dann der Satz: „Der mit hinreichend kleinen physikalisch starren Maßstäben ausgemessene Raum ist ein RIEMANNscher Raum." Wegen der punktalen Isotropie des Führungsfeldes ist nämlich ein hinreichend kleiner, physikalisch starrer Körper mechanisch frei beweglich. Da anderseits auf Grund des HELMHOLTZschen Satzes die Ausmessung des Raumes mit hinreichend kleinen frei beweglichen Maßstäben notwendig auf eine RIEMANNsche Geometrie führt —, so ist der mit hinreichend kleinen physikalisch starren Körpern ausgemessene empirische Raum ein RIEMANNscher Raum.

An diesem Beispiel wird eine wichtige Forderung sichtbar, die man an die Maßsetzung in der Physik zu stellen hat. Wir sind bisher von der stillschweigenden Annahme ausgegangen, daß die Maßsetzung durch Gegenstandsklassen letztlich willkürlich ist und nur nach Zweckmäßigkeitsgesichtspunkten zu erfolgen hat. Das ist jedoch nicht der Fall. Die mit realen Maßstäben ausgemessene Geometrie ist zum Teil bestimmt durch die physikalischen Gesetze, denen die Meßgeräte unterliegen. Verlangt man weiter, daß diese physikalischen Gesetze eine empirisch nachprüfbare Gestalt haben, so sind sie überhaupt nur formulierbar, wenn bereits eine empirisch meßbare Geometrie vorliegt, auf die sich die Aussagen dieser Gesetze beziehen lassen[1]. Diejenigen geometrischen Struk-

[1] Wie oben S. 76ff. gezeigt, kann man die Theorie des Führungsfeldes im Prinzip auch in einer pseudoeuklidischen Metrik formulieren, die jedoch in keinem möglichen Experiment beobachtbar ist. Es ist daher unmöglich, die Theorie dieser Formulierung empirisch zu verifizieren.

turen des empirischen Raumes, die sich bereits aus den physikalischen Gesetzen ergeben, denen die Meßgeräte gehorchen, müssen daher übereinstimmen mit den geometrischen Voraussetzungen, die bei der Formulierung dieser Naturgesetze bereits zugrunde gelegt worden sind. Wir müssen also verlangen, daß die empirische Geometrie mit ihren eigenen Voraussetzungen, d. h. derjenigen Geometrie, die der Formulierung der Gesetze der Meßgeräte zugrunde liegt, konsistent ist.

In dem hier besprochenen Fall ist es der RIEMANNsche Charakter der Metrik, der sich einerseits empirisch ergibt, andererseits aber der Formulierung der Naturgesetze in ihrer kovarianten Form zugrunde gelegt werden muß.

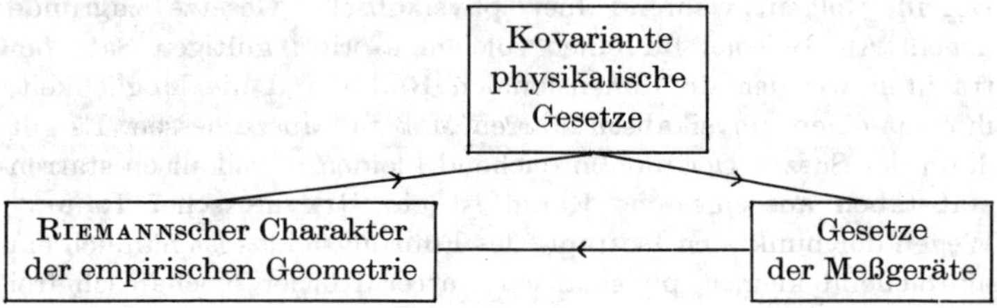

Durch diese Forderung der Selbst-Konsistenz erhält die Physik eine zyklische Struktur. Für eine physikalische Theorie, die gleichzeitig die Theorie derjenigen Meßgeräte ist, mit deren Hilfe sie empirisch überprüfbar ist, ist es somit nicht hinreichend, die empirische Richtigkeit dieser Theorie nachzuweisen. Es muß zusätzlich zu dieser empirischen Verifikation noch der Beweis der Selbst-Konsistenz der Theorie erbracht werden.

§ 3. *Die Beziehung der physikalischen Geometrie zum Apriorismus*

Das in § 2 dargestellte Verfahren entspricht genau der Methode, mit der in der modernen Physik empirische Geometrie tatsächlich betrieben wird. Die in der allgemeinen Relativitätstheorie behandelte Theorie des Führungsfeldes bildet die Grundlage, auf der verschiedene Verfahren zur Ausmessung des Raumes entwickelt worden sind, die den erwähnten Bedingungen der Selbst-Konsistenz genügen[1]. Es ist aber noch die Frage offen, in welchem

[1] Man vergleiche hierzu etwa die Meßmethoden, die z. B. von C. Møller, Theory of Relativity oder von J. L. Synge, Relativity: The general Theory, Amsterdam 1960, angegeben werden.

Verhältnis ein solches Vorgehen zu dem im philosophischen Apriorismus geprägten Begriff einer empirischen Geometrie steht, d. h. ob man die mit bestimmten Gegenstandsklassen ausgemessene Raumstruktur überhaupt als Geometrie im Sinne des Apriorismus bezeichnen kann.

Um dieses Problem behandeln zu können, wollen wir zunächst umgekehrt fragen, ob man nicht unabhängig von dem geschilderten Verfahren einer physikalischen Geometrie auch eine empirische Geometrie im Sinne des Apriorismus betreiben kann, die ausgeht von der Konstruktion ihrer Begriffe und mit diesen Begriffen definiert, was ein Maßstab ist. Dabei wird ein Zusammenhang zwischen der so konstruierten Geometrie und dem Führungsfeld sichtbar werden, der charakteristisch ist für das Problem der empirischen Realisierung einer a priorischen Geometrie: Das physikalische Führungsfeld gibt an, in welchem Umfang diejenigen Freiheitsgrade der Bewegung von Maßstäben zur Verfügung stehen, die zur Realisierung der Geometrie benötigt werden. Wir wollen diese Verhältnisse zunächst an Hand der euklidischen Geometrie und des pseudoeuklidischen Führungsfeldes klarmachen.

α) *Die empirische Realisierung der euklidischen Geometrie*

Die reine euklidische Geometrie geht aus von Konstruktionsvorschriften, mit denen die für diese Geometrie relevanten Begriffe definiert werden. Mit Hilfe dieser Begriffe gewinnt man einige einfache geometrische Sätze, die man der ganzen Geometrie als Axiome voranstellen kann. Ausgehend von dieser so eingeführten Geometrie werden dann starre Maßstäbe definiert, mit deren Hilfe in der Erfahrung Gegenstände ausgemessen werden können. Man kann einsehen, daß die derart ausgemessenen Eigenschaften der Gegenstände der Erfahrung notwendig den Sätzen der euklidischen Geometrie gehorchen.

Die Meßgeräte müssen jedoch nicht nur definiert werden, sie müssen auch realisierbar sein. Sie sind nicht nur die methodische Voraussetzung jeder empirischen Geometrie, sie sind als Körper auch physikalische Objekte. Das bedeutet, daß die Bedingungen, die durch die Definition an Meßgeräte gestellt werden, auf Grund der physikalischen Gesetze möglich sein müssen. Für die empirische Realisierung der euklidischen Geometrie ist die unbeschränkte Beweglichkeit von Körpern, die geometrisch-starr sind, erforderlich. Diese freie Beweglichkeit ist sichergestellt in einem pseudoeuklidischen Führungsfeld, daß auf Grund des MACHschen Prinzips von der Gravitationswirkung einer hinreichend homogenen und isotropen Verteilung der kosmischen Massen herrührt. Durch das Zusammenwirken dieser beiden Komponenten, des mit Hilfe der Geometrie definierten Maßstabes und des maximal homogenen Führungsfeldes, das die reale Existenz dieser Maßstäbe ermöglicht, ist die euklidische Geometrie empirisch realisierbar. Sie gilt dann in aller Strenge für beliebige Gegenstände der Erfahrung.

Wir sehen somit, daß die Existenz eines pseudoeuklidischen Führungsfeldes nicht mit der Gültigkeit der euklidischen Geometrie im empirischen Raum identisch ist, sondern daß dieses Führungsfeld die physikalische Bedingung für die Möglichkeit einer empirischen Realisierung der euklidischen Geometrie darstellt. In dem folgenden Schema ist das Zusammenwirken der einzelnen Faktoren zu einer empirischen Realisierung der euklidischen Geometrie noch einmal bildlich dargestellt:

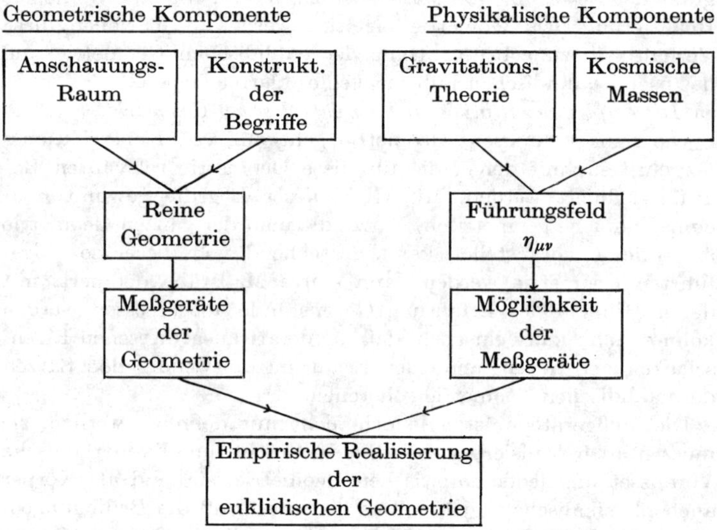

β) Die Realisierbarkeit einer Geometrie

Wir sind bisher ausgegangen von der Forderung, daß eine durch Konstruktionsvorschriften definierte Geometrie auch empirisch realisierbar sein muß, d. h. daß die Maßstäbe, die durch diese Geometrie definiert werden und zur Ausmessung der Wirklichkeit verwendet werden sollen, auch materiell möglich sein sollen. Eine derartige Forderung entspricht durchaus dem Konzept einer apriorischen Geometrie. Man wird nur solche geometrischen Konstruktionsvorschriften aufstellen, von denen man auf Grund eines qualitativen vorwissenschaftlichen Erfahrungswissens annehmen kann, daß sie wenigstens im Prinzip auch durchführbar sind.

Dagegen ist keineswegs erforderlich, daß sich die Maßstäbe, auf die es hier ankommt, immer, also auch unter besonders widrigen Umständen, herstellen lassen. Vielmehr wird man es als ausreichend ansehen, wenn die Existenz von Maßstäben unter bestimmten idealen Bedingungen, die praktisch niemals verwirklicht sind, gesichert ist. So ist beispielsweise der isometrische Transport eines Maßstabes nur unter der praktisch nie realisierten Bedingung möglich, daß keinerlei örtliche Temperaturschwankungen auftreten. Man wird jedoch hier von der Annahme ausgehen, daß wenigstens im Prinzip konstante Temperaturen mit beliebiger Genauigkeit hergestellt werden können und daher die Existenz von Maßstäben möglich ist.

Es liegt infolgedessen nahe, auch die Gravitationskräfte, die die Ursache des Führungsfeldes sind, zu den widrigen Umständen zu rechnen, die die praktische Konstruktion von Maßstäben behindern. Die oben angegebene Beziehung zwischen Geometrie und Führungsfeld wäre dann für die Frage der Begründung der Geometrie gänzlich irrelevant. Tatsächlich scheint die im philosophischen Apriorismus konzipierte Begründung der euklidischen Geometrie von der Voraussetzung auszugehen, daß man sich die materielle Realisierung der Meßgeräte in einem ideal kräftefreien Raum vorzustellen hat, nicht aber in einem Kraftfeld, das die Beweglichkeit der Maßstäbe einschränkt und sie Deformationen unterwirft, die vom Ort abhängig sein können.

Nach unseren heutigen physikalischen Kenntnissen gibt es aber keine Objekte in der Natur, die nicht von einem Gravitationsfeld affiziert werden. Wegen der großen Reichweite der Gravitationskräfte gibt es auch keine Gegend im Raum, in der kein Feld vorhanden ist. Selbst in Abwesenheit lokaler Materie ist noch das Feld der kosmischen Massenverteilung vorhanden, und dieses ist – falls das MACHsche Prinzip sich bewahrheitet – stark genug, um die Trägheitskräfte hervorzurufen. Der im philosophischen Apriorismus vorausgesetzte Fall, daß keinerlei äußere Kräfte auf die verwendeten Maßstäbe einwirken, ist daher gleichzusetzen mit einer Situation, in der gar kein Führungsfeld existiert, das der Bewegung von geometrisch-starren Körpern einen Widerstand entgegensetzt, d. h. in der $g_{\mu\nu} = 0$ ist. Gäbe es keine Gravitation in der Welt, d. h. wäre die Gravitationskonstante $\varkappa = 0$, so wäre unter der Voraussetzung des MACHschen Prinzips diese Situation verwirklicht.

Die geschilderte Situation ist jedoch rein hypothetisch und entspricht nicht den Gegebenheiten der wirklichen Welt. In dieser ist das Führungsfeld $g_{\mu\nu}$ nicht gleich Null, sondern in Abwesenheit lokaler Materie in guter Näherung $= \eta_{\mu\nu}$. Praktisch spielt diese Tatsache bei der Begründung der euklidischen Geometrie jedoch insofern keine Rolle, als das Feld $\eta_{\mu\nu}$ maximal homogen ist und infolgedessen bei der Durchführung der geometrischen Meßvorschriften sich nicht störend bemerkbar macht, sondern ebenso wie der Fall verschwindender Metrik keinerlei Einfluß auf die Konstruktionen einer messenden Geometrie hat.

Hierin wird vermutlich der Grund dafür zu suchen sein, daß die meisten philosophischen Versuche, die Geometrie als die Wissenschaft des Raumes zu begründen, den Unterschied zwischen einem absolut leeren Raum ohne Führungsfeld und einem Raum mit einem pseudoeuklidischen Führungsfeld übersehen haben und einfach den empirisch gegebenen homogenen Raum als einen metrikfreien Raum angesehen haben. Daher schien es vernünftig, den ideal leeren, metrikfreien Raum vorauszusetzen und in diesem Raum Meßvorschriften für eine empirische Geometrie anzugeben. Wir haben jedoch gesehen, daß das Führungsfeld nicht zu den zufälligen, widrigen Umständen zu zählen ist, die eine Messung behindern und von denen man daher abstrahieren kann, sondern zu den immer vorhandenen, grundlegenden Eigenschaften der Wirklichkeit. Solange das Führungsfeld homogen ist, macht es sich für die Geometrie nirgends störend bemerkbar. Da die Struktur des Führungsfeldes aber von der zufälligen Verteilung der Massen im Raum abhängt, muß man auf Situationen gefaßt sein, in denen das Führungsfeld die geometrischen Grundkonstruktionen beeinträchtigt, wenn nicht gar unmöglich macht.

γ) *Die Realisierung einer* RIEMANN*schen Geometrie*

Das tatsächlich in der Welt vorhandene Führungsfeld ist nicht pseudoeuklidisch. In Anwesenheit von Materie besitzt es im allgemeinen eine Struktur, die einem echten RIEMANNschen Raum mit einem nicht verschwindenden Krümmungstensor entspricht. In einem solchen Führungsfeld ist die für die Realisierung der euklidischen Geometrie erforderliche unbeschränkte Beweglichkeit von Körpern aber nicht gegeben. Die empirische Realisierung der euklidischen Geometrie ist daher nicht mehr möglich.

Um trotzdem die Ausmessung des Erfahrungsraumes zu ermöglichen, müßte man Konstruktionen finden, die auch in einem RIEMANNschen Führungsfeld realisierbar sind. Das ist auf die folgende Weise möglich: In einem RIEMANNschen Führungsfeld ist die bisher verwendete „unbeschränkte Beweglichkeit" nicht mehr vorhanden, aber noch eine „beschränkte Beweglichkeit". Innerhalb der physikalischen Meßgenauigkeit sind endlich ausgedehnte Körper in einem beschränkten Raumgebiet frei beweglich bzw. hinreichend kleine Körper sind im ganzen Raum unbeschränkt beweglich. Es ist für die Konstruktion einer Geometrie nicht erforderlich, genauere Einzelheiten des Führungsfeldes zu kennen, da die qualitative Eigenschaft der beschränkten Beweglichkeit von Körpern dafür bereits ausreicht.

Wegen der freien Beweglichkeit endlicher Körper in einem beschränkten Raumgebiet ist es in der Umgebung eines jeden Punktes möglich, eine euklidische Geometrie zu realisieren, und zwar um so genauer, je kleiner die gewählte Umgebung ist. Im Grenzwert hinreichend kleiner Umgebung gehört somit zu jedem Punkt des Raumes ein euklidischer Raum. Faßt man diese euklidischen Räume als die Tangentialräume einer RIEMANNschen Mannigfaltigkeit auf, so ist durch die Gesamtheit der in jedem Punkt jeweils realisierten euklidischen Geometrien eine RIEMANNsche Geometrie empirisch realisiert worden. Man kann dann diese so definierte RIEMANNsche Geometrie dazu verwenden, hinreichend kleine, geometrisch-starre Maßstäbe zu definieren, die nach Voraussetzung unbeschränkt beweglich sind, und mit diesen die Wirklichkeit ausmessen. Der mit diesen Maßstäben vermessene empirische Raum ist dann notwendig ein RIEMANNscher Raum.

Das Verhältnis von Führungsfeld und empirischer Geometrie läßt sich also folgendermaßen bestimmen:

Führungsfeld	Eigenschaft	eukl. Geometrie realisierbar	Geometrie
pseudo-euklidisch	unbeschränkte Beweglichkeit	unbeschränkt	euklidisch
RIEMANNsch	beschränkte Beweglichkeit	lokal	RIEMANNsch

Die euklidische Geometrie ist daher im allgemeinen nicht realisierbar, dagegen ist immer eine empirische RIEMANNsche Geometrie möglich.

δ) *Der Einwand des Apriorismus*

Geht man aus von einer Geometrie, die ihre Begriffe durch Konstruktionsvorschriften definiert, so sind die Maßstäbe einer empirischen Geometrie durch geometrische Eigenschaften definiert. Die Frage, ob die idealen Forderungen, die dem Bau der Maßstäbe zugrunde liegen, auch materiell realisierbar sind, haben wir bisher im folgenden Sinne beantwortet: Das physikalisch definierte Führungsfeld $g_{\mu\nu}$ entscheidet darüber, ob eine bestimmte Geometrie empirisch realisierbar ist oder nicht[1]. Das Führungsfeld ist die physikalische Bedingung der Möglichkeit empirischer Geometrie.

Das im Apriorismus konzipierte Programm zum Aufbau der exakten Naturwissenschaften sieht jedoch methodisch ganz anders aus[2]. Ausgehend von einem vorwissenschaftlichen Erfahrungswissen werden zunächst gewisse qualitative Züge der natürlichen Umwelt hervorgehoben, die sicherstellen, daß einige primitive Handlungsweisen möglich sind. Hierher gehört die Tatsache, daß man unterscheidbare, diskrete Dinge in der Welt vorfindet, wodurch die Möglichkeit einer empirischen Arithmetik gegeben ist. Auch die DINGLERschen Abschleifverfahren zur Erzeugung ebener Flächen beruhen auf dem vorwissenschaftlichen Wissen, daß Körper, z. B. Steine, existieren, die man aneinander abschleifen kann. Auf der Grundlage dieser qualitativen Naturerkenntnis kann man also Arithmetik und Geometrie aufbauen und damit zunächst die mathematische Grundlage für eine exakte Naturwissenschaft legen. Diese entsteht, wenn man zusätzlich zur Mathematik noch einige Erfahrungstatsachen hinzunimmt, etwa die empirischen Eigenschaften der Gravitationskräfte. Erst auf der Grundlage einer solchen mathematischen Theorie der Gravitation aber ist es möglich, eine exakte Theorie des dynamischen Führungsfeldes aufzubauen.

Beachtet man diese lineare methodische Ordnung, so ist es unmöglich, die Theorie des Führungsfeldes nun ihrerseits den

[1] Die Tatsache, daß auch im ebenen Führungsfeld eine ideale Ebene schon wegen der atomaren Struktur der Materie niemals realisierbar ist, ist für unsere Fragestellung ohne Interesse und soll daher ausgeklammert werden.

[2] Vgl. dazu etwa P. Lorenzen, „Wie ist die Objektivität der Physik möglich" in „Argumentationen", Festschrift für Josef König, Göttingen 1965.

geometrischen Konstruktionen zugrunde zu legen, wie wir es bisher getan haben. Denn über eine Theorie des Führungsfeldes verfügt man erst im Rahmen einer mathematischen Physik, und diese setzt bereits Arithmetik und Geometrie in ihrem Aufbau voraus. Die Frage, ob die geometrischen Grundkonstruktionen empirisch realisierbar sind, kann sich daher nur orientieren an einem vorwissenschaftlichen Erfahrungswissen. Diese Orientierung wird allerdings unter dem Gesichtspunkt durchgeführt werden, daß die ideellen Konstruktionsvorschriften geometrischer Begriffe wenigstens näherungsweise ausgeführt werden können. Auch im Rahmen des Apriorismus wird also die Frage der empirischen Realisierbarkeit der Grundkonstruktion in Betracht gezogen, wobei aber über die Realisierungsmöglichkeiten an Hand eines qualitativen Wissens von der Natur entschieden wird, nicht hingegen auf Grund der Theorie des Führungsfeldes.

Die methodische Rechtfertigung des oben skizzierten Gedankens, das Führungsfeld als die physikalische Bedingung für die Möglichkeit einer empirischen Geometrie anzusehen, hängt also offensichtlich davon ab, was man als vorwissenschaftliche Erfahrung bezeichnet. Wesentlich ist sicher, daß es sich um ein qualitatives, noch nicht in mathematischen Begriffen und Beziehungen formuliertes Wissen handelt. Abgesehen von dieser formalen Eigenschaft dürfte aber der materielle Inhalt dieses Wissens nicht ausschlaggebend sein für seinen vorwissenschaftlichen Charakter.

Das in philosophischen Erörterungen üblicherweise zugrunde gelegte vorwissenschaftliche Wissen entstammt der alltäglichen Erfahrung mit Gegenständen und Vorgängen der natürlichen menschlichen Umwelt. Diese ist jedoch nicht repräsentativ für die Wirklichkeit überhaupt. Der Grund ist, daß auch die qualitativen Eigenschaften der uns umgebenden Natur nicht unabhängig von der Dimension[1] der Gegenstände, um die es sich handelt, bestimmt werden können. Die Gegenstände der menschlichen Umwelt zeichnen sich dabei durch besonders einfache qualitative Eigenschaften aus: Sie sind einerseits so groß, daß quantenhafte Phänomene praktisch nicht bemerkbar sind, wie die Tatsache, daß der Ding-Begriff nicht sinnvoll zur Ordnung der Erfahrung verwendet wer-

---

[1] Es ist hier nicht notwendig, die Dimensionen der Gegenstände durch geometrische Größen auszudrücken, was vor der Formulierung einer Geometrie nicht möglich wäre. Man könnte etwa atomare, klassische und kosmische Körper dadurch kennzeichnen, daß die Anzahl der Atome, aus denen sie bestehen, von der Größenordnung 10, 10^{25}, 10^{50} ist.

den kann[1]. Sie sind aber andererseits so klein, daß die in kosmischen Dimensionen wichtige Einschränkung der freien Beweglichkeit von Körpern praktisch noch nicht bemerkbar ist.

Es hat infolgedessen wenig Sinn, die vorwissenschaftliche Erfahrung, die uns aus der natürlichen Umwelt des Menschen bekannt ist, bei der Bildung von Begriffen zugrunde zu legen, deren eigentlicher Anwendungsbereich nicht die wissenschaftliche Formulierung dieser vorwissenschaftlichen Erfahrung sein soll, sondern die verwendet werden sollen, um die physikalische Formulierung derjenigen Phänomene zu ermöglichen, deren Dimensionen kosmische Ausmaße haben. Nur für Phänomene dieser Art ist aber der hier diskutierte Unterschied zwischen euklidischer und RIEMANNscher Geometrie relevant. Es wäre also sinnvoll, der Bildung geometrischer Begriffe, die nicht nur auf die menschliche Umwelt, sondern auch auf kosmische Phänomene anwendbar sein sollen, eine vorwissenschaftliche Erfahrung zugrunde zu legen, die aus dieser kosmischen Umwelt herrührt.

Es bleibt natürlich die Frage zu beantworten, wie man in den Besitz einer solchen kosmischen, vorwissenschaftlichen Erfahrung gelangen kann. Es bietet sich dazu die folgende Möglichkeit: Man geht aus von der euklidischen Geometrie, die sich aprioristisch begründen läßt, und untersucht die Feldtheorie der Gravitation im flachen Raum, wie wir das in § 2 des Abschnittes über die ,,Theorie des Führungsfeldes", S. 73ff. getan haben. Aus dieser Theorie bestimmt man dann das experimentell beobachtbare Führungsfeld $g_{\mu\nu}$. Aus der so gewonnenen vollständigen Theorie des Führungsfeldes lassen sich dann leicht die gesuchten, rein qualitativen Eigenschaften des Führungsfeldes bestimmen. Es ist das die Eigenschaft, daß endliche geometrisch-starre Körper nur in einem beschränkten Raumgebiet frei beweglich sind bzw. nur hinreichend kleine Körper vollständig frei beweglich sind. Diese Eigenschaft der beschränkten Beweglichkeit ist aber bereits ausreichend, um bei der Bildung geometrischer Begriffe als Grundlage zu dienen. Die qualitative Eigenschaft der beschränkten Beweglichkeit ist eine Einschränkung der in der menschlichen Umwelterfahrung bekannten unbeschränkten Beweglichkeit. Sie führt, wie wir oben gesehen haben, nicht zu einer euklidischen, sondern zu einer RIEMANNschen Geometrie des empirischen Raumes.

---

[1] Vgl. dazu Kap. IV.

Auf diese Weise läßt sich das oben angegebene Verfahren, die Konstruktion der geometrischen Grundbegriffe an den Gegebenheiten des Führungsfeldes zu orientieren, auffassen als eine Geometrie im aprioristischen Sinne. Denn es wird keineswegs eine mathematisch formulierte Theorie des Führungsfeldes den geometrischen Grundkonstruktionen zugrunde gelegt, sondern nur die qualitativen Eigenschaften der beschränkten bzw. unbeschränkten Beweglichkeit von Körpern. Die Kenntnis dieser Eigenschaften entspricht aber einer vorwissenschaftlichen Erfahrung. Ebenso, wie man auf der Grundlage der unbeschränkten Beweglichkeit die euklidische Geometrie als eine apriorische Theorie aufbauen kann, die notwendig für alle Gegenstände des vorwissenschaftlichen Erfahrungsbereiches gilt, kann man auch eine RIEMANNsche Geometrie auf der Grundlage der beschränkten Beweglichkeit aufbauen. Auch sie ist eine apriorische Theorie in dem erklärten Sinne und gilt notwendig für alle Gegenstände der Erfahrung.

Zusammenfassung

Die Untersuchungen dieses Kapitels haben gezeigt, daß die euklidische Geometrie verstanden werden kann als eine Theorie, die ausgeht von der Konstruktion ihrer Grundbegriffe und deren Axiome aus den Konstruktionsverfahren der Begriffe notwendig folgen. Diese Theorie, die von ideellen Gebilden im Anschauungsraum handelt, ist unter bestimmten Bedingungen auf den empirischen Raum anwendbar. Zu diesen Bedingungen gehört, daß die empirischen Dinge die Eigenschaft der unbeschränkten Beweglichkeit besitzen. Die Sätze der euklidischen Geometrie gelten dann in voller Strenge für alle Gegenstände der Erfahrung.

Die methodische Ordnung beim Aufbau einer wissenschaftlichen Geometrie ist bei diesem Vorgehen gesichert. Da Erfahrung auch schon möglich ist, ehe man eine wissenschaftliche Geometrie besitzt, kann man dieser vorwissenschaftlichen Erfahrung entnehmen, daß die empirischen Gegenstände die vorgeometrische Eigenschaft der unbeschränkten Beweglichkeit besitzen. Die im Anschauungsraum aufgebaute reine Geometrie läßt sich dann mit Hilfe von wohldefinierten Maßstäben auf den empirischen Raum übertragen.

In der allgemeinen Relativitätstheorie wird die Beweglichkeit von Gegenständen im Rahmen einer physikalischen Theorie untersucht. Es zeigt sich, daß diese Beweglichkeit eine spezielle

Eigenschaft des dort untersuchten Führungsfeldes ist. Abgesehen von selten realisierten Spezialfällen gewährleistet das empirisch gegebene Führungsfeld jedoch nicht die bisher verlangte unbeschränkte Beweglichkeit, sondern nur die schwächere Eigenschaft der beschränkten Beweglichkeit. Daß diese, an sich qualitative vorwissenschaftliche Eigenschaft des Führungsfeldes nicht direkt, sondern nur auf dem Wege über eine physikalische Theorie erkannt werden kann, liegt daran, daß diese Eigenschaft erst in Dimensionen Bedeutung gewinnt, die die unmittelbare Erfahrungswelt des Menschen wesentlich überschreiten.

Da die euklidische Geometrie somit empirisch nicht realisierbar ist, bieten sich für einen methodisch korrekten Aufbau der allgemeinen Relativitätstheorie zwei Möglichkeiten.

1. Man verzichtet überhaupt darauf, eine apriorische Geometrie empirisch zu realisieren und geht statt dessen von Lichtstrahlen und den trägheitsfreien Bahnen von Massenpunkten aus und legt die durch diese Vorgänge realisierte Geometrie der mathematischen Formulierung der Theorie zugrunde. Es zeigt sich, daß diese physikalisch definierte Geometrie eine Riemannsche Geometrie ist. Indem man es auf diese Weise vermeidet, die empirisch nicht realisierbare euklidische Geometrie im formalen Aufbau der Theorie zu verwenden, wird die allgemeine Relativitätstheorie zu einer Theorie, die nur beobachtbare Größen enthält und die die Natur beschreibt, wie sie sich zeigt, wenn sie mit bestimmten realen Maßstäben (z. B. Lichtstrahlen) ausgemessen wird. Da auch die Lichtstrahlen und die Bahnen der Massenpunkte Gegenstand der Theorie sind, muß sie die oben besprochene Eigenschaft der Selbst-Konsistenz besitzen. Ein Zusammenhang der in dieser Theorie realisierten Riemannschen Geometrie und der im philosophischen Apriorismus konzipierten Idee einer wissenschaftlichen Geometrie besteht nicht.

2. Man geht aus von der apriorischen euklidischen Geometrie und benützt diese als mathematischen Rahmen der Gravitationstheorie, ohne ihre empirische Realisierung zu verlangen. Das in dieser Theorie berechnete Führungsfeld hat dann die gleiche Struktur, wie in der Theorie beobachtbarer Größen, weshalb sich auch die gleichen Aussagen über die Beweglichkeit von Gegenständen ergeben. Die der Theorie zugrunde gelegte euklidische Metrik stellt ein System verborgener Parameter dar, die in keinem möglichen Experiment beobachtet werden können.

Das auf diese Weise bestimmte Führungsfeld besitzt die einfache qualitative Eigenschaft der beschränkten Beweglichkeit. Interpretiert man nun diese Eigenschaft als eine vorgeometrische Eigenschaft, die einem vorwissenschaftlichen Erfahrungswissen entstammt, so kann man fragen, welche Möglichkeiten der Konstruktion einer apriorischen Geometrie hier noch bestehen. Wie oben gezeigt, ist unter dieser vorwissenschaftlichen Voraussetzung nur lokal eine euklidische Geometrie realisierbar, im ganzen Raum somit eine RIEMANNsche Geometrie. Man wird daher diese so konstruierte RIEMANNsche Geometrie in einem ähnlichen Sinne als Realisierung einer apriorischen Geometrie ansehen dürfen, wie man das bei der Realisierung der euklidischen Theorie in einem homogenen Führungsfeld für angemessen hält.

Diese beiden Interpretationsmöglichkeiten der in der allgemeinen Relativitätstheorie verwendeten RIEMANNschen Geometrie sind in der folgenden Tabelle noch einmal schematisch zusammengefaßt. Auf der linken Seite sind die beiden möglichen Formulierungen der Gravitationstheorie angegeben, auf der rechten Seite die daraus folgenden geometrischen Theorien.

	Physik	Geometrie
1.	Theorie beobachtbarer Größen; Selbst-Konsistenz der Theorie mit den Meßgeräten.	Geometrie der Lichtstrahlen und Massenpunkt-Bahnen ⇒ RIEMANNsche Geometrie.
2.	Euklidische Geometrie als mathematischer Rahmen; Theorie verborgener Parameter.	Beschränkte Beweglichkeit als vorgeometrisches Wissen ⇒ Konstruktion einer apriorischen RIEMANNschen Geometrie.

III. DER QUANTENMECHANISCHE MESSPROZESS

Die Beobachtung atomarer Systeme ist nur möglich mit Meßgeräten, die tatsächlich in der Natur vorkommen, d. h. aber selbst aus Elementarteilchen aufgebaut sind. Diejenige Theorie, die das Naturgeschehen beschreibt, wie es sich zeigt, wenn es mit solchen Meßinstrumenten untersucht wird, ist die Quantentheorie. Der Einfluß, den die Meßgeräte von vornherein auf die Beobachtungsdaten haben, ist dabei durch die physikalischen Gesetze der Meßinstrumente, d. h. aber durch die Quantentheorie selbst bestimmt. Die Theorie des quantenmechanischen Meßprozesses befaßt sich mit diesen Zusammenhängen.

Die Unschärferelation

In der unrelativistischen klassischen Mechanik wird das raumzeitliche Verhalten eines physikalischen Systems dadurch beschrieben, daß man die Werte aller möglichen Observablen $A_1, A_2, A_3 \ldots$ angibt, d.h. aller meßbaren Eigenschaften des Systems. Die in der Gesamtheit $A_1, A_2 \ldots$ aller möglichen Meßwerte enthaltene Kennzeichnung des Objektes wollen wir dessen Zustand nennen. Die Kenntnis des Zustandes gestattet es dann, die zeitlichen Veränderungen sämtlicher Eigenschaften des Systems genau vorauszusagen. Die klassische Mechanik hat nun gezeigt, daß es zur Angabe des Zustands eines Systems keineswegs erforderlich ist, alle, d. h. aber unendlich viele Eigenschaften zu ermitteln, sondern daß der Zustand bereits durch die Angabe des Ortes x und des Impulses p bzw. eines beliebigen anderen Paares kanonisch konjugierter Variabler eindeutig bestimmt ist. Die zeitlichen Veränderungen von x und p werden dann durch die HAMILTONschen Gleichungen beschrieben.

Der Zustand (x, p) eines Systems hätte strenggenommen nur dann einen physikalischen Sinn, wenn festgestellt wäre, wie der Zustand experimentell ermittelt werden kann. Diese Frage ist im Rahmen der klassischen Mechanik ebenso wenig diskutiert worden wie etwa das Problem der Messung von Raum und Zeit vor der Aufstellung der Relativitätstheorie. Eine mit den Prinzipien der klassischen Mechanik verträgliche Erklärung wäre wohl die idealisierende Annahme von Meßgeräten, deren Genauigkeit beliebig gesteigert werden kann und die zur Messung der Größen x und p geeignet sind. Die Ortsmessung könnte man sich z. B. mit Licht von hinreichend kurzer Wellenlänge λ ausgeführt denken. Gegen eine derartige Idealisierung ist im Rahmen der Mechanik insofern nichts einzuwenden, als in dieser Theorie keine Naturgesetze auftreten, die der Meßgenauigkeit eine objektive, vom Beobachter unabhängige obere Schranke setzen würden.

Die Situation ändert sich jedoch grundlegend, wenn man die nicht in der Mechanik enthaltenen Ergebnisse der Atomphysik beachtet, daß nämlich alle Materie aus kleinsten Bausteinen, den Elementarteilchen, aufgebaut ist und daß auch das elektromagnetische Strahlungsfeld eine solche quantenhafte Natur besitzt. Besonders die letztere Entdeckung, die auf PLANCK und EINSTEIN zurückgeht, ist für die weitere Entwicklung von entscheidender Bedeutung gewesen. Eine Lichtwelle, die auf Grund der Elektrodynamik durch ihre Frequenz ν bzw. ihre Wellenlänge λ charakterisiert werden kann, wird dabei in Beziehung gesetzt zu den Lichtquanten, den Photonen, denen man wie anderen Elementarteilchen einen Impuls p bzw. eine Energie E zuordnet. Der Zusammenhang dieser Bestimmungsstücke wird durch die beiden Beziehungen

$$E = h\,\nu \qquad\qquad p = \frac{h}{\lambda}$$

gegeben, wobei h die PLANCKsche Konstante bedeutet. Diese Beziehungen besagen, daß Licht einer bestimmten Frequenz ν mindestens eine Energie $h\,\nu$ bzw. einen Impuls $\frac{h}{\lambda}$ besitzen muß. Kleinere Einheiten dieses Lichts existieren nicht. Solange man von einem Wirkungsquantum $h > 0$ noch nichts wußte, konnte man dagegen annehmen, daß beliebig kleine Einheiten eines bestimmten Lichts vorkommen können. Diese Erkenntnisse haben sehr weitreichende Konsequenzen, wenn wir sie in einer Diskussion des Meßprozesses der Größen p und x berücksichtigen. Als einfaches Beispiel soll die Ortsmessung an einem Elementarteilchen, etwa einem Elektron, mit Hilfe eines Mikroskops besprochen werden.

Das verwendete Licht möge die Frequenz ν bzw. die Wellenlänge λ besitzen. Im Rahmen der Wellentheorie des Lichtes ergibt sich dann bei einem Beobachtungswinkel ε (Fig. 7) eine Unschärfe der Ortsbestimmung in x-Richtung von

$$\Delta x \sim \frac{\lambda}{\sin \varepsilon}\,.$$

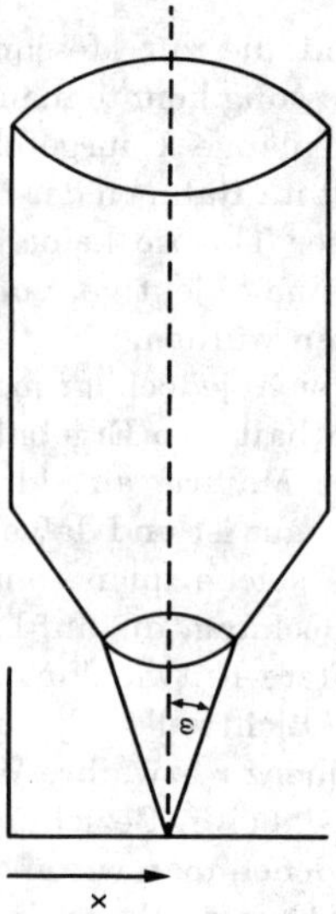

Fig. 7. Die Unschärfe der Ortsmessung

Je kleiner die Wellenlänge des Lichts gewählt wird, um so genauer wird also die Ortsmessung ausfallen.

Man sieht jedoch leicht, daß durch eine solche Messung die Kenntnis des Impulses, auch wenn dieser vor der Messung genau bekannt war, wenigstens teilweise verlorengeht. Denn die Messung muß mindestens mit einem Lichtquant durchgeführt werden. Dieses hat auf Grund der Quantenstruktur des Lichtes eine Energie $E = h\nu$ bzw. einen Impuls $p = \frac{h}{\lambda}$. Das beobachtete Elektron erfährt daher durch das Lichtquant einen Compton-Rückstoß, dessen Richtung jedoch nicht genau bekannt ist, da die Richtung des Photons innerhalb des Winkels ε variieren kann. Für den in x-Richtung übertragenen Impuls ergibt sich daher eine Unschärfe von

$$\Delta p_x = \frac{h}{\lambda} \sin \varepsilon .$$

Zusammen mit der oben hergeleiteten Beziehung für die Unschärfe des Ortes ergibt sich daraus

$$\Delta x \, \Delta p \sim h.$$

Diese Beziehung, die man als die HEISENBERGsche Unschärferelation bezeichnet, besagt, daß man p und x nicht gleichzeitig scharf messen kann. Denn steigert man die Genauigkeit der x-Messung etwa durch eine kürzere Wellenlänge des Lichts, so verschlechtert man dadurch die Kenntnis des Impulses. Umgekehrt verschlechtert man die Genauigkeit der x-Messung, wenn man den COMPTON-Rückstoß dadurch verkleinert, daß man Licht mit größerer Wellenlänge verwendet.

Wir haben hier ein spezielles Beispiel untersucht, bei dem auf Grund der Quantennatur des Lichtes die Unschärferelation hergeleitet werden konnte. Darüber hinaus gilt diese Beziehung aber auch, wenn man die Messung nicht mit Licht, sondern mit anderen materiellen Teilchen durchführt. Man muß dabei nur berücksichtigen, daß die Gleichungen

$$E = h\nu, \qquad p = \frac{h}{\lambda}$$

nach DE BROGLIE auch in umgekehrter Richtung gelesen werden können, indem ein Teilchen mit den Werten E und p einer Materiewelle mit der Frequenz ν und der Wellenlänge λ zugeordnet wird.

Unter Benutzung dieser Wellennatur der Materie bzw. der Quantennatur des Lichtes konnte dann an einer großen Zahl von Gedankenexperimenten gezeigt werden, daß es nie möglich ist, genauer zu messen als es die Unschärferelation erlaubt. Da Materie und Strahlung die einzigen in der Natur vorkommenden Realitäten sind – wenn wir hier einmal vom Gravitationsfeld absehen –, folgt daraus, daß es überhaupt unmöglich ist, Messungen auszuführen, in denen man den Zustand eines Systems genauer als in den durch die Unschärferelation festgelegten Grenzen bestimmen kann.

Dadurch wird insbesondere klar, daß man – etwa im Beispiel des Mikroskops – die Unschärfe im Impuls nicht dadurch vermeiden kann, daß man den Rückstoß des Photons auf das Mikroskop mißt. Denn diesen Rückstoß müßte man mit einem zweiten Meßinstrument messen, das aber letzten Endes auch wieder aus Materie und Strahlung bestehen muß, weshalb für Ort und Impuls des ganzen Mikroskopes wieder die gleiche Unschärferelation wie oben gelten muß. Die Schwierigkeit wird also nur verschoben, nicht aber beseitigt.

Der physikalische Grund für diese neue Situation ist die Existenz eines von Null verschiedenen Wirkungsquantums h. Allerdings ist $h = 6{,}623 \cdot 10^{-27}$ erg sec im Vergleich zu allen in der makroskopischen Physik vorkommenden Wirkungen sehr klein, so daß man im Rahmen der klassischen Physik die Tatsache, daß $h > 0$ ist, vernachlässigen konnte.

Erst die Beschäftigung mit den Vorgängen in den Atomen, bei denen Energien umgesetzt werden, die selbst von der Größenordnung $h\nu$ mit kleinen ν-Werten sind, macht es erforderlich, die Endlichkeit von h zu beachten. Die Verhältnisse sind also sehr ähnlich wie in der Relativitätstheorie, wo man die Beschränkungen der Meßmöglichkeiten durch die Endlichkeit der Lichtgeschwindigkeit auch erst in Betracht ziehen mußte, als Phänomene mit sehr hohen Geschwindigkeiten untersucht wurden.

Die bisher untersuchte, stark schematisierte Versuchsanordnung für eine Ortsmessung ist jedoch noch nicht ganz befriedigend. Die Störung, die das Meßinstrument auf das Objekt ausübt, wird letztlich durch eine Wechselwirkung zwischen beiden hervorgerufen. Es entsteht daher die Frage, ob es nicht möglich ist, durch eine genaue rechnerische Berücksichtigung dieser Wechselwirkung die auf das Objekt ausgeübte Störung zu berechnen, oder falls das nicht möglich ist, dann jedenfalls zu zeigen, aus welchen Gründen diese Möglichkeit ausscheidet.

Um dieses Problem behandeln zu können, müssen wir jedoch methodisch über die bisher verwendete halbklassische Darstellung hinausgehen. Die Herleitung der Unschärferelation war ja bisher ganz im Rahmen der klassischen Physik erfolgt, lediglich die beiden Beziehungen $E = h\nu$, $p = \frac{h}{\lambda}$, die den Zusammenhang zwischen Teilchen und Welle herstellen, waren darüber hinaus benutzt worden. Um eine physikalisch befriedigende Behandlung der Wechselwirkung zwischen Meßgerät und Objekt durchzuführen, müssen wir die vollständige Theorie quantenhafter Systeme, d. h. die Quantentheorie verwenden. Erst wenn sich im Rahmen dieser Theorie zeigt, daß es weder experimentell noch rechnerisch möglich ist, über die in der Unschärferelation behaupteten Grenzen der Erkenntnis hinaus Aussagen über das Objektsystem zu machen, darf die bisherige Darstellung des Meßprozesses als befriedigend angesehen werden. Wir werden deshalb in dem folgenden Abschnitt zunächst kurz auf einige wesentliche Züge der Quantentheorie eingehen, um dann mit dieser Quantentheorie eine vollständige Beschreibung des Meßprozesses angeben zu können.

Die Quantentheorie

Die Überlegungen des vorangehenden Abschnittes werden im Rahmen der Quantentheorie bestätigt, d. h. es wird sich zeigen, daß es mit wirklich existierenden Meßinstrumenten unmöglich ist, die Werte aller Observablen eines physikalischen Systems genau zu bestimmen. Dieser Umstand läßt es wiederum sinnvoll erscheinen – ähnlich wie in der Relativitätstheorie –, die Theorie nicht auf die unbeobachteten und, wie wir wissen, unbeobachtbaren Objekte zu beziehen, sondern auf das Naturgeschehen, wie es sich zeigt, wenn es mit realisierbaren Meßgeräten untersucht wird. Diejenige Theorie, die das für den Bereich des atomaren Geschehens leistet, ist die Quantenmechanik. Ihre Aussagen beziehen sich auf die Ergebnisse von Messungen an quantenphysikalischen Systemen. Innerhalb ihres Anwendungsbereiches ist die Theorie durch die experimentellen Resultate in jeder Hinsicht bestätigt worden.

Im Prinzip gibt es daneben noch die andere Möglichkeit, das Naturgeschehen dadurch zu beschreiben, daß man den Rahmen derjenigen – sogenannten klassischen – Physik beibehält, die sich ergibt, wenn man den Einfluß der Meßgeräte auf die Meßresultate vernachlässigt. Damit verzichtet man zunächst auf die Möglichkeit der empirischen Verifikation der Theorie. Eine Beschreibung experimenteller Ergebnisse könnte dann nur dadurch erreicht werden, daß man zusätzlich zu dieser Theorie noch eine genaue Theorie des Meßprozesses hinzunimmt. In der konkreten Ausarbeitung der Physik des atomaren Geschehens hat diese Möglichkeit jedoch praktisch keinerlei Rolle gespielt. Die wenigen Versuche dieser Art – es sei hier besonders auf die Theorie von Bohm hingewiesen – enthalten, und das ist wohl ihre entscheidende Schwäche, eine ungeheuer große Willkür in der Beschreibung der unbeobachtbaren Größen, der sog. „verborgenen Parameter“, da hier jede Möglichkeit der empirischen Verifikation ausscheidet. Wir wollen daher auf diese Versuche auch nur kurz im Zusammenhang mit dem Kausalproblem eingehen (S. 162ff.).

Im Rahmen der Quantentheorie besitzt ein physikalisches System S (ein Elementarteilchen, Atom, Molekül usw.) nicht gleichzeitig alle Eigenschaften $E_{A_1}, E_{A_2}, E_{A_3} \ldots$, sondern jeweils nur einen bestimmten Teil davon. Wir wollen diese die *objektiven* Eigenschaften nennen. Der Grund für die Bezeichnung „objektiv“ wird erst im Verlauf dieses und des nächsten Kapitels verständlich werden. Er besteht darin, daß nur eine objektive Eigenschaft sinnvoll auf ein

Objektsystem bezogen werden kann, wobei aber nicht entschieden sein muß, ob sie vorliegt oder ob sie nicht vorliegt. Diese objektiven Eigenschaften sind in bezug auf das System S untereinander kommensurabel, d. h. sie können in beliebiger Reihenfolge am Objekt gemessen werden, ohne daß sich ihre Werte dadurch ändern. Die Kenntnis aller objektiven Eigenschaften ist die größte mögliche Information, die man über das System erhalten kann. Man kennzeichnet sie durch den Zustand $|\varphi\rangle$ des Systems bzw. durch diejenige Eigenschaft E_φ, die dem Vorliegen des Zustandes $|\varphi\rangle$ entspricht. Die Kenntnis des Zustandes erlaubt es dann, die Meßwerte aller objektiven Eigenschaften vorauszusagen.

In der Quantentheorie werden Zustände $|\varphi\rangle$, $|\psi\rangle$, $|\chi\rangle$ durch Vektoren im Hilbertraum dargestellt, meßbare Größen (Observable) durch hermitesche Operatoren $A, B, C \ldots$ Ist eine Observable A objektiv in bezug auf den Zustand $|\varphi\rangle$, so ist $|\varphi\rangle$ Eigenzustand zu A. Wir beschränken uns hier stets auf Operatoren mit diskreten Spektren. Der Eigenwert A_i gibt dann den Meßwert von A in dem betreffenden Zustand an, den wir entsprechend mit $|A_i\rangle$ bezeichnen wollen. Es gilt dann $A\,|A_i\rangle = A_i\,|A_i\rangle$. Wir wollen im Folgenden stets voraussetzen, daß die Meßwerte A_i sich gegenseitig ausschließen, d. h. die Zustände orthogonal sind und die Bedingung $\langle A_i | A_k\rangle = \delta_{ik}$ erfüllen, wenn wir die Zustände $|A_i\rangle$ noch normieren. Außerdem wollen wir voraussetzen, daß durch die Zustände $|A_i\rangle$ der ganze Hilbertraum aufgespannt wird, d. h., daß die Zustände $|A_i\rangle$ vollständig sind, was durch die Bedingung $\sum_i |A_i\rangle\langle A_i| = 1$ zum Ausdruck kommt. Sind zwei Observable kommensurabel, so kommutieren die entsprechenden Operatoren.

Die Meßgröße, die das Vorliegen des Zustandes $|\varphi\rangle$ beschreibt, wird durch einen speziellen hermiteschen Operator, den auf den Vektor $|\varphi\rangle$ projizierenden Projektionsoperator $P_\varphi = |\varphi\rangle\langle\varphi|$, dargestellt. Er hat den Eigenwert 1, wenn $|\varphi\rangle$ vorliegt, und den Eigenwert 0, wenn $|\varphi\rangle$ nicht vorliegt. Denn wegen der Orthogonalität der Eigenzustände $|\varphi_i\rangle$ von P_φ gilt $P_\varphi\,|\varphi_i\rangle = |\varphi_i\rangle$, wenn $|\varphi_i\rangle = |\varphi\rangle$ ist, und $P_\varphi\,|\varphi_i\rangle = 0$, wenn $|\varphi_i\rangle$ orthogonal zu $|\varphi\rangle$ steht. Da Zustände, die orthogonal sind, sich gegenseitig ausschließen, bedeutet aber das Vorliegen eines auf $|\varphi\rangle$ senkrechten Zustandes $|\varphi_i\rangle$, daß $|\varphi\rangle$ nicht vorliegt.

Observable, die nur die Eigenwerte 0 und 1 haben und durch Projektionsoperatoren P_E beschrieben werden, wollen wir Eigenschaften E nennen. Hat P_E den Eigenwert 1, so liegt die betreffende

Eigenschaft E vor, hat er den Wert 0, so liegt sie nicht vor. Statt dessen werden wir gelegentlich auch sagen, daß die Eigenschaft nicht-E, symbolisch $\neg E$, vorliegt. Der zur Eigenschaft $\neg E$ gehörige Projektionsoperator ist wegen der Vollständigkeit der Eigenzustände $|\varphi_i\rangle$ von P_E durch $P_{\neg E} = 1 - P_E$ gegeben. Er projiziert nicht nur auf einen bestimmten Zustand, sondern auf denjenigen Teilraum des Hilbertraumes, der durch alle zum Eigenwert 0 gehörigen Zustände $|\varphi_i\rangle$ aufgespannt wird.

Es wird für die folgenden Betrachtungen vielfach zweckmäßig sein, an Stelle beliebiger Observabler Eigenschaften zu untersuchen, bei denen sich also der Meßvorgang auf eine einfache Ja-Nein-Entscheidung reduziert. Das bedeutet keine Einschränkung der Allgemeinheit, denn die Messung einer Observablen A mit den Eigenvektoren $|A_i\rangle$ und den Meßwerten $A_1, A_2 \ldots$ läßt sich stets auf die Messung von Eigenschaften zurückführen. Man braucht dazu nur die auf die Zustände $|A_i\rangle$ projizierenden Operatoren $P_{A_i} = |A_i\rangle\langle A_i|$ bzw. die entsprechenden Observablen E_{A_i} zu messen. Denn wegen der vorausgesetzten Orthogonalität und Vollständigkeit der Zustände $|A_i\rangle$ sind diese Messungen gleichwertig mit der Messung der Observablen A. In besonders einfachen Fällen wird die Reduktion der Messung auf eine Ja-Nein-Entscheidung bereits dadurch zustande kommen, daß der Hilbertraum nur ein zweidimensionaler Raum ist. Die Spinmessung eines Elektrons in einem Stern-Gerlach-Versuch ist dafür ein Beispiel. Wir werden infolgedessen diesen und ähnliche Versuche häufig zur Verdeutlichung des Meßvorgangs heranziehen. Die Schlußfolgerungen, die wir aus solchen Experimenten ziehen werden, lassen sich selbstverständlich auch aus komplizierteren Experimenten gewinnen.

Es kommt gelegentlich vor, daß man nicht genau weiß, in welchem Zustand sich das System befindet, sondern nur, daß es mit der Wahrscheinlichkeit w_1 im Zustand $|\varphi_1\rangle$, mit w_2 in $|\varphi_2\rangle$ ist usw. Man sagt dann, das System befinde sich in einem Gemenge. Ein Gemenge kann man nicht mehr durch einen Projektionsoperator kennzeichnen. An seine Stelle tritt der statistische Operator

$$W_\varphi = \sum_{i=1}^{\infty} w_i P_{\varphi_i} = \sum_{i=1}^{\infty} w_i |\varphi_i\rangle\langle\varphi_i|,$$

der durch die Summation über die entsprechenden Projektionsoperatoren entsteht. (W_φ wird auch *Gemisch*-Operator genannt)

Diejenigen Eigenschaften, die gleichzeitig bei Vorliegen des Zustandes $|\varphi\rangle$ gemessen und berechnet werden können, und die wir objektiv genannt haben, stellen jedoch einen nur selten realisierten Spezialfall dar. Im allgemeinen Fall wird man von einer bestimmten Eigenschaft E weder behaupten können, daß sie dem im Zustand $|\varphi\rangle$ befindlichen System zukommt, noch daß dies nicht der Fall ist. Wir wollen diese Eigenschaften als *nicht objektiv* in bezug auf $|\varphi\rangle$ bezeichnen.

Trotzdem sind auch diese Eigenschaften in einem gewissen Sinne meßbar. Durch den Meßprozeß wird nämlich – etwa bei Messung der Observablen A – der Zustand $|\varphi\rangle$ des Systems in einer solchen Weise verändert, daß in bezug auf den neuen Zustand $|A_i\rangle$ die Observable A eine objektive Größe darstellt, ihr Wert A_i also in dem neuen Zustand berechnet oder gemessen werden kann. Auf die Frage, welcher der unter Umständen unendlich vielen Eigenzustände $|A_i\rangle$, die zum Operator A gehören, sich bei dem Meßprozeß einstellt, gibt die Quantentheorie aber nur eine unvollständige Antwort. Sie liefert lediglich Wahrscheinlichkeitsaussagen, die sich auf den Ausgang sehr vieler gleichartiger Experimente beziehen. Für die Wahrscheinlichkeit $w_\varphi(A_i)$ bei einer Messung der Observablen A an dem im Zustand $|\varphi\rangle$ befindlichen System den Zustand $|A_i\rangle$ zu erhalten, gibt die Quantentheorie den Ausdruck

$$w_\varphi(A_i) = |\langle\varphi\,|\,A_i\rangle|^2 = \langle A_i\,|\,P_\varphi\,|\,A_i\rangle$$

an.

Verschiedene Eigenschaften E_A, E_B, E_C werden im allgemeinen nur in verschiedenen Zuständen $|A_i\rangle$, $|B_i\rangle$, $|C_i\rangle$ objektiv vorliegen, weshalb die Messung der Eigenschaft B die eventuell vorangegangene Messung der Eigenschaft A wieder zerstören wird, wenn die B-Messung mit einer Änderung des Zustandes verbunden ist. Man kann dann solche Eigenschaften nicht „gleichzeitig" auf das System beziehen und bezeichnet sie deshalb als inkommensurabel.

Die Inkommensurabilität zweier Größen A und B kann verschiedene Grade annehmen. Ist z. B. die Observable A bekannt, so kann die Wahrscheinlichkeitsverteilung $w_A(B)$ für die B-Werte ein mehr oder weniger scharfes Maximum um einen Wert besitzen. Wird das Maximum durch eine δ-Funktion dargestellt, so ist B sogar mit A kommensurabel. Stellt $w_A(B)$ dagegen eine Gleichverteilung dar, so weiß man über die B-Werte gar nichts. Observable A und B, die in einem solchen sich gegenseitig ausschließenden Verhältnis zueinander stehen, daß die Kenntnis von A jede Voraussage über B unmöglich macht und umgekehrt, bezeichnet man nach Bohr als komplementär. Das bekannteste Beispiel für zwei komplementäre Größen ist der Ort x und der Impuls p eines Systems.

Mit Hilfe dieser quantenmechanischen Theorie wird es nun möglich sein, den Meßvorgang im einzelnen zu verfolgen, indem die Wechselwirkung zwischen dem Meßgerät und dem beobachteten System explizit in Betracht gezogen wird. Das Hauptgewicht wird dabei auf der Frage liegen müssen, wieso bei der Messung einer nicht objektiven Eigenschaft, die mit einer Zustandsänderung verbunden ist, Unbestimmtheiten auftreten, die sich im Rahmen der Quantentheorie durch Wahrscheinlichkeiten ausdrücken. Vorläufig ist jedenfalls nicht zu sehen, wie innerhalb einer mathematisch geschlossenen Theorie die Tatsache zum Ausdruck kommen soll, daß während des Meßprozesses wesentliche Teile der ursprünglich vorhanden gewesenen Information über das System verlorengehen können.

Die gegenüber der klassischen Physik nur beschränkten Möglichkeiten experimenteller Kenntnisnahme über ein quantenphysikalisches System wurden im Aufbau der Quantentheorie, insbesondere im Begriff des Zustandes ausdrücklich berücksichtigt. Die Gründe für diese Beschränkung der Möglichkeiten der Erkenntnis sind in den physikalischen Gesetzen der Meßgeräte zu suchen. Diese Gesetze sind aber Bestandteile eben derselben Quantentheorie. Die Quantentheorie wird daher erst dann eine mit ihren Voraussetzungen konsistente Theorie sein, wenn diese Voraussetzungen, die die Möglichkeiten experimenteller Erfahrungen festlegen, sich selbst aus einer Theorie des Meßprozesses im Rahmen des quantenmechanischen Formalismus herleiten lassen. Diese neuartige Struktur der Theorie ist wiederum, ähnlich wie in der Relativitätstheorie, darauf zurückzuführen, daß experimentelle Untersuchungen nur mit Meßinstrumenten durchgeführt werden können, die selbst den Gesetzen der Physik, hier also der Quantentheorie, unterliegen. Die zentrale Bedeutung einer Theorie des Meßprozesses erklärt sich aus dieser Struktur.

Der Meßprozeß

Zur Darstellung des Meßprozesses im Rahmen der Quantentheorie gehen wir aus von einem System S und einem Meßgerät M. Der Vorgang, der der Messung einer Observablen A mit den Meßwerten A_i dient, besteht dann darin, daß in einem bestimmten Zeitintervall Δt zwischen dem System S und dem Meßgerät M eine Wechselwirkung stattfindet und anschließend daran an dem Meßgerät abgelesen wird, welchen Wert A_i die Observable A besitzt.

Das System S möge sich in dem Zustand $|\varphi\rangle$, das Meßgerät im Zustand $|\Phi\rangle$ befinden. Zerlegt man den HAMILTONoperator von $S + M$ in die Bestandteile $H = H_0 + H_w$, wobei H_w die nur zwischen $t = 0$ und $t = t'$ stattfindende Wechselwirkung zwischen S und M beschreibt, so soll die Zeitabhängigkeit der Zustände $|\varphi\rangle$ und $|\Phi\rangle$ allein durch H_w verursacht sein. Wir verwenden also ein Wechselwirkungsbild in bezug auf H_w.

Der Meßprozeß geht dann in mehreren Schritten vor sich:

1. Zerlegung und Erweiterung

Der Zustand $|\varphi\rangle$ bzw. der Operator $P_\varphi = |\varphi\rangle\langle\varphi|$ werden nach dem Spektrum $|A_i\rangle$ des Operators A zerlegt:

$$|\varphi\rangle = \sum_i \langle A_i|\varphi\rangle |A_i\rangle = \sum P_{A_i}|\varphi\rangle$$

$$P_\varphi = \sum_{i,k} |A_i\rangle\langle A_i|\varphi\rangle\langle\varphi|A_k\rangle\langle A_k| = \sum_{i,k} P_{A_i} P_\varphi P_{A_k}$$

$|\langle A_i|\varphi\rangle|^2 = w_\varphi(A_i)$ ist die Wahrscheinlichkeit dafür, daß man nach dem Meßprozeß den Eigenwert A_i als Wert von A vorfindet. Der nächste Schritt besteht in einer formalen Erweiterung des Zustandsraumes, indem das Meßgerät mit in die Betrachtung einbezogen wird. Wir führen dazu die neuen Zustände

$$|\Psi\rangle = |\varphi\rangle|\Phi\rangle \quad \text{und} \quad |\Psi_i\rangle = |A_i\rangle|\Phi\rangle$$

ein. Für den Zustand bzw. Projektionsoperator des Systems $S + M$ erhält man dann auf Grund der obigen Zerlegung:

$$|\Psi\rangle = \sum_i \langle A_i|\varphi\rangle|\Psi_i\rangle$$

$$P_\psi = |\Psi\rangle\langle\Psi| = \sum_{i,k} |\Psi_i\rangle\langle\Psi_k|\, c_{ik}$$

$$c_{ik} = \langle A_i|\varphi\rangle\langle\varphi|A_k\rangle.$$

Die Zerlegung wie die Erweiterung stellen rein formale Schritte dar, die auch in der umgekehrten Reihenfolge vorgenommen werden können. Echte physikalische Vorgänge finden erst im zweiten Teil des Meßprozesses, der Aufnahme, statt.

2 a. Aufnahme

Zur Zeit $t = 0$ möge die Wechselwirkung H_w zwischen S und M beginnen und bis zum Zeitpunkt $t = t'$ andauern. Während dieses Zeitabschnittes verändert sich der Zustand $|\Psi\rangle$. Ist nämlich

$$|\Psi(t = 0)\rangle = |\Psi\rangle,$$

so gilt für $0 \leq t \leq t'$

$$|\Psi(t)\rangle = e^{iH_w t}|\Psi\rangle$$

und

$$|\Psi_i(t)\rangle = e^{iH_w t}|\Psi_i\rangle.$$

Nach Beendigung der Wechselwirkung befindet sich daher das Gesamtsystem $S + M$ in dem Zustand

$$|\Psi'\rangle = |\Psi(t')\rangle = \sum_i \langle A_i | \varphi\rangle |\Psi_i'\rangle$$

mit

$$|\Psi_i'\rangle = |\Psi_i(t')\rangle,$$

der für $t > t'$ zeitlich wieder konstant ist.

Weiterhin ist

$$P_{\psi'} = |\Psi'\rangle\langle\Psi'| = \sum_{i,k} |\Psi_i'\rangle\langle\Psi_k'|\, c_{ik}.$$

Es tritt jetzt die folgende Schwierigkeit auf: Der Zustand $|\Psi'\rangle$ kann nicht mehr in ein Produkt aus zwei Zuständen zerlegt werden, deren einer das Objekt, deren anderer aber das Meßgerät beschreibt. Die Zustände

$$|\Psi_k'\rangle = e^{iH_w t'}|A_k\rangle|\Phi\rangle = |A_k'\rangle|\Phi_{A_k}'\rangle$$

sind zwar weiterhin separierbar, wenn das Meßgerät wirklich zur Messung der Größe A geeignet ist, aber mit Zuständen $|\Phi_{A_k}'\rangle$, die vom Meßwert A_k' des Objektes abhängen. Der Gesamtzustand ist also durch

$$|\Psi'\rangle = \sum_k \langle A_k | \varphi\rangle |A_k'\rangle |\Phi_{A_k}'\rangle$$

gegeben und nicht mehr separierbar. Ist das Meßgerät störungsfrei, d.h. beliebig empfindlich, so ist $|A_k'\rangle = |A_k\rangle$ und daher:

$$P_{\psi}' = \sum_{i,k} |\Phi_{A_i}\rangle |A_i\rangle\langle A_k|\langle\Phi_{A_k}|\, c_{ik}.$$

Ist H_w hermitesch, so sind die Zustände $|\Phi_{A_k}\rangle$ des Meßgerätes normiert. Orthogonal sind sie im allgemeinen nicht. Man wird M

jedoch nur dann als ein Meßgerät bezeichnen können, das zur Messung von A geeignet ist, wenn M so beschaffen ist, daß die $|\Phi_{A_k}\rangle$ auch orthogonal sind, d.h. wenn

$$\langle \Phi_{A_k} | \Phi_{A_i} \rangle = \delta_{ik}$$

gilt. Denn nur dann ist es möglich, aus der Kenntnis des Zustandes $|\Phi_{A_k}\rangle$ des Meßgerätes auf den Wert A_k des Objektes eindeutig zu schließen. Auch auf dem Ausgangszustand $|\Phi\rangle$ müssen die neuen Zustände $|\Phi_{A_k}\rangle$ orthogonal stehen, da sie sonst nicht imstande sind, das Meßergebnis deutlich anzuzeigen.

2 b. Die Restauration

Die Orthogonalität der Zustände $|\Phi_{A_k}\rangle$ des Meßgerätes ist noch aus einem anderen Grunde wichtig. Um das zu sehen, wollen wir einen Stern-Gerlach-Versuch betrachten, bei dem ein Atomstrahl mit Atomen im Zustand $|\varphi\rangle$ durch ein inhomogenes Magnetfeld F_1 in zwei räumlich getrennte Teile aufgespalten wird, die zwei möglichen Spineinstellungen A_1 und A_2 entsprechen. Die Zustände der beiden Spinkomponenten wollen wir wieder mit $|A_1\rangle$ und $|A_2\rangle$ bezeichnen.

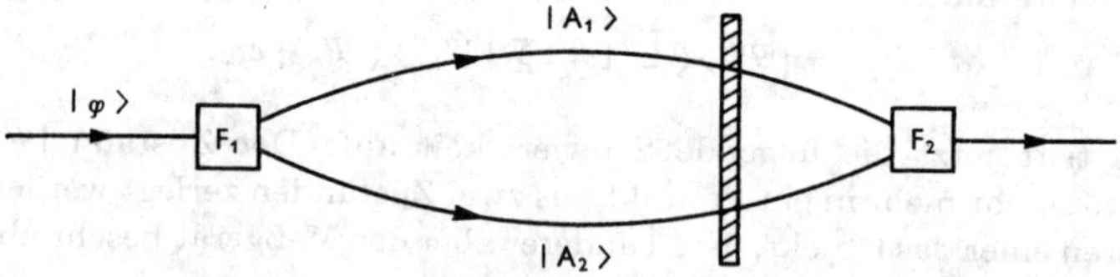

Fig. 8. Stern-Gerlach-Versuch mit Restauration

Nach einer bestimmten Wegstrecke möge dann der aufgespaltene Atomstrahl durch ein zweites Feld F_2 wieder zur Interferenz gebracht werden. Eine derartige Rückinterferenz bereitet zunächst keinerlei Schwierigkeiten.

Führt man jedoch zwischen den beiden Magnetfeldern F_1 und F_2 eine Ortsmessung aus, um damit den Spin des betreffenden Teilchens ermitteln zu können, so ändert sich die Situation völlig. Wir wollen hier noch nicht die Ortsmessung selbst betrachten, sondern nur die dazu nötige Wechselwirkung der Teilchen mit dem Meßgerät, etwa einer Photoplatte. Hat diese einmal stattgefunden, so ist die Rückinterferenz der beiden Strahlen nur dann möglich, wenn es gelingt, durch eine Restauration des Meßgerätes dieses vom Objekt zu trennen. Dazu müssen die Zustände $|\Phi_{A_k}\rangle$ wieder in einen bestimmten Zustand $|\Phi''\rangle$ übergehen, z. B. in den Anfangszustand $|\Phi\rangle$. Denn dann zerfällt der Zustand

$$|\Psi'\rangle = \sum_k \langle A_k|\varphi\rangle |A_k\rangle |\Phi_{A_k}\rangle$$

in ein Produkt

$$|\Psi''\rangle = |\Phi''\rangle \sum_k \langle A_k|\varphi\rangle |A_k\rangle,$$

und die Zustände $|A_k\rangle$ können wieder miteinander interferieren. Da Meßgeräte, wie z. B. eine Photoplatte, im allgemeinen makroskopische Dimensionen haben, also etwa 10^{20} Freiheitsgrade besitzen, wird die restaurierende Herstellung eines einheitlichen Zustandes $|\Phi''\rangle$ des Meßgerätes beträchtliche Schwierigkeiten bereiten. Auch nur teilweise ist daher eine Rückinterferenz praktisch kaum zu verwirklichen. Es ist jedoch wichtig zu beachten, daß auch nach der Wechselwirkung mit dem Meßgerät eine Rückinterferenz der Objektzustände wenigstens prinzipiell möglich ist. Infolgedessen ist es in diesem Stadium des Meßprozesses noch objektiv unentschieden, welcher Wert A_i dem Objektsystem tatsächlich zukommen wird.

Um eine Entscheidung darüber herbeizuführen, müssen also diejenigen Teile des Projektionsoperators P_ψ', die eine Rückinterferenz nach wie vor ermöglichen, zum Verschwinden gebracht werden. Das sind die gemischten Glieder. Darüber hinaus muß das Objekt S vom Meßgerät getrennt werden, damit man eine Aussage über den Wert A_i der Observablen A im Objektsystem erhalten kann.

3. Der Schnitt

Die Isolierung des Objektsystems vom Meßapparat ist der wichtigste Teil des Meßprozesses. Man bezeichnet ihn als den Schnitt. Durch ihn werden auch die Interferenzterme, die bisher eine Objektivierung der Eigenschaft A unmöglich gemacht haben, verschwinden.

Um aus

$$P_\psi' = \sum_{i,k} c_{ik} |\Psi_i'\rangle\langle\Psi_k'|$$

eine Aussage über das Objekt allein zu erhalten, muß man die Erweiterung des Zustandsraumes wieder rückgängig machen. Das geschieht durch Projektion auf denjenigen Teil des Hilbertraumes, der dem Objekt S allein entspricht. Durch diese Operation der „Verkürzung" geht der Operator P_ψ' in den statistischen Operator

$$W_\varphi = (\varphi; A) := \sum_i c_{ii} \,|\, A_i \rangle\langle A_i \,| = \sum_i P_{A_i} \; P_\varphi \; P_{A_i}$$

des Objektsystems S über. W_φ erfüllt die Bedingung $Sp\ W_\varphi = 1$ und beschreibt einen *Gemisch-Zustand* des Objektsystems. Aus $Sp\ W_\varphi = 1$ folgt, daß die Koeffizienten c_{ii} die Beziehung $\Sigma\, c_{ii} = 1$ erfüllen. Mit Hilfe des *Gemisch*-Operators W_φ lassen sich die Erwartungswerte aller Observablen berechnen, die sich nur auf das Objekt S beziehen.

Während ein Projektionsoperator P_φ einem reinen Zustand $|\varphi\rangle$ entspricht, beschreibt ein *Gemisch*-Operator $W \neq W^2$ mit $Sp\ W = 1$ einen *Gemisch*-Zustand. Da die Zerlegung eines *Gemisch*-Operators $W = \Sigma\, w_i\, P_{A_i}$ in eine Summe aus gewichteten Projektionsoperatoren im allgemeinen nicht eindeutig ist, so kann man von einem System $S = S\,(W)$ in dem *Gemisch*-Zustand W nicht sagen, daß es sich in einem der reinen Zustände $P_{A_i} = |\, A_i \rangle\langle\, A_i \,|$ befindet, den nur der Beobachter nicht kennt. – Eine solche Beschreibung entspricht vielmehr einem *Gemenge* $G\,(w_i,\, P_{A_i})$. d. h. einer Menge von gewichteten Alternativ-Zuständen P_{A_i}, deren Gewichte durch die Wahrscheinlichkeiten w_i gegeben sind.[1]) Es ist klar, daß ein *Gemenge* $G\,(w_i, P_{A_i})$ eindeutig einen statistischen Operator $W = \Sigma w_i\, P_{A_i}$ mit $Sp\ W = 1$ bestimmt, das umgekehrte ist aber nicht der Fall.

Die Abtrennung des Objektsystems S vom Meßgerät M hat daher zwei Veränderungen zur Folge. Die Abstraktion vom Meßgerät bewirkt immer, daß der *reine* Zustand P_Ψ, des Gesamtsystems $S + M$ in den *Gemisch*-Zustand W_φ des Objektsystems übergeht. Diese Veränderung kommt allein durch die formale Operation der Verkürzung (Reduktion) zustande. – Es muß aber darüber hinaus sicher gestellt sein, daß der *Gemisch*-Zustand W_φ durch das *Gemenge* $G_{\varphi,\,A} = G\,(c_{ii},\, P_{A_i})$ realisiert ist, das aus den alternativen Zuständen P_{A_i} besteht und den Wahrscheinlichkeiten $w_\varphi\,(A_i) = c_{ii}$, die Meßwerte A_i vorzufinden. Erst in dem *Gemenge* $G\,(w_\varphi\,(A_i),\, P_{A_i})$ kann man A als eine *objektive* Eigenschaft ansehen, deren Werte A_i objektiv feststehen, aber dem Beobachter subjektiv nur mit den Wahrscheinlichkeiten $w_\varphi\,(A_i)$ bekannt sind.

---

[1] Der Begriff „Gemenge" wurde zuerst von Heisenberg in die Diskussion der Grundlagen der Quantentheorie eingeführt. (Die Physikalischen Prinzipien der Quantentheorie, Leipzig 1930, S. 43)

Wenn das Meßgerät und die Meßwechselwirkung H_W wirklich zur Messung der Größe A geeignet sind, dann muß die Trennung von Objekt und Meßgerät dazu führen, daß das Objekt sich nach der Trennung in dem zu dem Gemisch-Zustand W_φ gehörenden Gemenge $G_{\varphi, A}$ befindet. Wie diese Objektivierung von A bei einer solchen Trennung im einzelnen vor sich geht, ist eine schwierige und bislang noch nicht befriedigend beantwortete Frage.

Daß man die Eigenschaft A nicht bereits in dem Gemisch-Zustand W_φ als objektiv ansehen kann, hat zwei Gründe. Zunächst kann W_φ im allgemeinen durch sehr viele Gemenge realisiert werden, ohne daß eines dieser Gemenge formal ausgezeichnet ist. Wichtiger aber ist, daß schon die Annahme, A sei in W_φ objektiviert, zu Widersprüchen mit den quantenmechanischen Wahrscheinlichkeitsaussagen führen kann. Ein Beispiel, bei dem ein solcher Widerspruch tatsächlich auftritt, wird in dem Abschnitt über die Ignoranz-Interpretation (S. 141 ff.) besprochen werden.

Die Theorie des Meßprozesses sagt nichts über den genauen Meßwert von A, sondern macht nur Wahrscheinlichkeitsaussagen. Der Grund dafür ist, daß durch den Schnitt ein Informationsverlust verursacht wird. In dem Zustand $\Psi'(S + M)$ des Gesamtsystems $S + M$ nach der Aufnahme bestehen starke Korrelationen zwischen dem Objekt S und dem Meßgerät M, die durch P_Ψ vollständig beschrieben werden. Bei der Trennung des Meßgerätes vom Objekt gehen alle diejenigen Teile der Zustandsinformation, die sich auf die Korrelationen beziehen, verloren, und nur die Informationen, die sich auf das Objekt allein bzw. auf das Meßgerät allein beziehen, bleiben erhalten. Quantitativ läßt sich dieser Informationsverlust berechnen, wenn man als Maß des subjektiven Unwissens die v. Neumann-Entropie $S_W = -k\, Sp\,(W \ln W)$, die zu einem Gemisch-Operator W gehört, einführt. Vor dem Schnitt ist $S + M$ in einem reinen Zustand Ψ' mit $Sp_{\Psi'} = 0$, während nach dem Schnitt das Informationsdefizit durch

$$S_{W\varphi} = -k\, Sp\,(W_\varphi \ln W_\varphi) \geq 0$$

gegeben ist. Wegen dieses Informationsdefizits ist es erforderlich, Wahrscheinlichkeitsaussagen über das System S zu machen.

Formal kann man den Übergang von Ψ' nach $G_{\varphi, A}$ auch dadurch beschreiben, daß man bereits in dem zu $S + M$ gehörenden Projektionsoperator $P_{\Psi'}$ die Interferenzterme wegstreicht. Dadurch entsteht der Gemisch-Operator $W_{\Psi'} = \Sigma\, c_{ii} \mid \Psi'_i \rangle\langle \Psi'_i \mid$. Wenn

$W_{\Psi'}$ außerdem wegen der besonderen Eigenschaften des Meßgerätes M durch das Gemenge $G_{\Psi', A} = G(c_{ii}, P_{\Psi'_i})$ realisiert wird, dann werden diejenigen Observablen des Gesamtsystems, deren Eigenzustände durch $| A_k \rangle | \Phi_{A_k} \rangle = | \Psi'_k \rangle$ gegeben sind, objektive Eigenschaften (Objektivierung). Um eine Aussage über S allein zu erhalten, muß man noch vom Meßapparat abstrahieren. Nach Durchführung der Objektivierung ist diese Abstraktion jedoch ein physikalisch bedeutungsloser Schritt, der direkt auf das Gemenge $G_{\varphi, A}$

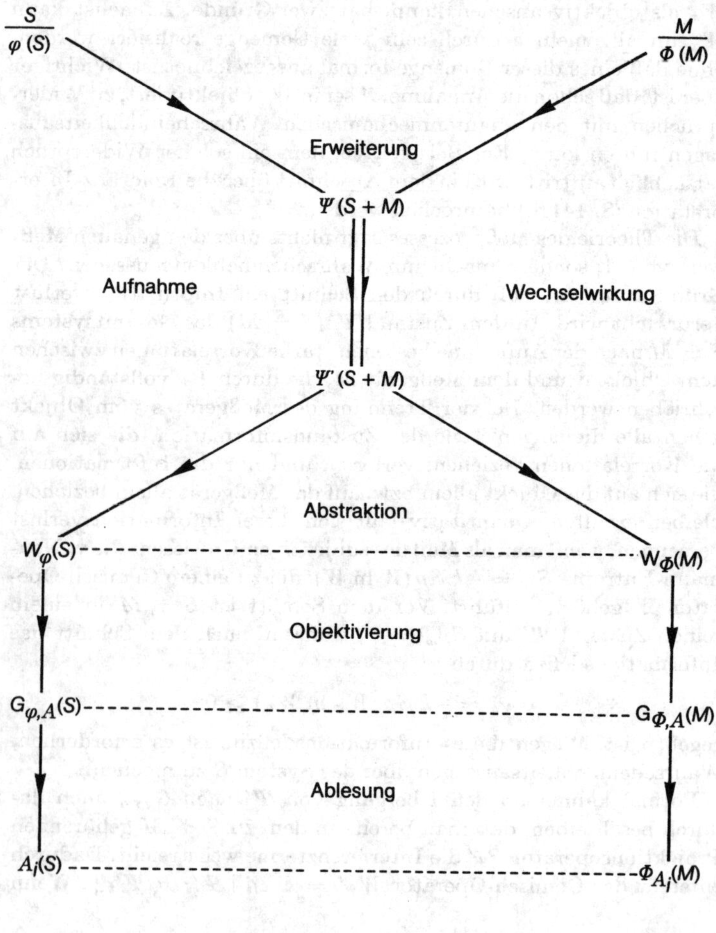

führt. Ein Informationsverlust findet bei dem Übergang von $G_{\Psi'}, _A$ nach $G_{\varphi}, _A$ nicht mehr statt. – (Es ist hier allerdings noch offen gelassen worden, wie bereits in $S + M$ eine Objektivierung durchgeführt werden kann. Vgl. dazu S. 118ff.)

4. Die Ablesung

Ebenso wie in der statistischen Mechanik geschieht auch beim quantenmechanischen Meßprozeß der letzte Schritt, der schließlich eine genaue Aussage über das Objekt macht, einfach dadurch, daß man das betreffende Meßgerät abliest und feststellt, welcher Zustand $|A_i\rangle$ denn nun tatsächlich realisiert ist. Durch diesen Schritt, den wir *Ablesung* nennen wollen, wird die Entropie S wieder zu Null gemacht, da die Information des Beobachters über das Objekt durch die Kenntnisnahme des Meßresultats vergrößert wird. – Die Ablesung bildet den Abschluß des Meßprozesses. Sie ist insofern unproblematisch, als hier keine spezifisch quantenmechanischen Probleme auftreten, sondern nur solche, die bereits aus der klassischen statistischen Mechanik bekannt sind.

Wir wollen die verschiedenen Schritte des Meßvorganges noch einmal in einem übersichtlichen Schema zusammenfassen. (Fig. 9) Der Prozeß beginnt mit den Systemen S und M in den reinen Zuständen $\varphi(S)$ und $\Phi(M)$ – und endet mit den Zuständen $A_i(S)$ und $\Phi_{A_i}(M)$. Die Pfeile geben die zeitliche Reihenfolge der verschiedenen Schritte an, die punktierten Linien kennzeichnen Korrelationen. Links stehen die Zustände des Objekts S, rechts die des Meßgeräts M, in der Mitte die von $S + M$. Zur Messung einer nicht objektiven Eigenschaft A an dem System S im Zustand $\varphi(S)$ wird nach einer formalen Erweiterung des Zustandsraumes, $\varphi(S) \to \Psi(S + M)$, das Objekt S mit dem Meßgerät für eine Zeitdauer t' in reale Wechselwirkung gebracht. Dabei geht $\Psi(S + M)$ in $\Psi'(S + M)$ über. Die formale Trennung der nicht mehr wechselwirkenden Systeme S und M führt auf das Gemisch W_{φ} (Abstraktion), das wegen der besonderen Eigenschaften von M durch das Gemenge $G_{\varphi}, _A(S)$ realisiert ist (Objektivierung). An diesem Gemenge kann dann der genaue Zustand $A_i(S)$ dadurch bestimmt werden, daß man den entsprechenden Meßwert (z. B. Zeigerstellung) an dem streng korrelierten Zustand $\Phi A_i(M)$ des Meßgerätes abliest.

Bei der in diesem Abschnitt angegebenen Darstellung des Meßprozesses stand die formale mathematische Behandlung des Problems im Vordergrund. Dabei sind einige Fragen, die sich auf den

Schnitt beziehen, und die physikalisch von großer Bedeutung sind, offen geblieben: 1.) Durch welchen physikalischen Schritt werden die Interferenzterme in P_{Ψ}' zum Verschwinden gebracht, so daß die Verwendung des Gemisch-Zustandes W_{φ} (S) für die Zustandsbeschreibung *nach* dem Schnitt wirklich gerechtfertigt ist? – 2.) Durch welche Eigenschaften des Meßgerätes M wird erreicht, daß der Gemisch-Zustand W_{φ} durch das Gemenge $G_{\varphi;\,A}$ realisiert wird? – 3.) Wodurch wird das mit dem Schnitt verbundene subjektive Element in die Theorie hineingebracht, das durch Wahrscheinlichkeiten gekennzeichnet ist und formal durch eine Entropiezunahme beschrieben wird? Wir wollen in den beiden folgenden Abschnitten die mehr prinzipiellen Fragen (1) und (3) ausführlich besprechen. Hinsichtlich der Frage (2) wollen wir annehmen, daß das jeweils verwendete Meßgerät M so beschaffen ist, daß sich das durch W_{φ} beschriebene System stets in dem Gemenge $G_{\varphi,\,A}$ befindet. Die gesonderte Angabe des Gemenges, durch das das Gemisch W_{φ} realisiert ist, erübrigt sich daher. Entsprechendes gilt für W_{Ψ}'.

Der Schnitt

Die Aufgabe des Meßprozesses ist es, eine Aussage darüber zu machen, welcher Wert A_i einer Observablen A dem System S zukommt, wenn sich dieses System vor der Messung in einem Zustand $|\varphi\rangle$ befunden hat. Da das System S mit dem Meßgerät M während einer Zeitspanne Δt in Wechselwirkung gestanden hat und dadurch in einer sehr komplizierten Weise mit dem Meßgerät verbunden bleibt, ist es nötig, das Objekt wieder vom Meßgerät zu isolieren. Diese Trennung hatten wir als Schnitt bezeichnet. Weiter hatte sich gezeigt, daß dieser Schnitt notwendig mit einem Verlust an Information verbunden ist. Der Zustand des Systems geht über in ein Gemenge, so daß man über die Meßwerte des Objekts nur noch Wahrscheinlichkeitsaussagen machen kann.

Diese Schwierigkeit legt natürlich den Gedanken nahe, daß man die Unschärfe dadurch vermeiden kann, daß man den Schnitt zwischen dem Objektsystem S und dem Meßgerät gar nicht macht. Dann bestände die Aufgabe darin, das Gesamtsystem $S + M$ in bezug auf die Eigenschaft A zu messen, d.h. festzustellen, welcher der Zustände $|A_k\rangle\,|\Phi_{A_k}\rangle = |\Psi_k'\rangle$ vorliegt. Das wäre aber nur mit einem zweiten Meßgerät M' möglich. Für die Wirkungsweise dieses zweiten Instruments gelten aber dieselben Überlegungen wie bisher.

Geht man nämlich von P_{ψ}' aus, so gewinnt man eine Aussage über den Zustand $|\Psi_k'\rangle$ von $(S + M)$ nur dadurch, daß man zwischen $S + M$ und M' einen Schnitt legt, der dann das Gemisch $W\Psi' = \Sigma\,|\,\Psi_k'\rangle\langle\Psi_k'\,|\,c_{kk}$ erzeugt. Das ist der Schritt, der in der Darstellung des Meßprozesses (S. 115) dem Übergang $P\Psi' \to W\Psi'$ entspricht und den wir Objektivierung genannt haben. Wie oben bemerkt, enthält aber das Gemisch $W\Psi'$ die gleichen Unschärfen wie der Operator W_{φ} der sich auf das System S bezieht.

Es ist also für das Resultat einer Messung ganz belanglos, ob man von $P\Psi'$ durch Abstraktion vom Meßinstrument direkt zu W_{φ} übergeht und dadurch ein Gemisch erzeugt oder ob man zunächst $S + M$ gemeinsam durch ein zweites Meßgerät M' beobachtet. Denn auch von M' muß man einmal abstrahieren, wenn man eine Information über $S + M$ erhalten will und bei dieser Abstraktion entstehen die gleichen Unbestimmtheiten wie vorher. Diese Tatsache, daß es in gewisser Hinsicht gleichgültig ist, ob man den Schnitt zwischen S und M oder zwischen $S + M$ und M' legt, bezeichnet man als die Verschieblichkeit des Schnittes. Wesentlich für den Meßvorgang ist nur, daß dieser Schnitt irgendwo zwischen dem Objekt und dem erkennenden Subjekt einmal gemacht wird. An welcher Stelle das geschieht, ist für den Ausgang des Meßproblems dagegen unerheblich.

Die bisherigen Überlegungen haben nicht gezeigt, wie nun eigentlich der Schnitt vor sich geht, d.h. wieso im Verlauf der Messung Information verlorengeht, so daß der Meßprozeß ein irreversibler Vorgang wird. Denn durch die Wechselwirkung mit dem Meßgerät wird über den tatsächlichen Wert von A nichts entschieden. Die ursprünglich vorhandene Information wird während des ganzen Wechselwirkungsvorganges konserviert und steht am Ende dieses Vorgangs noch vollständig zur Verfügung.

Es erhebt sich daher die Frage, wie im Anschluß an die Aufnahme die Objektivierung der Zustände $|\Phi_{A_i}\rangle|A_i\rangle$ bzw. der Schnitt tatsächlich erfolgen soll. Es sind dafür verschiedene Erklärungen vorgeschlagen worden, die wir hier kurz besprechen wollen.

a) Die Interpretation des Schnitts als eines subjektiven Vorganges:

Die Entscheidung darüber, welcher der Zustände $|\Psi_i'\rangle$ nach der Aufnahme realisiert ist, kann nur dadurch getroffen werden, daß der Beobachter als erkennendes Subjekt mit in die Betrachtung einbezogen wird. Das Wegstreichen der Interferenzen in dem Teil der Messung, den wir Objektivierung genannt haben, hat nur dann einen Sinn, wenn ein menschlicher Beobachter feststellt, daß z.B. der Zustand $|A_k\rangle|\Phi_{A_k}\rangle$ realisiert ist. Denn dann ist es sinnvoll, die nicht realisierten Fälle und damit selbstverständlich auch die Interferenzterme wegzustreichen. Der Übergang zu dem Objektzustand $|A_k\rangle$ ist dann vollkommen unproblematisch.

Gegen diese Interpretation kann der Einwand gemacht werden, daß hier dem erkennenden Subjekt bzw. dem Akt der Kenntnisnahme eine Funktion zugeschrieben wird, die vollkommen außerhalb der physikalischen Möglichkeiten steht. Denn solange $|\Psi'\rangle$ vorliegt und nicht ein Gemisch $W\Psi'$, ist es objektiv unentschieden, welcher Zustand $|\Psi_k'\rangle$ realisiert ist. Die Annahme, daß zwar ein bestimmtes $|\Psi_k'\rangle$ vorliegt und nur der Beobachter darüber nichts weiß, führt, wie im folgenden Kapitel gezeigt wird, sofort zu logischen Widersprüchen.

Weiterhin kann aber vom Beobachter nur das zur Kenntnis genommen werden, was bereits feststeht. Denn der Akt der Kenntnisnahme muß physikalisch in einer Wechselwirkung zwischen $(S+M)$ und dem Gehirn des Beobachters bestehen. Wenn aber durch die Wechselwirkung von S mit M die Interferenzterme nicht verschwunden sind, so werden sie auch durch Wechselwirkung mit dem Gehirn nicht verschwinden. Es wird also auch im Gehirn noch eine Superposition und kein Gemisch vorliegen, und daher wird der Beobachter gar nicht das subjektive Empfinden haben, etwas Bestimmtes wahrgenommen zu haben. Statt dessen wird er, etwa bei Betrachtung eines Youngschen Interferenzversuches mit einem Photon, gar nicht entscheiden können, ob das Photon durch den einen oder durch den anderen Spalt gegangen ist, da seine Eindrücke darüber ständig wechseln[1].

Der Akt der Kenntnisnahme kann sich also nur auf eine Situation beziehen, in der gewisse Fakten objektiv feststehen, die dem Beobachter aber nur teilweise, etwa in Form von Wahrscheinlichkeiten, bekannt sind. Eine solche Situation ist aber ein Gemisch, in diesem Falle also W_{ψ}'. Sind dagegen die Interferenzterme noch vorhanden, wie in P_{ψ}', so besteht keine reale Möglichkeit, die Ablesung vorzunehmen. Die Interferenzterme werden vielmehr die

---

[1] Daß dieser Fall der Interferenz von Eindrücken praktisch nie eintritt, hängt, wie die folgenden Überlegungen zeigen werden, damit zusammen, daß die Sinnesorgane und das Gehirn des Menschen auf Grund ihrer physikalischen Eigenschaften eine Rückinterferenz praktisch unmöglich machen. Prinzipiell kann dieser Fall aber nie ausgeschlossen werden.

Ablesung geradezu verhindern, da etwas nur dann zur Kenntnis genommen werden kann, wenn es feststeht.

Es scheint somit, als sei der Akt der Kenntnisnahme nicht geeignet, die Interferenzterme zu beseitigen. Da Messungen aber tatsächlich gemacht werden können, muß es infolgedessen einen anderen Mechanismus geben, der die Umwandlung in ein Gemisch vollzieht. In dem Versuch, einen solchen Mechanismus anzugeben, besteht die Interpretation des Schnittes als eines objektiven Vorganges.

b) Diese Interpretation geht davon aus, daß das Meßgerät im allgemeinen makroskopische Dimensionen hat, d. h. aber etwa 10^{20} verschiedene Freiheitsgrade besitzt. Selbst wenn das Meßinstrument zu Beginn der Messung in einem Zustand $| \Phi \rangle$ war, werden während der Wechselwirkung mit dem Objektsystem nahezu alle Freiheitsgrade für den Gesamtzustand wichtig. Die Wahrscheinlichkeit dafür, daß dieser Zustand des Systems, der sich jetzt in einem sehr hochdimensionalen Zustandsraum befindet, ohne besondere Eingriffe wieder in den einfachen Anfangszustand übergeht, ist um so kleiner, je größer die Anzahl der Freiheitsgrade ist. Entsprechend klein ist auch die Wahrscheinlichkeit für die Möglichkeit einer Rückinterferenz der Objektzustände, da diese nur bei vollständiger Restauration des Meßinstruments möglich ist. Ist das Meßinstrument hinreichend groß, d. h., hat es makroskopische Dimensionen, so werden die Interferenzterme beliebig klein werden und daher praktisch nie eine Rolle spielen. Die Möglichkeit der Rückinterferenz wird somit nicht durch die Kenntnisnahme des Beobachters zerstört, sondern durch die Wechselwirkung zwischen dem Objekt und dem Meßgerät. Der Meßprozeß ist daher bereits auf Grund der physikalischen Vorgänge als ein irreversibler Prozeß anzusehen. Das Ergebnis der Messung steht fest, schon ehe man es beobachtet hat. Die Kenntnisnahme des Beobachters ist für den Ausgang des Meßprozesses belanglos[1].

Diese Situation kann anschaulich durch ein auf SCHRÖDINGER zurückgehendes Gedankenexperiment erläutert werden: In einem geschlossenen Kasten befinde sich ein radioaktives Atom, ein Zähl-

[1] Zur Vernichtung der Interferenzen ist es dabei keineswegs erforderlich, Photoplatten oder andere Registriergeräte zu verwenden. Bereits die Sinnesorgane und das Gehirn des Beobachters sind von den Größenordnungen, die eine Rückinterferenz nahezu unmöglich machen. Das erklärt die oben gemachte Bemerkung, daß eine Interferenz von Sinneseindrücken praktisch nie auftreten kann.

rohr, das beim Ansprechen einen Hebel auslöst, der einen Glasbehälter mit Zyanwasserstoff zerschlägt, und eine Katze. Die Frage, ob einige Stunden nach dem Aufbau der Versuchsanordnung die Katze tot oder lebendig ist, kann in der Quantentheorie zunächst nicht beantwortet werden. Der wirkliche Zustand der Katze wird vielmehr einer Superposition aus dem Zustand des Totseins und dem des Lebendigseins entsprechen. Im Sinne der subjektivistischen Interpretation des Schnittes kann erst durch die Beobachtung entschieden werden, ob die Katze tot oder lebendig ist.

Die objektivistische Interpretation weist an Hand dieses Beispiels darauf hin, daß die Anwendung quantenmechanischer Begriffe hier nicht mehr sinnvoll ist. Die Katze ist als ein makroskopischer Gegenstand, der hier zur Messung des radioaktiven Zerfalls verwendet wird, schon längst in einem Gemisch, ehe irgendein Beobachter den Kasten öffnet. Denn das Totsein der Katze ist der Endzustand eines makroskopisch irreversiblen Prozesses, der nicht mehr mit dem des Lebendigseins interferieren kann. Die Irreversibilität desjenigen Teiles des Meßprozesses, der allein durch objektiv-physikalische Vorgänge erklärt werden kann, ist in diesem Beispiel besonders deutlich.

Trotz dieses suggestiven Beispiels muß aber gegen diese Interpretation eingewandt werden, daß kein physikalischer Prozeß, auch wenn er so irreversibel zu sein scheint wie der des Sterbens einer Katze, die Interferenzterme exakt zu Null machen kann. Denn im Prinzip bleibt die gesamte Information, die der Beobachter zu Beginn des Meßprozesses besessen hat, während des Meßvorgangs erhalten. Eine Entropievermehrung findet daher nicht statt und somit auch keine Umwandlung eines Zustandes in ein Gemisch.

Diese Schwierigkeiten, die eine Interpretation des Schnittes als eines subjektiven bzw. objektiven Vorganges unmöglich zu machen scheinen, führen zu einem weiteren Erklärungsversuch, der den Schnitt als einen gedanklichen Vorgang interpretieren möchte.

c) Diese Interpretation geht davon aus, daß die Interferenzterme weder rein subjektiv noch durch rein objektive Vorgänge zum Verschwinden gebracht werden können. Erinnert man sich aber des ursprünglichen Zweckes des Schnittes, so bestand dieser darin, eine Aussage über das Objekt allein zu machen, ohne auf das Meßgerät weiterhin Bezug nehmen zu müssen. Diese Abstraktion vom Meßinstrument ist aber zunächst ein rein gedanklicher Vorgang: Um eine Trennung des Objekts vom Meßgerät zu erreichen und dadurch eine Aussage über das Objekt allein machen zu können, verzichtet der Beobachter auf die in den Interferenztermen enthaltene Information. Die Folge dieses freiwilligen Verzichts ist ein Verlust an Information, der sich im Auftreten von Wahrscheinlichkeiten ausdrückt, d.h. das System $P\Psi'$ geht durch den Schnitt in ein Gemisch $W\Psi'$ über.

Diese Interpretation lehnt sich sehr eng an die mathematische Beschreibung des Schnitt-Vorganges an. Tatsächlich werden durch die Operation der Verkürzung genau die Teile der in $P_{\psi'}$ enthaltenen Information herausprojiziert, die sich auf das Objekt allein beziehen. Derjenige Teil der Information, der sich auf die Korrelation zwischen Objekt und Meßgerät bezieht, wird dagegen, da er zur Kennzeichnung des Objekts allein nicht brauchbar ist, durch die Verkürzungsoperation zerstört.

Auch ist es richtig, daß der Beobachter freiwillig auf gewisse Teile der Information verzichtet, um durch diesen gedanklichen Prozeß eine Isolierung des Objektsystems zu erreichen. Aber ein solcher Verzicht auf das Wissen um die Interferenzfähigkeit des Objektes hat nur dann einen Sinn, wenn das Objekt auch tatsächlich nicht mehr interferenzfähig ist. Andernfalls würde man von einer vollständigen zu einer unvollständigen Beschreibung des Sachverhaltes übergehen, ohne daß von der Sache her dazu eine Berechtigung vorliegt. Denn ein Verzicht auf eine Information ist nur dann sinnvoll, wenn diese keine reale Bedeutung mehr hat.

Es zeigt sich somit, daß auch der rein gedankliche Akt der Abstraktion vom Meßinstrument nicht in der Lage ist, den Vorgang des Schnittes in einer angemessenen Weise zu interpretieren. Tatsächlich greifen die drei besprochenen Interpretationsversuche auch jeweils nur einen Teilaspekt aus dem Gesamtphänomen heraus, und wir werden sehen, daß eine angemessene Interpretation die gesamte, sehr komplexe Situation berücksichtigen muß.

Die Trennung des Objektsystems vom Meßgerät ist zwar ein rein gedanklicher Vorgang, bei dem Information verlorengeht, dieser Vorgang kann jedoch nur dann als sinnvoll bezeichnet werden, wenn bestimmte reale Voraussetzungen gegeben sind. Zu diesen Voraussetzungen gehört, daß ein Meßgerät von makroskopischen Dimensionen verwendet wird. Denn bei einer Wechselwirkung dieses Geräts mit dem Objekt verteilt sich die ursprünglich in kompakter Form vorliegende Information auf die etwa 10^{20} Freiheitsgrade des Meßgeräts und wird dadurch – jedenfalls zu einem gewissen Teil – praktisch unzugänglich. Denn auch die rein rechnerische Verfolgung der komplizierten Gleichungssysteme, die in dem hochdimensionalen Zustandsraum von $S + M$ gegeben sind, liegt vollkommen außerhalb der realen Möglichkeiten. Die Situation nach der Aufnahme ist also die, daß wesentliche Teile der Information infolge der Vergrößerung des Zustandsraumes praktisch als verloren gelten müssen. Weder experimentell noch theoretisch besteht eine realisierbare Möglichkeit, diese Information weiterzuverwenden.

Die Abstraktion vom Meßgerät besteht nun in der gedanklichen Anerkennung dieser Situation. Indem der Beobachter freiwillig auf diejenigen Teile der Information, die praktisch vollkommen unzugänglich sind, verzichtet, isoliert er das Objekt vom Meßgerät. Damit aber verliert der Schnitt alles Gewaltsame. Er ist nichts als die Anerkennung einer Situation, die praktisch bereits vorliegt. Dadurch aber wird es möglich, Aussagen über das Objekt allein und ohne Bezug auf das Meßgerät zu machen.

Aus diesen Überlegungen wird aber klar, daß ein solcher Verzicht auf Information nur dann einen Sinn hat, wenn man Meßgeräte verwendet, die genügend viele Freiheitsgrade besitzen, um sicherzustellen, daß die verlorene Information praktisch nie mehr eine Rolle spielt. Denn nur dann werden die theoretischen Aussagen, die man auf Grund des Schnittes macht, auch in Einklang mit den experimentellen Gegebenheiten stehen. Das bestätigt die von Bohr aufgestellte Forderung, daß physikalische Meßgeräte stets makroskopische Dimensionen haben müssen.

Denn das Ziel des quantenmechanischen Meßprozesses ist die Gewinnung von Aussagen über die Werte einer nicht objektiven Eigenschaft A am System S. Das ist nur erreichbar, wenn der Zustand $|\varphi\rangle$ von S durch Wechselwirkung mit dem Meßgerät in einen Eigenzustand $|A_i\rangle$ von A übergeht. Die Wechselwirkung hat aber zur Folge, daß das Meßgerät in einer Weise, die im allgemeinen nicht rückgängig gemacht werden kann, mit dem Objekt verbunden wird. Eine Trennung von Objekt und Meßgerät durch einen gedanklichen Schnitt ist aber nur dann sinnvoll, wenn das Meßgerät so viele Freiheitsgrade besitzt, daß wesentliche Teile der ursprünglich vorhandenen Information im Verlauf des Wechselwirkungsvorganges praktisch verlorengehen. Der Schnitt ist dann nichts weiter als der Verzicht auf diese Teile der Information, die praktisch ohnehin als verloren gelten müssen. Damit ist eine Entropiezunahme verbunden, die nicht aus den quantentheoretischen Gleichungen hergeleitet werden kann.

Das Auftreten von Gemischen und die damit verbundene Unbestimmtheit der Meßresultate ist also eine notwendige Folge der Tatsache, daß man das Objekt vom Meßgerät isolieren muß. Es ist wichtig zu beachten, daß die quantenmechanischen Unbestimmtheiten nicht durch einen uns unbekannten akausalen Mechanismus hervorgerufen werden, sondern ausschließlich dadurch zustande kommen, daß der Beobachter auf gewisse Teile der ursprünglich vorhandenen Information verzichtet. Die methodische Forderung der Physik, Objekte zu beschreiben, erzwingt somit eine Unbestimmtheit in der Voraussage der Eigenschaften dieser Objekte.

Die Funktion des Beobachters in der Quantentheorie

Die bisherigen Betrachtungen über den Meßprozeß ermöglichen es, die Frage zu beantworten, inwiefern in der quantenmechanischen Beschreibung der Wirklichkeit dem Beobachter eine besondere Funktion zukommt und dadurch die Theorie subjektive Elemente enthält, die in der klassischen Physik noch unbekannt waren.

Die Beschreibung eines physikalischen Systems durch seinen Zustand $|\varphi\rangle$ ist die vollständigste Beschreibung eines Systems, die im Rahmen der Quantentheorie möglich ist. Es scheint zunächst, als sei diese Charakterisierung aber keine objektive Beschreibung der Wirklichkeit, denn die Zerlegung von $|\varphi\rangle$ nach den Zuständen $|A_i\rangle$

$$|\varphi\rangle = \sum_i |A_i\rangle\langle A_i|\varphi\rangle$$

enthält Koeffizienten $\langle A_i|\varphi\rangle$, die wir oben mit den Wahrscheinlichkeiten $w_\varphi(A_i) = |\langle A_i|\varphi\rangle|^2$ für das Antreffen des Wertes A_i in Verbindung gebracht haben. Wahrscheinlichkeiten sind aber Aussagen über das Wissen des Subjekts vom Objekt. Insofern liegt es nahe zu vermuten, daß $|\varphi\rangle$ keine objektive Beschreibung des Systems S ist, sondern daß $|\varphi\rangle$ eine Aussage über das Wissen des Beobachters vom Objekt darstellt.

In dieser Form ist die Behauptung jedoch nicht ganz richtig. Die Tatsache, daß $|\varphi\rangle$ der Zustand des Systems ist, ist eine objektive Eigenschaft von S in dem Sinne, daß der Operator $P_\varphi = |\varphi\rangle\langle\varphi|$ den Meßwert 1 besitzt und nicht 0. Die Koeffizienten $\langle A_i|\varphi\rangle = \varphi(A_i)$ sind nichts anderes als eine spezielle Darstellung des Zustandes $|\varphi\rangle$ und besagen in ihrer Gesamtheit nichts weiter, als daß das System S sich eben in diesem Zustand $|\varphi\rangle$ befindet. $|\varphi\rangle$ bzw. P_φ ist daher als eine objektive Beschreibung des Systems S aufzufassen.

In bezug auf die mögliche Messung einer nicht objektiven Größe A mit den Meßwerten A_i erhält man dagegen aus $|\varphi\rangle$ Wahrscheinlichkeitsaussagen $w_\varphi(A_i) = |\langle A_i|\varphi\rangle|^2$, d. h. Aussagen, die explizit das Wissen des Beobachters betreffen. Diese Wahrscheinlichkeiten beziehen sich aber nicht auf das Wissen von dem im Zustande $|\varphi\rangle$ befindlichen Objekt, sondern auf das Wissen des Beobachters vom Objektsystem, wie es nach einem Meßprozeß für die Größe A, aber vor der Ablesung, beschaffen sein wird.

Die Wahrscheinlichkeitsaussagen beziehen sich also gar nicht auf den reinen Fall P_φ, sondern auf das Gemisch W_φ. Der statistische Operator W_φ ist aber insofern eine Aussage über das Wissen des Beobachters vom Objekt, als bei dem Übergang $P_\psi' \to W_\varphi$, also dem Schnitt, Information verlorengegangen ist. Dieser durch den Schnitt verursachte Informationsverlust ist der Grund, warum in der Quantentheorie Wahrscheinlichkeiten, d. h. aber Aussagen über das Wissen des Beobachters vorkommen. Das subjektive Element, das in dieser Weise in quantenmechanische Theorie eingeht, ist aber nicht wesentlich verschieden von derjenigen Subjektivität, die bereits aus der statistischen Mechanik bekannt ist. Der einzige, allerdings wesentliche Unterschied ist der, daß sich in der klassischen Physik statistische Aussagen jedenfalls im Prinzip stets vermeiden lassen. In der Quantentheorie dagegen ist wegen der Schwierigkeiten, die die Trennung des Objektes vom Meßgerät bereitet, das statistische Element prinzipiell nicht zu vermeiden.

Solange aber eine Messung der Größe A noch nicht vorgenommen worden ist und das System sich noch im Zustand $|\varphi\rangle$ befindet, enthält die Beschreibung von S keinerlei subjektive Züge. Die Koeffizienten $\langle A_i|\varphi\rangle$ sagen nichts anderes aus als eben das Vorliegen von $|\varphi\rangle$. Die Interpretation der Größen $|\langle A_i|\varphi\rangle|^2$ als Wahrscheinlichkeiten für das Vorliegen von A_i ist in diesem Stadium noch nicht möglich. Denn bereits die hypothetische Annahme, daß man die nicht objektive Observable A dem im Zustand $|\varphi\rangle$ befindlichen System in der Weise zuordnen kann, daß zwar einer der Werte A_i vorliegt, der Beobachter darüber aber nur Wahrscheinlichkeitsaussagen $|\langle A_i|\varphi\rangle|^2$ machen kann, führt zu logischen Widersprüchen, wie im folgenden Kapitel gezeigt werden wird. Von einer bestimmten Eigenschaft E_{A_i}, die dem Operator $P_{A_i} = |A_i\rangle\langle A_i|$ entspricht, kann man nämlich im Zustand $|\varphi\rangle$ weder behaupten, daß sie vorliegt, noch daß sie nicht vorliegt, da beide Behauptungen zu Widersprüchen führen. Die im folgenden Kapitel durchgeführte Untersuchung des Substanzproblems, insbesondere der Frage der Objektivierbarkeit von Eigenschaften, wird dies deutlich machen.

IV. DER SUBSTANZBEGRIFF

Die physikalischen Bedingungen der Erkenntnis atomarer Systeme haben zur Folge, daß dem jeweils beobachteten Gegenstand nicht alle meßbaren Eigenschaften in der gleichen Weise zukommen. Die philosophisch relevante Formulierung dieses Sachverhaltes steht im Zusammenhang mit einer Kritik des traditionellen Begriffs der Substanz: Der Anwendbarkeit der Substanzkategorie auf das physikalische Geschehen sind unter bestimmten Umständen Schranken gesetzt, die durch die Möglichkeiten der Erkenntnis selbst gesetzt werden. Die Diskussion des Begriffes Objektivierbarkeit zeigt explizit die Unmöglichkeit, alle meßbaren Observablen auf ein wohldefiniertes Objekt zu beziehen.

Der Substanzbegriff in der klassischen Physik

Der Begriff der Substanz stammt ursprünglich aus der Philosophie des ARISTOTELES. In der Form, in der er für die neuzeitliche Naturwissenschaft bedeutsam geworden ist, ist er zuerst von DESCARTES diskutiert worden. DESCARTES stellte die Frage, was denn das „Wachs" selber sei, wenn seine Eigenschaften wechseln[1], und er kommt zu dem Ergebnis, daß das „Wachs" verschieden ist von allem, was die Sinne wahrnehmen, und nur denkend erfaßt werden kann. Während die wahrnehmbaren Eigenschaften des Wachses, die Akzidenzien, sich wandeln, bleibt das Wachs als solches unverändert, ist aber der direkten Wahrnehmung nicht zugänglich.

Die Zuordnung der Akzidenzien auf eine Substanz hin ist also ein intellektueller Vorgang. Das Wachs ist das, was im Wandel der Erscheinungsformen perenniert, es ist das, worauf wir die wechselnden Eigenschaften beziehen, sie also objektivieren.

Es ist bereits an dieser Stelle klar, daß der Substanzbegriff im wesentlichen ein Gesichtspunkt ist, Erscheinungen zu ordnen und zusammenzufassen. Der Verdacht, daß unser Sprechen über die Dinge in der Form, daß ein Prädikat P einem Subjekt S zukommt, der Anlaß dafür ist, demjenigen S, auf das all die Prädikate bezogen werden, ein eigenes Sein zuzuordnen, taucht erstmalig bei HUME

---

[1] Descartes, Meditatio II, 11

auf. Hume hält infolgedessen den Begriff der Substanz für einen Irrbegriff, weil ihm nichts in unserer Erfahrung entspricht: „Unser Hang die Identität mit der Beziehung zu verwechseln, ist groß genug, um den Gedanken in uns entstehen zu lassen, es müsse neben der Beziehung noch etwas Unbekanntes und Geheimnisvolles sein, das die zueinander in Beziehung stehenden Elemente verbinde.“ „So sieht sich auch hier die Einbildungskraft veranlaßt, ein unbekanntes Etwas, oder eine ursprüngliche Substanz der Materie zu erdichten, und hierin das die Einheit oder den Zusammenhang der Erscheinungen herstellende Prinzip zu sehen“[1]. Gegen diese These Humes wendet Kant ein, daß die Substanz eine Kategorie (der Relation zwischen Inhärenz und Subsistenz) und als solche eine der Bedingungen sei, unter denen überhaupt erst Dinge in der Erfahrung auftreten können. Erst durch die Interpretation der Erscheinungen als zeitlich veränderliche Akzidenzien einer Substanz entstehen in unserer Erfahrung Dinge. In Hinblick auf diese die Erfahrung überhaupt erst konstituierende Funktion der Substanzkategorie sollte aber die Identifizierung einer im Wechsel der Erscheinungen perennierenden Substanz jedenfalls im Prinzip stets möglich sein. Es sollte also möglich sein, alle in der Erfahrung auftretenden Eigenschaften eines Dinges widerspruchslos auf eine Substanz zu beziehen, die trotz der Veränderungen der Akzidenzien in der Zeit beharrt. Dies kommt bei Kant im Grundsatz der Beharrlichkeit der Substanz zum Ausdruck – einem der synthetischen, aber a priori gültigen Sätze: „Alle Erscheinungen enthalten das Beharrliche (Substanz) als den Gegenstand selbst, und das Wandelbare, als dessen bloße Bestimmung, d. i. eine Art, wie der Gegenstand existiert“[2]. Während der Humesche Empirismus behauptet, daß der Bezug aller möglichen Eigenschaften auf eine Substanz („ein unbekanntes Etwas“[3]) stets möglich, aber völlig nichtssagend sei, ist Kant hier vorsichtiger, indem er diese Möglichkeit nur für Gegenstände der Erfahrung, für diese aber a priori behauptet. Kant sagt nirgends, daß alle beliebigen Erscheinungen zu Gegenstandserfahrungen geordnet werden können, aber er behauptet, daß dann, wenn dies nicht möglich ist, auch keinerlei Erkenntnisse vorliegen.

Die Begründung des Satzes von der Beharrung der Substanz muß von den Bedingungen der Möglichkeit der Erfahrung, in diesem Fall also von der Rolle der Substanzkategorie bei der Zusammenfassung

---

[1] Hume, Treatise IV, 9, 6

[2] Kant, Kr. d. r. V. Aufl. A. S. 182

[3] Hume, Treatise IV, 6

der Erscheinungen zu Gegenständen der Erfahrung ausgehen. Das hängt zusammen mit der allgemeinen Fragestellung, „wie reine Verstandesbegriffe auf Erscheinungen überhaupt angewandt werden können“[1]. Die vermittelnde Vorstellung, die einerseits mit der Kategorie, andererseits mit der Erscheinung in Gleichartigkeit stehen muß, bezeichnet KANT, wie schon erwähnt, als das transzendentale Schema und setzt auseinander, daß das Schema der reinen Verstandesbegriffe die transzendentale Zeitbestimmung sei. Für die Kategorien der Relation (Substanz, Kausalität, Wechselwirkung) bedeutet das, daß die Schemata dieser Kategorien diejenigen Zeitbestimmungen sind, die sich auf die Zeitordnung der Erscheinungen beziehen. Speziell von der Substanz heißt es dann: „Das Schema der Substanz ist die Beharrlichkeit des Realen in der Zeit.“[2] Dieser Bezug auf die Zeit kommt auch in der Formulierung des Substanzerhaltungssatzes in der zweiten Auflage noch stärker zum Ausdruck: „Bei allem Wechsel der Erscheinungen beharrt die Substanz, und das Quantum derselben wird in der Natur weder vermehrt noch vermindert“.[3] Die A-priori-Gültigkeit dieses Satzes beruht dann darauf, daß die Existenz von Dingen in unserer Erfahrung bereits die im Wechsel der Erscheinungen beharrende Substanz voraussetzt: „So ist demnach die Beharrlichkeit (der Substanz) eine notwendige Bedingung, unter welcher allein Erscheinungen, als Dinge oder Gegenstände, in einer möglichen Erfahrung bestimmbar sind.“[4] „Diese Beharrlichkeit (der Substanz) ist indes doch weiter nichts, als die Art, uns das Dasein der Dinge (in der Erscheinung) vorzustellen.“[5]

Immer dann wenn es möglich ist, Erscheinungen zu Erfahrungen von Dingen zusammenzufassen, indem man sie als die möglichen Akzidenzien auf eine Substanz bezieht, die im Wechsel der Erscheinungen unverändert bleibt, gilt somit der Satz von der Beharrung der Substanz. Umgekehrt ist jedoch die zufällige Unveränderlichkeit einer Eigenschaft, z. B. einer Erhaltungsgröße, noch keineswegs hinreichend, um diese als die Substanz des Gegenstandes zu interpretieren. Denn die Begriffe der zeitlichen Veränderung und der Beharrung sind ohne Bezugnahme auf die Substanz gar nicht definiert. Beharrung ist, wie KANT bemerkt, die Weise, wie Substanz in der Erscheinung auftritt. „Der Zeit also, die selbst unwandelbar und bleibend ist, korrespondiert in der Erscheinung das Unwandelbare im Dasein, d. i. die Substanz, und bloß an ihr kann die Folge und das

[1] Kant, Kr. d. r. V. Aufl. B. S. 177 [2] l. c. S. 183 [3] l. c. S. 224 [4] l. c. S. 232
[5] l. c. S. 229

Zugleichsein der Erscheinungen der Zeit nach bestimmt werden."[1] Die A-priori-Gültigkeit des Satzes von der Substanzerhaltung erklärt sich dann aus dieser Verbindung des Substanzbegriffes mit der Zeit. Eine beliebige Eigenschaft jedoch, die sich auf Grund physikalischer Gesetze im Laufe der Zeit nicht ändert, ist noch keineswegs als Substanz anzusehen, da die Unveränderlichkeit einer Erscheinung ja eben nur besagt, daß sie bezogen auf die Substanz keine Änderung erfährt. Das kommt auch darin zum Ausdruck, daß die in einem physikalischen Prozeß jeweils wichtigen Erhaltungssätze im allgemeinen nicht als a priori gültig angesehen werden können.

Die Konstanz einer bestimmten Eigenschaft reicht daher keineswegs hin, um auf eine Konstanz des Trägers dieser Eigenschaft zu schließen. Bei KANT heißt es in diesem Zusammenhang: „Was wir auch nur an der Materie kennen, sind lauter Verhältnisse ...; aber es sind darunter selbständige und beharrliche, dadurch uns ein bestimmter Gegenstand gegeben wird."[2] Die Möglichkeit, einen bestimmten Gegenstand durch Eigenschaften als solchen zu charakterisieren, ist somit durch die Erhaltungsgrößen durchaus gegeben, nicht notwendig jedoch die einer Substanzialisierung dieses Gegenstandes. Für den Substanzbegriff entscheidend ist vielmehr die Möglichkeit, jede beliebige Eigenschaft eines Dinges widerspruchslos auf eine Substanz beziehen zu können. Erst aus dieser Funktion der Substanzkategorie erklärt sich der Satz von der Beharrung der Substanz, der aber, wie erwähnt, nicht als ein Erhaltungssatz im physikalischen Sinne interpretiert werden darf. Durch die Beharrung der Substanz wird vielmehr überhaupt erst erklärt, was unter einer zeitlichen Veränderung bzw. Beharrung zu verstehen ist.[3]

Dieser Substanzbegriff kann auf alle Dinge unserer Erfahrung angewendet werden, da Gegenstände der Erfahrung nur durch die Anwendung der Substanzkategorie auf das Mannigfaltige der Wahr-

---

[1] l. c. S. 183 [2] l. c. S. 341; cf. S. 321

[3] Im Hinblick auf Kants Erläuterungen zum Substanzgesetz („Ein Philosoph wurde gefragt ..." l. c. S. 228) ist es jedoch naheliegend, die Erhaltungsgrößen mit dem bei Kant nicht näher gekennzeichneten „Quantum der Substanz" in Zusammenhang zu bringen. C. F. v. Weizsäcker hat in einer genauen Untersuchung dieser Frage [„Kants erste Analogie der Erfahrung und die Erhaltungssätze der Physik" in „Argumentationen", Festschrift für Josef König, Göttingen 1965] deutlich gemacht, daß – vom Standpunkt der heutigen Physik gesehen – insbesondere der aus der Zeit-Translationsinvarianz der Naturgesetze folgende Energiebegriff (im Sinne der speziellen Relativitätstheorie) im Rahmen der Kantschen Begriffsbildung dem „Quantum der Substanz" entspricht.

nehmungen zustande kommen. „Dinge“ stehen dabei, wie KANT bemerkt, immer unter dem Grundsatz der „durchgängigen Bestimmung“[1], d.h. von allen Eigenschaften kommt ihnen entweder diese oder ihr Gegenteil zu. Da, wie wir wissen, die Objekte der klassischen Physik stets „durchgängig bestimmt“ sind, d. h. jede beliebige Eigenschaft an ihnen gemessen werden kann, steht einer Anwendung des Substanzbegriffes auf Gegenstände der klassischen Physik nichts im Wege. Die Ordnung der Phänomene innerhalb der klassischen Physik kann somit stets mit Hilfe dieser Kategorie erfolgen.

Es wird sich jedoch zeigen, daß der Anwendbarkeit dieses Substanzbegriffes innerhalb der Atomphysik bestimmte Grenzen gesetzt sind, die durch die physikalischen Bedingungen der Möglichkeit der Erfahrung, d. h. durch die Gesetze der Meßinstrumente, gegeben sind.

Der Substanzbegriff in der Quantentheorie

Die Reflexion auf die physikalischen Bedingungen, unter denen allein experimentelle Ergebnisse gewonnen werden können, hat gezeigt, daß an einem quantentheoretischen System nur die jeweils kommensurablen Eigenschaften gemessen werden können, ohne daß das System durch diese Messung beeinflußt wird. Die Gesamtheit der so gemessenen Eigenschaften wird symbolisch durch den Zustandsvektor $|\varphi\rangle$ bzw. den auf $|\varphi\rangle$ projizierenden Projektionsoperator P_φ gekennzeichnet.

Sieht man zunächst einmal von der Möglichkeit ab, nicht objektive Eigenschaften durch einen Meßprozeß zu messen bzw. über dessen Ausgang Wahrscheinlichkeitsaussagen zu machen, so stehen für die unmittelbare Beobachtung nur die objektiven Eigenschaften zur Verfügung. Die Anwendung der Substanzkategorie auf diese Eigenschaften, d. h. die Zusammenfassung der entsprechenden Erfahrungen zu Gegenständen, bereitet zunächst keinerlei Schwierigkeiten. Die Gesamtheit der jeweils kommensurablen Eigenschaften läßt sich stets auf ein bestimmtes Objektsystem beziehen, welches dann durch den zugehörigen Zustandsvektor (in der HEISENBERG-Darstellung) repräsentiert werden kann. Die Verhältnisse in der Quantentheorie sind im Hinblick auf die verwendeten Begriffsbildungen sogar durchsichtiger als in der klassischen Physik. Die Theorie führt durch den Zustand $|\varphi\rangle$ ein eigenes Symbol für die

[1] l. c. S. 599

Substanz ein, während in der klassischen Mechanik der Gegenstand, auf den sich die Observablen beziehen, meist nur durch einen an diese Größe angehängten Index gekennzeichnet wird.

Der durch den Zustand $|\varphi\rangle$ erklärte ,,quantentheoretische Substanzbegriff" besitzt zunächst wesentliche Merkmale des traditionellen Substanzbegriffes. Der Zustand $|\varphi\rangle$ perenniert in der Zeit, während die Observablen als Akzidenzien der Substanz sich in der Zeit ändern. Die jeweils objektiven Eigenschaften können ohne Schwierigkeit auf den Zustand $|\varphi\rangle$ in dem Sinne bezogen werden, daß diese Eigenschaften dem durch $|\varphi\rangle$ gekennzeichneten System entweder zukommen oder nicht. An Hand dieses quantenmechanischen Substanzbegriffes läßt sich auch sehr deutlich der Unterschied zwischen der Substanz an einer beliebigen Erhaltungsgröße klarmachen: Die Tatsache, daß $|\varphi\rangle$ bzw. P_φ sich zeitlich nicht ändert, ist nicht als Erhaltungssatz anzusehen, sondern die zeitliche Konstanz von $|\varphi\rangle$ definiert überhaupt erst, was eine zeitliche Veränderung ist.[1]

Nur in einem Punkte weicht der hier verwendete Substanzbegriff von dem der klassischen Physik ab: Er ist nicht Träger aller meßbaren Eigenschaften, sondern nur derjenigen (objektiven) Eigenschaften, die am System ohne Änderung des Zustandes $|\varphi\rangle$ gemessen werden können. Der in dieser Weise eingeschränkte Substanzbegriff steht aber zunächst nicht in Einklang mit dem in der klassischen Physik und dem in der philosophischen Tradition verwendeten Begriff des Dinges. So heißt es etwa bei KANT: ,,Ein jedes Ding . . . steht noch unter dem Grundsatze der durchgängigen Bestimmung, nach welchem ihm von *allen möglichen* Prädikaten der Dinge, sofern sie mit ihren Gegenteilen verglichen werden, eines zukommen muß."[2] Eben das ist für ,,Dinge" der Quantenmechanik nicht der Fall. Es ist aber nicht zu sehen, inwiefern sich diese durch die Beschränkung unserer Erkenntnismittel wichtig gewordene Einschränkung des Substanzbegriffes nachteilig auswirken sollte. Die die Erfahrung überhaupt erst konstituierende Funktion der Substanzkategorie wird dadurch ebensowenig eingeschränkt wie die A-priori-Gültigkeit des aus dieser Funktion folgenden Satzes von der Beharrung der Substanz.

[1] Zu jedem Zustand $|\varphi\rangle$ gehören dann allerdings im allgemeinen einige Erhaltungsgrößen, nämlich diejenigen in Bezug auf $|\varphi\rangle$ objektiven Größen, die sich zeitlich nicht ändern. In Analogie zu der oben (S. 130, Fußnote [4]) verwendeten Terminologie könnte man diese Größen als das ,,Quantum der quantentheoretischen Substanz" bezeichnen.

[2] l. c. S. 599

Wesentliche Schwierigkeiten entstehen dagegen, wenn man diesen aus den Möglichkeiten der Erkenntnis gefolgerten Substanzbegriff in dem Sinne zu erweitern sucht, daß man ihn wie in der klassischen Physik als Träger aller überhaupt meßbaren Eigenschaften auffaßt. Es wird sich nämlich zeigen, daß dann die für die Substanzkategorie entscheidende Funktion, verschiedene Eigenschaften auf ein Objekt zu beziehen und sie dadurch zu objektivieren, gerade verlorengeht.

Es gibt zunächst verschiedene Gründe, einen in dieser Weise erweiterten uneigentlichen quantenmechanischen Substanzbegriff einzuführen. Ist etwa das betrachtete System ein Elementarteilchen, z. B. ein Proton, so wird bei allen zeitlichen Veränderungen, die die Eigenschaften nach der SCHRÖDINGER-Gleichung erfahren, auch wenn diese nicht kommensurabel sind, das Proton als Proton erhalten bleiben. Unverändert bleiben seine Ruhmasse, seine Ladung und sein Spin, also diejenigen Eigenschaften, die das Proton als Proton ausweisen. Auch eine Änderung des Zustandsvektors durch einen Meßprozeß ändert an diesen Eigenschaften nichts. Da andererseits jede Eigenschaft durch einen Meßprozeß an dem System gemessen werden kann, liegt es nahe, nicht nur die jeweils objektiven, sondern alle überhaupt meßbaren Eigenschaften auf das Proton zu beziehen. Dem entspricht auch die in der Physik übliche Redeweise, die völlig im Sinne der klassischen Physik von einem Proton als einem Gegenstand spricht, dem die verschiedenen Eigenschaften zugeordnet werden können.

Die uneingeschränkte Verwendung eines Substanzbegriffes, der sich in dieser Weise aus dem naiven Gebrauch der Umgangssprache innerhalb der Physik herleitet, führt jedoch zu ernsthaften Schwierigkeiten. Aus der genauen Kenntnis der physikalischen Bedingungen, unter denen objektive und nicht objektive Eigenschaften tatsächlich gemessen werden können, wird sich nämlich ergeben, daß es nicht möglich ist, alle Eigenschaften widerspruchslos auf den uneigentlichen Substanzbegriff zu beziehen. Dieses Problem, die sog. Objektivierbarkeit, wird in dem folgenden Abschnitt genauer besprochen werden. Die Möglichkeit, gewisse Observable zu finden, die beim Wechsel aller Eigenschaften unverändert bleiben (wie z. B. Ruhmasse, Ladung und Spin des Protons), wird dagegen bestehenbleiben. Im allgemeinen werden sich auf Grund der jeweils gültigen Erhaltungssätze sogar noch weitere derartige Größen angeben lassen. Die Existenz von Erhaltungssätzen ist jedoch, wie erwähnt, keineswegs hinreichend, um daraus auf die

Existenz einer Substanz im klassischen Sinne schließen zu können. Die die Erkenntnis von Gegenständen überhaupt erst ermöglichende Funktion der Substanzkategorie, verschiedene Wahrnehmungen als Eigenschaften eines Dinges zu interpretieren, ist dadurch jedenfalls in keiner Weise gegeben.

Objektivierbarkeit

In der bisherigen Betrachtung haben wir ein physikalisches System S durch seinen Zustand $|\varphi\rangle$ charakterisiert. Die Zerlegung dieses Zustandes $|\varphi\rangle$ nach Zuständen $|A_i\rangle$, die zu bestimmten Eigenschaften E_{A_i} gehören, besagte dabei nichts anderes, als daß eben dieser Zustand $|\varphi\rangle$ vorliegt. In bezug auf den Zustand $|\varphi\rangle$ hatten wir eine gewisse Menge $E_1, E_2, \ldots E_N \ldots$ von Eigenschaften als objektiv bezeichnet. Damit war gemeint, daß man mit Hilfe eines Experiments, welches den Zustand $|\varphi\rangle$ des Systems nicht verändert, feststellen kann, ob diese Eigenschaften vorliegen oder nicht. Es besteht infolgedessen keine Schwierigkeit, diese objektiven Eigenschaften auf das Objektsystem in dem Sinne zu beziehen, daß man behauptet, das Objekt habe diese Eigenschaften entweder im positiven oder im negativen Sinne, unabhängig davon, ob darüber bereits eine experimentelle Entscheidung getroffen worden ist. Denn diese Entscheidung stellt keinen physikalischen Eingriff in den Zustand des Objektsystems dar, sondern behebt nur das augenblickliche Unwissen des Beobachters.

Diese Zuordnung von Eigenschaften auf ein physikalisches Objekt wollen wir Objektivierung nennen. Bisher haben wir diese Zuordnung nur im Hinblick auf objektive Eigenschaften untersucht. Es erhebt sich daher die Frage, ob auch alle anderen Eigenschaften, deren Messung mit einer Zustandsänderung des Systems verbunden ist, objektivierbar sind. Die Vermutung, daß auch das der Fall ist, erklärt sich aus der Zerlegung des Zustandes $|\varphi\rangle$: Zerlegt man diesen Zustand nämlich nach den beiden[1] (orthogonalen) Zuständen $|E\rangle$ und $|\neg E\rangle$, die dem Vorliegen bzw. Nichtvorliegen der Eigenschaft E entsprechen:

$$|\varphi\rangle = |E\rangle\langle E|\varphi\rangle + |\neg E\rangle\langle\neg E|\varphi\rangle,$$

so sind die aus den Entwicklungskoeffizienten gebildeten Größen

$$w_\varphi(E) = |\langle E|\varphi\rangle|^2 \qquad w_\varphi(\neg E) = |\langle\neg E|\varphi\rangle|^2$$

[1] Wir wollen uns hier aus Gründen der Einfachheit auf einen zweidimensionalen Hilbertraum beschränken.

die Wahrscheinlichkeiten dafür, die Eigenschaft E nach Durchführung einer E-Messung vorzufinden oder nicht. Es liegt infolgedessen nahe zu vermuten, daß auch die Eigenschaft E objektiviert werden kann, und daß die durch $w_\varphi(E)$ bzw. $w_\varphi(\neg E)$ ausgedrückten Wahrscheinlichkeiten eine Aussage über das Wissen bzw. Nichtwissen des Beobachters vom Vorliegen der Eigenschaft E darstellen. Diese Vermutung war bereits bei der Diskussion des Meßprozesses erwähnt worden, konnte dort aber noch nicht bestätigt oder widerlegt werden. Die folgenden Überlegungen sollen sich mit diesem Problem der Objektivierbarkeit beliebiger Eigenschaften befassen.

Die Objektivierung einer nicht objektiven Eigenschaft bereitet verschiedene Schwierigkeiten. Die Annahme, diese Objektivierung sei möglich, führt nämlich zu logischen, mathematischen und physikalischen Widersprüchen. Es sollen hier nur die logischen und mathematischen Paradoxien untersucht werden, nicht aber die Widersprüche, die mit gewissen Sätzen der Physik entstehen, z. B. dem Energie-Erhaltungssatz[1].

1) Wir wollen zunächst auf die rein logischen Schwierigkeiten eingehen. Dazu nehmen wir an, daß eine Eigenschaft A vorliegt, sich das System S also im Zustand $|A\rangle$ befindet. Bezüglich einer nicht objektiven Eigenschaft B, für die wir der Einfachheit halber annehmen wollen, daß sie nur die beiden Eigenzustände $|B\rangle$ und $|\neg B\rangle$ besitzt, der Hilbertraum also zweidimensional ist, sind dann nur die aus der Zerlegung

$$|A\rangle = |B\rangle\langle B|A\rangle + |\neg B\rangle\langle\neg B|A\rangle$$

folgenden Wahrscheinlichkeiten $w_A(B) = |\langle B|A\rangle|^2$ und $w_A(\neg B) = |\langle\neg B|A\rangle|^2$ für den Ausgang einer B-Messung bekannt. Nimmt man nun weiter an, daß B objektivierbar ist, faßt man also diese Wahrscheinlichkeiten auf als ein Maß für die Kenntnis, die das Subjekt von dem im Zustand $|A\rangle$ befindlichen System hat, so folgt, daß sich durch neu hinzukommende Kenntnisse diese Wahrscheinlichkeiten ändern müßten. Das wäre ganz im Sinne der klassischen Wahrscheinlichkeitsinterpretation, etwa in der statistischen Mechanik, in der die Wahrscheinlichkeit eine Aussage über das Wissen des Subjekts vom Objekt darstellt.

Die Quantentheorie, insbesondere die Theorie des Meßprozesses, zeigt jedoch, daß die Gewinnung neuer Informationen, etwa die Feststellung, daß die Eigenschaft B vorliegt, nicht nur die Wahr-

---

[1] Vgl. W. Heisenberg, Die physikalischen Prinzipien der Quantentheorie, S. 25

scheinlichkeit für die beobachtete Eigenschaft B ändert – (hier also in 1 verwandelt) –, sondern daß sich auch die Wahrscheinlichkeiten aller anderen Eigenschaften ändern. Insbesondere ändert sich die Wahrscheinlichkeit derjenigen Eigenschaft, die bereits bekannt war, in dem Sinne, daß das ursprünglich vorhandene Wissen vom Vorliegen der Eigenschaft A übergeht in ein partielles Nichtwissen, das nur noch durch eine Wahrscheinlichkeit ausgedrückt werden kann. Denn nach der Feststellung, daß die Eigenschaft B vorliegt, ist die Wahrscheinlichkeit für das Antreffen der Eigenschaft A durch

$$w_B(A) = |\langle A \mid B \rangle|^2$$

gegeben, und solange A und B nicht kommensurabel sind, ist dieser Wert stets < 1.

Man käme so zu dem paradoxen Resultat, daß die Kenntnisse, die der Beobachter vom System S bereits besessen hat – nämlich daß die Eigenschaft A vorliegt –, durch neue Kenntnisse, die er dazu gewinnt – etwa, daß B vorliegt –, wieder verlorengehen und unter Umständen falsch werden können. Diese Behauptung ist insofern paradox, als sie einem bestimmten Satz der klassischen Logik widerspricht. Da dieser Satz jedoch im axiomatischen Sinne unabhängig von den übrigen Axiomen der Logik ist, besteht noch die Möglichkeit, die Objektivierung beliebiger Eigenschaften dadurch zu erzwingen, daß man auf diesen einen Satz verzichtet, ohne daß man dadurch die Logik in ihrer Gesamtheit aufgeben müßte. Die mit einer derartigen Einschränkung der Logik verbundenen Probleme sollen in Kap. VI besprochen werden. Solange man jedoch an der Logik in ihrer klassischen Gestalt festhält, ist eine gleichzeitige Objektivierung der Eigenschaften A und B nicht möglich.

Die logischen Widersprüche verschwinden jedoch sofort, wenn man auf die Objektivierung beliebiger Eigenschaften verzichtet und nur die jeweils objektiven Eigenschaften auf das System bezieht. Denn die Behauptung, daß bestimmte Kenntnisse, die das Subjekt von dem Objektsystem hat, verlorengehen können, wenn neue Kenntnisse erworben werden, verliert ihren paradoxen Charakter, wenn man beachtet, daß sich bereits bekannte Eigenschaften nicht durch bloße Kenntnisnahme anderer Eigenschaften ändern können, sondern nur durch Messungen.

In der Theorie des Meßprozesses ist bereits deutlich geworden, daß die Kenntnisnahme sich auf eine Situation *nach* dem eigentlichen Meßprozeß bezieht. Das Wissen von den Eigenschaften, die das System vor der Messung besaß, ist zu dieser Zeit bereits wertlos, da diese Eigenschaften gar nicht mehr vorliegen. Das neue Wissen steht in Form eines Gemenges zur Verfügung. Der Akt der Kenntnisnahme ändert daher an den alten Eigenschaften gar nichts mehr, er wählt nur unter den neuen möglichen Eigenschaften eine als realisiert aus. Es handelt sich also nicht um eine Komplementarität der verschiedenen Kenntnisse, sondern um eine Komplementarität von Eigenschaften eines physikalischen Systems. Die erwähnten logischen Schwierigkeiten treten dann nicht auf.

2) Die mathematischen Schwierigkeiten der Objektivierung beliebiger Eigenschaften bestehen darin, daß die Annahme der Objektivierbarkeit zu Widersprüchen mit der Wahrscheinlichkeitsrechnung führt. Diese Probleme sollen an einem Gedankenexperiment genauer erläutert werden.

Wir wollen dazu ausgehen von einem Teilchenstrahl, dessen einzelne Teilchen sich im Zustand $|\varphi\rangle$ befinden. Durch eine geeignete Versuchsanordnung soll dieser Strahl in zwei kohärente Teilstrahlen zerlegt werden, die den Zuständen $|B\rangle$ und $|B'\rangle$ entsprechen. Das kann z. B. durch eine Blende geschehen, die zwei Löcher besitzt (Fig. 10). In jedem Fall wollen wir annehmen, daß es nur zwei mögliche Eigenschaften B und B' gibt, die sich gegenseitig ausschließen, d. h. $|B\rangle$ und $|B'\rangle$ sollen orthogonal aufeinander stehen und der durch die $|B\rangle$-Vektoren aufgespannte Hilbertraum soll nur zwei Dimensionen besitzen. Entsprechend der oben einge-

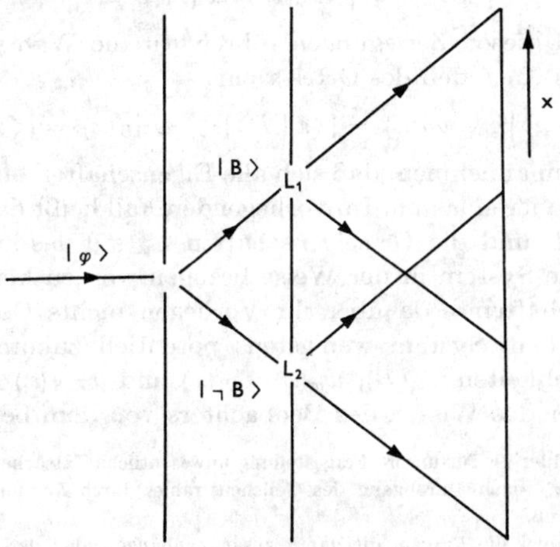

Fig. 10. Schematische Darstellung des Zwei-Löcher-Experiments

führten Terminologie können wir daher die Eigenschaft B' als Nicht-B bzw. $\neg B$ bezeichnen.

Die Zerlegung des Zustandes $|\varphi\rangle$ in die beiden Zustände $|B\rangle$ und $|\neg B\rangle$ ergibt dann zunächst[1]:

$$|\varphi\rangle = |B\rangle\langle B|\varphi\rangle + |\neg B\rangle\langle\neg B|\varphi\rangle$$

bzw. die Wahrscheinlichkeiten

$$w_\varphi(B) = |\langle B|\varphi\rangle|^2$$
$$w_\varphi(\neg B) = |\langle\neg B|\varphi\rangle|^2.$$

Auf einer Photoplatte, die hinter dem Schirm mit den zwei Löchern L_1 und L_2 aufgestellt ist, sollen die auffallenden Teilchen registriert werden. Wir interessieren uns nur für die Verteilung entlang der senkrechten Achse, die wir als x-Achse bezeichnen wollen. Trifft das Teilchen an der Stelle x auf die Photoplatte, so wollen wir sagen, es habe die Eigenschaft E_x und befinde sich im Zustand $|x\rangle$. Da die Eigenschaften E_x in bezug auf $|B\rangle$ und $|\neg B\rangle$ nicht objektiv sind, erhält man Zerlegungen, die wir gleich nach allen E_x gemeinsam ausführen können, d. h. wir zerlegen einfach nach der Observablen x mit den Eigenwerten x[2]:

$$|\varphi\rangle = \int dx\, |x\rangle\langle x|\varphi\rangle$$
$$|B\rangle = \int dx\, |x\rangle\langle x|B\rangle$$
$$|\neg B\rangle = \int dx\, |x\rangle\langle x|\neg B\rangle.$$

Entsprechend diesen Zerlegungen führen wir die Wahrscheinlichkeiten für das Antreffen des Ortes x ein:

$$w_\varphi(x) = |\langle x|\varphi\rangle|^2 \qquad w_B(x) = |\langle x|B\rangle|^2 \qquad w_{\neg B}(x) = |\langle x|\neg B\rangle|^2.$$

Wir wollen nun annehmen, daß sich alle Eigenschaften ohne Unterschied objektivieren lassen. Im vorliegenden Fall heißt das, daß die Eigenschaft B und die Ortseigenschaften E_x auf das im Zustand $|\varphi\rangle$ befindliche System in der Weise bezogen werden können, daß diese Eigenschaften – da über ihr Vorliegen nichts Genaues bekannt ist – dem System wenigstens potentiell zukommen. Die Wahrscheinlichkeiten $w_\varphi(B)$, $w_\varphi(x)$, $w_B(x)$ und $w_{\neg B}(x)$ sind dann Aussagen über das Wissen des Beobachters von dem betreffenden

---

[1] Wir übergehen hier die für unsere Fragestellung unwesentliche Tatsache, daß der Zustandsvektor $|\varphi\rangle$ nach Durchgang des Teilchenstrahles durch L_1 und L_2 neu normiert werden muß.

[2] Wir übergehen hier die Fragen, die damit zusammenhängen, daß der Ortsoperator kein diskretes Spektrum hat, und bezeichnen auch hier die Werte x als Eigenwerte.

System. Ob die Eigenschaften E_x und B vorliegen oder nicht, steht zwar objektiv fest, ist aber subjektiv unentschieden.

Unter diesen Voraussetzungen kann man dann folgendermaßen argumentieren: $w_\varphi(x)$ ist die Wahrscheinlichkeit für das Antreffen des Ortes x, wenn das System die Eigenschaft E_φ hat; $w_B(x)$ ist die Wahrscheinlichkeit für das Antreffen des Ortes x, wenn das System die Eigenschaft B hat; $w_\varphi(B)$ ist die Wahrscheinlichkeit dafür, die Eigenschaft B vorzufinden, wenn das System die Eigenschaft E_φ hat. Die Wahrscheinlichkeit dafür, die Eigenschaft E_x vorzufinden, wenn vorher B vorgelegen hat, wofür wir (E_x, B) schreiben, ist infolgedessen

$$w_\varphi (E_x, B) = w_\varphi (B)\; w_B (E_x) = \langle \varphi \mid P_B\, P_x\, P_B \mid \varphi \rangle$$

und ebenso

$$w_\varphi (E_x, \neg B) = w_\varphi (\neg B)\; w_{\neg B} (E_x) = \langle \varphi \mid P_{\neg B}\, P_x\, P_{\neg B} \mid \varphi \rangle$$

Die Gültigkeit dieser beiden Formeln kann unmittelbar experimentell geprüft werden. Verschließt man etwa das Loch L_2, so daß nur Teilchen mit der Eigenschaft B auf die Photoplatte auftreffen, so ist $w_\varphi(E_x, B)$ der quantenmechanisch korrekte Wert für die Wahrscheinlichkeit, ein Teilchen an der Stelle x vorzufinden. Entsprechendes gilt für $w_\varphi (E_x, \neg B)$, wenn man L_1 verschließt, so daß alle auftreffenden Teilchen die Eigenschaft $\neg B$ besitzen. Da die beiden Fälle B und $\neg B$ alle Möglichkeiten erschöpfen, so gilt für die Wahrscheinlichkeit, E_x anzutreffen, unabhängig davon, ob B oder $\neg B$ vorliegt:

(I) $$w_\varphi(E_x) \leq w_\varphi (E_x, B) + w_\varphi(E_x, \neg B).$$

Dieser Satz folgt unmittelbar aus der Wahrscheinlichkeitstheorie [1]).

---

1) Herleitung von Formel (I)

Sind E_A und E_B mögliche Eigenschaften eines Systems, und versteht man unter $E_A \wedge E_B$ die Konjunktion „E_A und E_B", so gilt für die Wahrscheinlichkeiten

$$w\,(E_A) = w\,(E_A \wedge E_B) + w\,(E_A \wedge E_{\neg B}).$$

Für quantenmechanische Eigenschaften, zu denen Projektionsoperatoren P_A und P_B gehören, ist der Projektionsoperator $P_{A \wedge B}$, der zu der Eigenschaft $E_A \wedge E_B$ gehört, durch

$$P_{A \wedge B} = \lim_{n \to \infty} (P_A\, P_B)^n$$

gegeben (Vgl. hierzu Kap. VI). Für die hier betrachteten Eigenschaften E_x und B sollte daher — unter der Voraussetzung der Objektivität — die Beziehung

$$w_\varphi\,(E_x) = \langle \varphi \mid \lim_{n \to \infty} (P_x\, P_B)^n \mid \varphi \rangle + \langle \varphi \mid \lim_{n \to \infty} (P_x\, P_{\neg B})^n \mid \varphi \rangle$$

gelten. Wegen

$$\langle \varphi \mid \lim_{n \to \infty} (P_x\, P_B)^n \mid \varphi \rangle \leq \langle \varphi \mid P_B\, P_x\, P_B \mid \varphi \rangle = w_\varphi\,(E_x, B)$$

folgt daraus aber sofort Formel (I).

Geht man andererseits direkt von der Zerlegung von $|\varphi\rangle$ nach den Zuständen $|x\rangle$ und $|B\rangle$ aus, so erhält man wegen

$$w_\varphi(E_x) = |\langle x \mid \varphi\rangle|^2 = |\langle x \mid (\langle B \mid \varphi\rangle | B\rangle + \langle \neg B \mid \varphi\rangle | \neg B\rangle)|^2$$

und den oben angegebenen Ausdrücken für $w_\varphi(E_x, B)$ und $w_\varphi(E_x, \neg B)$ das Resultat:

$$\text{(II)} \qquad w_\varphi(E_x) = w_\varphi(E_x, B) + w_\varphi(E_x, \neg B) + w_\varphi^{int}$$

wobei

$$w_\varphi^{int} = 2\,\mathrm{Re}\langle x \mid B\rangle\langle B \mid \varphi\rangle\langle \varphi \mid \neg B\rangle\langle \neg B \mid x\rangle$$

ist. Die Gleichung (I), die aus wahrscheinlichkeitstheoretischen Überlegungen gewonnen wurde, steht also für $w_\varphi^{int} > 0$ in direktem Widerspruch zu Gleichung (II), die aus der quantenmechanischen Rechnung folgt. Da der in (II) auftretende Zusatzterm w_φ^{int} die Glieder enthält, die für die Interferenz der Teilchen der beiden Strahlen verantwortlich sind, bezeichnet man den durch Gl. (II) ausgedrückten Sachverhalt als „Interferenz der Wahrscheinlichkeiten". Selbstverständlich ist damit nicht gemeint, daß Wahrscheinlichkeiten in irgendeinem Sinne miteinander interferieren können.

Wir sehen also, daß die Annahme, beliebige Eigenschaften seien objektivierbar, zusammen mit der quantentheoretischen Gleichung (II) in Widerspruch zu dem in Gleichung (I) ausgedrückten Sachverhalt steht. Da (I) unmittelbar aus der Wahrscheinlichkeitstheorie geschlossen werden kann, folgt somit, daß die Annahme der Objektivierbarkeit beliebiger Eigenschaften mit diesem wahrscheinlichkeitstheoretischen Satz in Widerspruch steht. Inwiefern es möglich ist, durch Verzicht auf diesen Satz die Objektivierung zu erzwingen, soll in Kap. VI besprochen werden. Es wird dazu notwendig sein, genauer auf die Begründung der Wahrscheinlichkeitsrechnung und ihren Zusammenhang mit der Logik einzugehen.

Diese Überlegungen zeigen somit, daß ohne eine Abänderung der Wahrscheinlichkeitstheorie beliebige Eigenschaften im allgemeinen nicht objektiviert werden können. Die in der Zerlegung des Zustandes $|\varphi\rangle$ nach der Eigenschaft B auftretenden Größen $w_\varphi(B)$ und $w_\varphi(\neg B)$ können vor dem eigentlichen Meßprozeß nicht als Wahrscheinlichkeiten interpretiert werden, die ein subjektives Unwissen ausdrücken, da diese Größen dann anderen Gesetzen gehorchen müßten. Die Frage, ob ein im Zustand $|\varphi\rangle$ befindliches System die

Eigenschaft B hat oder nicht, kann infolgedessen nicht einmal durch Wahrscheinlichkeiten beantwortet werden.

Die Widersprüche mit der Wahrscheinlichkeitstheorie verschwinden jedoch sofort, wenn man die Größen $w_\varphi(B)$ und $w_\varphi(\neg B)$ konsequent als Wahrscheinlichkeiten deutet, die sich auf eine Situation beziehen, die erst durch einen Meßprozeß realisiert werden muß. Denn erst durch den Meßprozeß und die damit verbundene Zustandsänderung geht das System in einen der Zustände $|B\rangle$ oder $|\neg B\rangle$ über. Die Frage, welcher dieser beiden Zustände tatsächlich realisiert ist, wird dann durch die statistischen Aussagen der Quantentheorie beantwortet.

Solange aber das System sich im Zustand $|\varphi\rangle$ befindet, ist die Frage, ob B oder $\neg B$ vorliegt, nicht subjektiv, sondern objektiv unentschieden. Lediglich bei einer bestimmten Gruppe von Eigenschaften steht es objektiv fest, ob die betreffende Eigenschaft vorliegt oder nicht, so daß ein möglicherweise vorhandenes Unwissen darüber rein subjektiver Natur ist. Diese Eigenschaften haben wir bisher ohne nähere Begründung als objektive Eigenschaften bezeichnet. Die eben erwähnten speziellen Umstände erklären diese Terminologie.

Die Ignoranz-Interpretation

Die in dem vorangegangenen Abschnitt an Hand des 2-Löcher-Experiments durchgeführten Überlegungen haben zu einem für die Interpretation der Quantentheorie sehr wichtigen Ergebnis geführt: An einem quantenmechanischen System S in einem *reinen* Zustand $\varphi(S)$ kann man von einer beliebigen, nicht-objektiven Observablen A nicht sagen, daß ihr Wert A_i *objektiv* vorliegt und dem Beobachter nur *subjektiv* unbekannt ist. Es ist aber bisher noch nicht gezeigt worden, daß eine *Ignoranz-Interpretation*, die die quantenmechanischen Unbestimmtheiten als subjektives Unwissen des Beobachters deutet, *auch* ausgeschlossen werden muß, wenn das Objekt sich nicht in einem *reinen* Zustand φ sondern in einem *Gemisch*-Zustand W befindet. Dieses Problem war bereits bei der Behandlung des Meßvorgangs aufgetreten, dort aber zunächst zurückgestellt worden. (S. 114) Tatsächlich liegt bei Gemisch-Zuständen eine ganz ähnliche Situation vor wie bei reinen Zuständen. Die Ignoranz-Interpretation ist auch dort nicht haltbar, weil sie zu Widersprüchen mit den quantenmechanischen Wahrscheinlichkeitsaussagen führen kann.

Gegen die Möglichkeit einer Ignoranz-Interpretation von Gemisch-Zuständen spricht zunächst, daß ein Gemisch-Zustand W immer durch beliebig viele Gemenge $G^i(W)$ aus nicht-orthogonalen Zuständen realisiert werden kann.[1] Falls der Gemisch-Operator W ein entartetes Spektrum hat, kann W auch durch mehrere Gemenge $G^i{}_0(W)$ aus orthogonalen Zuständen realisiert werden.[2] – Dennoch könnte es erlaubt sein, sich vorzustellen, daß ein Gemisch-Operator W immer schon durch ein bestimmtes Gemenge realisiert ist, z. B. durch die auch formal ausgezeichneten orthogonalen Gemenge $G^i{}_0(W)$, die der Spektralzerlegung entsprechen. Das im folgenden diskutierte Gegenbeispiel zeigt, daß das nicht der Fall ist.

Um die generelle Möglichkeit einer Ignoranz-Interpretation von Gemisch-Zuständen zu widerlegen, betrachten wir ein von EINSTEIN, PODOLSKY und ROSEN 1935 vorgeschlagenes Gedankenexperiment (EPR-Experiment[3]). Wir diskutieren dieses Experiment hier in der vereinfachten, von BOHM und AHARONOV[4] angegebenen Form, die sich auch experimentell realisieren läßt.[5] Dazu betrachten wir zwei Systeme S_{I} und S_{II}, die beide den Spin $\frac{1}{2}$ haben und sich in dem Singlett-Zustand $\Phi\,(S_{\mathrm{I}} + S_{\mathrm{II}})$ mit dem Gesamtspin 0 befinden. Wenn zwischen diesen Systemen eine den Drehimpuls erhaltende Wechselwirkung besteht, dann bleibt der Gesamtspin, auch wenn die Systeme in verschiedenen Richtungen weit auseinander fliegen, immer erhalten.

Wir wollen nun annehmen, daß die Systeme sich hinreichend weit voneinander entfernt haben, so daß keine Wechselwirkung mehr zwischen ihnen besteht. Der Zustand des Gesamtsystems läßt sich dann in der Form

$$\Phi\,(S_{\mathrm{I}} + S_{\mathrm{II}}) = \frac{1}{\sqrt{2}}\left(\varphi^{(+)}_{\mathrm{I}}(\vartheta) \otimes \varphi^{(-)}_{\mathrm{II}}(\vartheta) - \varphi^{(-)}_{\mathrm{I}}(\vartheta) \otimes \varphi^{(+)}_{\mathrm{II}}(\vartheta)\right)$$

schreiben, wobei $\varphi^{(\pm)}_{\mathrm{I}}(\vartheta)$ bzw. $\varphi^{(\pm)}_{\mathrm{II}}(\vartheta)$ die Eigenzustände von S_{I} bzw. S_{II} zu den Spinoperatoren $\sigma_{\mathrm{I}}(\vartheta)$ in Richtung ϑ sind (ϑ ist der Winkel zwischen der z-Achse und der Richtung des Spins; das Symbol $\otimes$ bezeichnet das Tensorprodukt). Man kann dann hinsichtlich der Meßergebnisse folgendermaßen argumentieren:

---

[1] E. G. Beltrametti and G. Casinelli, The Logic of Quantum Mechanics. Addison-Wesley, Reading, Mass. 1981, p. 9f.

[2] J. v. Neumann, Mathematische Grundlagen der Quantentheorie. Springer-Verlag, Berlin, 1932, S. 225f.

[3] A. Einstein, B. Podolsky and N. Rosen, Phys. Rev. 47, 777 (1935)

[4] D. Bohm and Y. Aharonov, Phys. Rev. 108, 1070 (1957)

[5] Vgl. hierzu besonders: A. Aspekt u. a. Phys. Rev. Lett. 47, 460 (1981)

1) Wenn man durch Messung von $\sigma_{\mathrm{I}}(\vartheta)$ an S_{I} den Wert ± 1 erhält, dann weiß man auf Grund der Struktur von Φ, daß eine darauf folgende Messung von $\sigma_{\mathrm{II}}(\vartheta)$ an S_{II} den Wert ∓ 1 ergibt.
2) Wegen des großen räumlichen Abstandes der Systeme S_{I} und S_{II} ist eine kausale, durch Wechselwirkung erzeugte Beeinflussung des Systems S_{II} durch die Spin-Messung an S_{I} nicht möglich.
3) Man kann an S_{I} ebenso eine andere Spin-Observable $\sigma_{\mathrm{I}}(\vartheta')$ mit $\vartheta' \neq \vartheta$ messen, und dann wieder schließen, daß der Meßwert von $\sigma_{\mathrm{II}}(\vartheta')$ das umgekehrte Vorzeichen wie der Meßwert von $\sigma_{\mathrm{I}}(\vartheta')$ hat.

Im Rahmen der Quantentheorie wird das Gesamtsystem $S_{\mathrm{I}} + S_{\mathrm{II}}$ durch den Zustand $\Phi\,(S_{\mathrm{I}} + S_{\mathrm{II}})$ beschrieben, die Teilsysteme S_{I} bzw. S_{II} aber durch die Gemischoperatoren

$$W_{\mathrm{I}}(S_{\mathrm{I}}) = \tfrac{1}{2}\,|\varphi^{(+)}_{\mathrm{I}}(\vartheta)\rangle\langle\varphi^{(+)}_{\mathrm{I}}(\vartheta)| + \tfrac{1}{2}\,|\varphi^{(-)}_{\mathrm{I}}(\vartheta)\rangle\langle\varphi^{(-)}_{\mathrm{I}}(\vartheta)|$$
$$W_{\mathrm{II}}(S_{\mathrm{II}}) = \tfrac{1}{2}\,|\varphi^{(+)}_{\mathrm{II}}(\vartheta)\rangle\langle\varphi^{(+)}_{\mathrm{II}}(\vartheta)| + \tfrac{1}{2}\,|\varphi^{(-)}_{\mathrm{II}}(\vartheta)\rangle\langle\varphi^{(-)}_{\mathrm{II}}(\vartheta)|$$

die aus P_Φ durch Reduktion (Verkürzung) auf das erste bzw. zweite Teilsystem entstehen. Wegen der Vollständigkeit der Eigenzustände $\varphi_{\mathrm{I}}(\vartheta)$ und $\varphi_{\mathrm{II}}(\vartheta)$ sind die Gemisch-Operatoren durch $W_{\mathrm{I}}(S_{\mathrm{I}}) = \frac{1}{2}\,1_{\mathrm{I}}$ $W_{\mathrm{II}}(S_{\mathrm{II}}) = \frac{1}{2}\,1_{\mathrm{II}}$ gegeben und hängen nicht von ϑ ab. (1_{I} bzw. 1_{II} sind die Eins-Operatoren in den zu den Systemen S_{I} bzw. S_{II} gehörenden Hilberträumen.)

Die starke Korrelation der Meßresultate an den Systemen S_{I} und S_{II} und die Tatsache, daß die Messung von $\sigma_{\mathrm{I}}(\vartheta)$ keinen kausalen Einfluß auf die Messung von $\sigma_{\mathrm{II}}(\vartheta)$ hat, legt die Vermutung nahe, daß in den Gemisch-Zuständen W_{I} und W_{II} die Spin-Werte in allen Richtungen ϑ festliegen, dem Beobachter aber nicht bekannt sind. Diese Vermutung bezeichnen wir im folgenden als

Ignoranz-Hypothese: In den Gemisch-Zuständen W_{I} und W_{II} liegen die Werte (± 1) der Spinobservablen σ_{I} und σ_{II} für beliebige Raumrichtungen objektiv fest, sind aber dem Beobachter subjektiv unbekannt. Das ist in beiden Teilsystemen S_{I} und S_{II} der Fall, wobei die Spinwerte jeweils so korreliert sind, daß der Spin des Gesamtsystems gleich Null ist.

Wenn sich diese Hypothese als wahr erweisen würde, dann wäre, jedenfalls für die Gemisch-Zustände W_{I} und W_{II}, die im EPR-Experiment auftreten, die Ignoranz-Interpretation gerechtfertigt. Da es sich hier um eine sehr spezielle Situation handelt, (– die Gemisch-Zustände sind total entartet –[1]) wäre damit aber noch nichts über die Berechtigung der Ignoranz-Interpretation in anderen Gemisch-Zuständen, wie sie etwa im Rahmen des Meßvorgangs auftreten, gesagt. Falls es sich aber umgekehrt zeigt, daß in dem speziellen Fall des EPR-Experiments die Ignoranz-Interpretation nicht haltbar ist, so wäre die allgemeine Gültigkeit der Ignoranz-Interpretation auch für Gemisch-Zustände widerlegt. Die folgenden Überlegungen führen zu dem Ergebnis, daß die Ignoranz-Interpretation im EPR-Experiment nicht angewandt werden kann.

Um das zu beweisen, betrachten wir drei Raumrichtungen, ϑ, ϑ', ϑ''. Die Observablen $\sigma_{\mathrm{I}}(\vartheta)$, $\sigma_{\mathrm{I}}(\vartheta')$, $\sigma_{\mathrm{I}}(\vartheta'')$ sind dann im allgemeinen nicht kommensurabel, d. h. sie können nicht gleichzeitig an einem individuellen System gemessen werden. Auf Grund der Ignoranz-Hypothese stellen wir uns aber vor, daß etwa in dem Gemisch-Zustand $W_{\mathrm{I}}(S_{\mathrm{I}})$ die Werte $\pm$ 1 der Spins in den drei Raumrichtungen objektiv festliegen. Wir betrachten dann eine hinreichend große Zahl von Systemen $S = S_{\mathrm{I}} + S_{\mathrm{II}}$, die in der beschriebenen Weise zerfallen. Die drei Richtungen ϑ, ϑ', ϑ'' kennzeichnen wir durch A, B, C und führen folgende Bezeichnung ein:

$N(A^+ \wedge B^-)$ = Anzahl der S_{I}-Systeme mit den Spin-Werten + 1 in Richtung A und – 1 in Richtung B.

Entsprechend werden andere Kombinationen bezeichnet. Durch Hinzunahme einer dritten Raumrichtung erhält man Ausdrücke der Form:

$N(A^+ \wedge B^- \wedge C^+)$ = Anzahl der S_{I}-Systeme mit Spin-Werten + 1 in Richtung A, – 1 in Richtung B und + 1 in Richtung C.

Die Ausdrücke $N(A^+ \wedge B^-)$, $N(A^+ \wedge B^- \wedge C^+)$ usw. beziehen sich auf das, was auf Grund der Ignoranz-Hypothese objektiv der Fall ist. Über eine experimentelle Überprüfung dieser Behauptung ist noch nichts gesagt.

Aus der Ignoranz-Hypothese und der Definition der Anzahl-Ausdrücke folgt, da alle $N \geq 0$ sind:

$$N(A^+ \wedge B^-) = N(A^+ \wedge B^- \wedge C^+) + N(A^+ \wedge B^- \wedge C^-) \tag{1}$$

$$N(A^+ \wedge C^-) = N(A^+ \wedge B^+ \wedge C^-) + N(A^+ \wedge B^- \wedge C^-) \geq N(A^+ \wedge B^- \wedge C^-) \tag{2}$$

$$N(B^- \wedge C^+) = N(A^+ \wedge B^- \wedge C^+) + N(A^- \wedge B^- \wedge C^+) \geq N(A^+ \wedge B^- \wedge C^+) \tag{3}$$

[1] J. v. Neumann, l. c. S. 225f.

Setzt man die Ungleichungen (2) und (3) in (1) ein, so folgt:

$$N(A^+ \wedge B^-) \leq N(B^- \wedge C^+) + N(A^+ \wedge C^-) \tag{4}$$

und analog für den durch Vertauschung von A und B entstehenden Ausdruck

$$N(A^- \wedge B^+) \leq N(A^- \wedge C^+) + N(B^+ \wedge C^-) \tag{5}$$

Aus (4) und (5) ergibt sich schließlich

$$N(A^+ \wedge B^-) + N(A^- \wedge B^+) \leq N(A^+ \wedge C^-) + N(A^- \wedge C^+) + N(B^+ \wedge C^-) + N(B^- \wedge C^+). \tag{6}$$

Obwohl die zu A und B gehörenden Spin-Observablen inkommensurabel sind, kann man sie hier doch simultan messen, – falls man die Ignoranz-Hypothese voraussetzt und damit annimmt, daß die Observablen in den Gemisch-Zuständen W_{I} und W_{II} objektiviert sind. Man kann dann etwa $\sigma_{\text{I}}(\vartheta)$ an S_{I} messen mit dem Ergebnis A^+, und $\sigma_{\text{II}}(\vartheta')$ an S_{II} mit dem Ergebnis B^+. Dann schließt man einerseits auf Grund der direkten A^+-Messung, anderseits wegen der B^+-Messung und der Spin-Korrelationen, daß in S_{I} die Werte $A^+ \wedge B^-$ vorliegen. Die Anzahl $N(A^+ \wedge B^-)$ der S_{I}-Systeme mit $A^+ \wedge B^-$ ist auf Grund dieser Argumentation proportional zu der Anzahl $n(A^+; B^+)$ der Paare $(S_{\text{I}}, S_{\text{II}})$ mit A^+ in S_{I} und B^+ in S_{II},

$$N(A^+ \wedge B^-) = \text{const.}\, n(A^+; B^+)$$

mit einer universellen Konstanten. Dann ist auch

$$N(A^+ \wedge B^-) = N(A^- \wedge B^+) = \text{const.}\, n(A^+; B^+)$$

und wegen (6)

$$n(A^+; B^+) \leq n(A^+; C^+) + n(B^+; C^+) \tag{7}$$

Die Relation (7) bezeichnet man als BELLsche *Ungleichung*. [1], [2]

Die Bellsche Ungleichung (7) läßt sich im Rahmen der Quantentheorie direkt überprüfen, da etwa der Ausdruck $n(A^+; B^+)$ bis auf eine universelle Konstante mit dem Erwartungswert $\langle \Phi | \sigma_{\text{I}}(\vartheta) \otimes \sigma_{\text{II}}(\vartheta') | \Phi \rangle$ übereinstimmt. Für diesen Erwartungswert erhält man innerhalb der Theorie den Wert $\langle\quad\rangle = -\cos(\vartheta - \vartheta')$, so daß die Bellsche Ungleichung im Kontext der Quantentheorie lautet:

$$-\cos(\vartheta - \vartheta') \leq -\cos(\vartheta - \vartheta'') - \cos(\vartheta' - \vartheta'') \tag{7*}$$

und zwar für alle Werte $(\vartheta, \vartheta', \vartheta'')$. Man kann nun leicht Beispiele von solchen Wertetripeln angeben, für die die Beziehung (7*) verletzt ist. Das ist z. B. der Fall, wenn die drei Spins in einer Ebene liegen mit Werten $\vartheta = \pi/2$, $\vartheta' = \pi/3$, $\vartheta'' = \pi/6$.

---

[1] J. S. Bell, Physics, 1, 195 (1965)

[2] E. P. Wigner, American Journal of Physics, 38, 1005 (1970)

Durch diese Überlegungen ist gezeigt, daß auch für Gemisch-Zustände eine Ignoranz-Interpretation nicht allgemein möglich ist. Von einem System S, das sich in einem Gemisch-Zustand $W(S) = \Sigma\, w_i \mid \varphi_i \rangle\langle \varphi_i \mid$ befindet, kann man im allgemeinen nicht sagen, daß einer der Zustände φ_i vorliegt, sich S also in dem Gemenge $G = G(w_i, \varphi_i)$ befindet. Eine solche Behauptung ist auch unter der Einschränkung, daß die Zustände φ_i ein vollständiges Orthogonalsystem bilden, nicht haltbar, wie das Beispiel des EPR-Experiments deutlich zeigt. Ähnlich wie bei dem 2-Löcher-Experiment steht auch hier die der Ignoranz-Interpretation entsprechende Objektivierungsannahme in Widerspruch mit den quantenmechanischen Wahrscheinlichkeitsgesetzen. – Damit ist insbesondere die in der Theorie des Meßprozesses vorsorglich getroffene Unterscheidung von *Gemisch* und *Gemenge* (S. 114f.) als unvermeidlich nachgewiesen. Die Abstraktion vom Meßinstrument erzeugt lediglich ein Gemisch und erst die Objektivierung ein Gemenge. Während der erste, formale Schritt gut verstanden ist, stellt der zweite ein schwieriges, noch nicht abschließend gelöstes Problem dar.

Die Kritik des Substanzbegriffes in der Quantentheorie

In den vorangegangenen Abschnitten wurde im einzelnen auseinandergesetzt, in welchen Bereichen der Wirklichkeit der klassische bzw. der quantentheoretische Substanzbegriff angewandt werden kann. Faßt man die dort gewonnenen Ergebnisse zusammen, so ergibt sich folgendes Bild:

Der traditionelle Begriff der Substanz, wie er insbesondere durch Kant präzisiert worden ist, ist durch folgende Eigenschaften gekennzeichnet:

a) Alle Eigenschaften eines Dinges lassen sich auf eine Substanz beziehen, in dem Sinne, daß sie als Akzidenzien dieser Substanz aufgefaßt werden können.

b) Die Substanz beharrt in der Zeit, d. h. bei allem Wechsel der Akzidenzien verändert sich die Substanz nicht.

c) Die Beharrung der Substanz ist nicht im Sinne eines Erhaltungssatzes zu verstehen, denn die zeitliche Unveränderlichkeit der Substanz erklärt überhaupt erst, was eine zeitliche Veränderung ist.

Aus der Funktion, die diesem Substanzbegriff bei der Ordnung der Wahrnehmungen zu Gegenständen der Erfahrung zukommt, wird klar, daß dieser Begriff auf alle Dinge in unserer Erfahrung angewandt werden kann. Ein „Ding" ist dabei als ein durchgängig bestimmter Erfahrungsinhalt aufzufassen, d. h. von allen möglichen Eigenschaften kommt einem „Ding" die Eigenschaft selbst oder ihr Gegenteil zu. Da alle Gegenstände der klassischen Physik als „Dinge" in diesem Sinn aufzufassen sind – die Kenntnis der kanonisch konjugierten Variablen p und x bestimmt bereits die Werte aller denkbaren Observablen –, steht einer Anwendung des Substanzbegriffes auf solche Gegenstände nichts im Wege.

Ähnlich liegen die Verhältnisse auch in der Quantentheorie, wenn man sich dort auf die in einem Zustand $|\varphi\rangle$ objektiven Eigenschaften beschränkt. Die Zuordnung der Observablen auf die Substanz besteht dann darin, daß man die objektiven Eigenschaften auf den Zustand $|\varphi\rangle$, der die Substanz symbolisiert, bezieht. Der durch $|\varphi\rangle$ charakterisierte quantenmechanische Substanzbegriff besitzt dann alle Eigenschaften des traditionellen Begriffes mit der einzigen Einschränkung, daß nicht alle, sondern nur die objektiven Eigenschaften in Betracht gezogen werden. Die Zusammenfassung dieser objektiven Eigenschaften mit Hilfe des quantenmechanischen Substanzbegriffes führt dann natürlich nicht zu „Dingen" im klassischen Sinn, sondern zu „quantenmechanischen Gegenständen", d. h. zu Systemen, die sich in einem Zustand $|\varphi\rangle$ befinden und die infolgedessen nicht „durchgängig bestimmt" sind.

Will man jedoch auch in der Quantentheorie alle Eigenschaften in irgendeinem Sinne auf eine Substanz beziehen, so zeigt sich, daß das nicht möglich ist. Denn auf Grund der physikalischen Bedingungen, unter denen allein Meßergebnisse gewonnen werden können, ist es unmöglich, alle Eigenschaften an einem System experimentell zu bestimmen, ohne dieses System zu verändern, so daß es auch nicht möglich ist, die entsprechenden Meßresultate als Akzidenzien einer Substanz zu interpretieren. Darüber hinaus ist es aber nicht einmal hypothetisch möglich, alle Eigenschaften, auch wenn man sie gar nicht experimentell bestimmen will, auf ein Objekt zu beziehen, da man sonst zu logischen und wahrscheinlichkeitstheoretischen Widersprüchen geführt wird. In bezug auf die Gesamtheit aller meßbaren Eigenschaften ist infolgedessen der klassische Begriff der Substanz nicht mehr anwendbar.

V. DAS KAUSALGESETZ

In den Diskussionen um die naturphilosophischen Konsequenzen der Quantentheorie hat die Behauptung, daß das Kausalgesetz im Bereich des Atomaren seine Gültigkeit verliere, eine bedeutsame Rolle gespielt. Dabei tritt diese Behauptung in verschiedenen Formen auf. Einmal wird das Kausalgesetz als unanwendbar unter den veränderten physikalischen Bedingungen bezeichnet, andererseits wird von seiner Ungültigkeit gesprochen. Gegen diese Ansichten wurden besonders die seit KANT in der philosophischen Tradition wichtig gewordenen Argumente über die A-priori-Gültigkeit des Kausalgesetzes geltend gemacht. Es stellt sich daher die Frage, wie einerseits der erwähnten A-priori-Gültigkeit des Kausalgesetzes, andererseits den von der Quantentheorie entdeckten physikalischen Gegebenheiten in gebührender Weise Rechnung getragen werden kann. – Das folgende Kapitel ist dieser Frage gewidmet.

Der Kausalbegriff in der Philosophie

Der Begriff der Kausalität geht zurück auf die Aristotelische Philosophie, in der den Dingen vier Ursachen zugeschrieben werden: Die causa materialis, das Material, z. B. das Silber einer Schale; die causa formalis, die Form der Schale; die causa finalis, der Zweck, dem die Schale dienen soll; und schließlich die causa efficiens, das, was die Schale hervorgerufen hat, hier also der Silberschmied, der sie geschaffen hat.

Für die neuzeitliche Naturwissenschaft ist nur die causa efficiens bedeutsam geworden, die dort gemeinhin als Ursache bezeichnet wird. Von ihr handelt der Kausalsatz, der besagt, daß alles was geschieht, etwas als seine Ursache voraussetzt, woraus es dann als deren Wirkung folgt. Der Zusammenhang zwischen Ursache und Wirkung wird dabei als ein regelmäßiger vorgestellt, derart, daß gleiche Ursachen zu jeder Zeit und an jedem Ort gleiche Wirkungen nach sich ziehen. In der Sprache der modernen Physik würde man sagen, daß das Gesetz, welches Ursache und Wirkung verbindet, Ort und Zeit des Geschehens als freie Variable enthalten muß. Allerdings sei gleich hier darauf hingewiesen, daß ein gesetzmäßiger Zusammenhang, der Ereignisse zu verschiedenen Zeiten und Orten miteinander verbindet, keineswegs immer als Kausalgesetz bezeichnet werden kann. Eine physikalische Präzisierung dieses Begriffes soll weiter unten erfolgen. Der wesentliche Gesichtspunkt, der ein Kausalgesetz von einem beliebigen Gesetz unterscheidet, ist, daß ein Kausalgesetz die Möglichkeit gibt, aus der Vergangenheit und Gegenwart Voraussagen für die Zukunft zu machen[1]. Die allgemeine Gültigkeit des Kausalgesetzes würde es dann erlauben, aus der Kenntnis des gegenwärtigen Zustandes der Welt den Zustand der Welt zu jeder zukünftigen Zeit zu bestimmen – vorausgesetzt, daß die Gesetze, die das Geschehen in kausaler Weise beschreiben, bekannt sind. Unter der Annahme, daß diese Gesetze bereits durch die Gesetze der HAMILTONschen Mechanik gegeben sind, hat LAPLACE in seiner „Théorie analytique des probabilités" die Fiktion eines Dämons entwickelt, der genügend weiß, um den gegenwärtigen Zustand der Welt vollständig zu kennen, und dessen rechnerische Fähigkeiten genügend groß sind, um jeden zukünftigen Zustand der Welt daraus berechnen zu können: Das gesamte vergangene und zukünftige Weltgeschehen wäre diesem Geist vollständig bekannt.

Der Glaube an die Gültigkeit des Kausalgesetzes in der Form, daß zwischen allen Ereignissen kausale Zusammenhänge bestehen, tritt bei den Begründern der neuzeitlichen Wissenschaft zumeist in der Form absoluter Gewißheit auf. So heißt es bei LEIBNIZ: „Daß alles durch ein feststehendes Verhängnis herfürgebracht werde, ist ebenso gewiß, als daß $3 \times 3 = 9$ ist. Denn das Verhängnis besteht darin, daß alles aneinander hänget wie eine Kette und ebenso ohnfehlbar geschehen wird, ehe es geschehen, als ohnfehlbar es geschehen wird, wenn es geschehen."[2] Dieses an Sicherheit grenzende Bewußtsein der Einheit von Mathematik und Natur tritt uns auch in den Schriften von KEPLER, GALILEI und DESCARTES immer wieder entgegen.

Das sichere Bewußtsein von der Gültigkeit des Kausalgesetzes wird erstmalig durch die Skepsis HUMES erschüttert. Zwar bezweifelt HUME nicht die Gültigkeit des „Satzes vom Grunde", aber er

---

[1] Die Möglichkeit, tatsächlich Voraussagen für die Zukunft machen zu können, setzt allerdings eine gewisse Einfachheit der Naturgesetze voraus, da andernfalls weder ihre Erkenntnis als Gesetze noch ihre Handhabung zur Berechnung des zukünftigen Geschehens praktisch möglich wäre. – Auf diesen Zusammenhang weist schon Leibniz hin (Metaphys. Abh.).

[2] G. W. Leibniz, Von dem Verhängnisse, Hauptschriften II, S. 129

leugnet dessen Notwendigkeit. Nur die fortgesetzte Erfahrung regelmäßig verlaufender Vorgänge ist es, die in uns die Vorstellung erzeugt, daß diese Regelmäßigkeit auch vorliegen *müsse*. Es ist also eine Einsicht, die nur durch Gewohnheit vorgetäuscht wird. Außer dieser psychologischen gibt es aber keine Begründung für den Kausalsatz. „Gegenstände haben untereinander keinen erkennbaren Zusammenhang; auch rührt es von keinem anderen Prinzip her als der Gewohnheit, die auf unsere Einbildungskraft einwirkt, daß wir aus der Erscheinung eines Gegenstandes Schlüsse ziehen können auf die Existenz eines anderen."[1]

An dieser Stelle setzt die Analyse KANTS ein. Zunächst bestätigt KANT die These HUMES, daß es keine Möglichkeit gibt, den Kausalsatz durch rein begriffliche Überlegungen zu beweisen: „Wie nun überhaupt etwas verändert werden könne; wie es möglich sei, daß auf einen Zustand in einem Zeitpunkte ein entgegengesetzter im anderen folgen könne: davon haben wir a priori nicht den mindesten Begriff."[2]

Da der Kausalsatz aus den Begriffen Ursache und Wirkung allein nicht gefolgert werden kann, also kein analytischer Satz a priori ist, muß er im Sinne KANTS ein synthetischer Satz sein. Für den Empirismus konnte ein synthetisches Urteil nur durch Erfahrung bewiesen werden. KANT zeigt, daß es auch synthetische Urteile gibt, die „zugleich mit ihrer Notwendigkeit" gedacht werden müssen, also a priori gelten. Zu diesen Urteilen rechnet er den Kausalsatz.

Der Nachweis der A-priori-Gültigkeit eines synthetischen Satzes muß im transzendentalen Sinne erbracht werden. Das bedeutet in diesem Falle, daß sich die Kausalität als eine Bedingung für die Möglichkeit erweisen muß, daß überhaupt Dinge und Vorgänge in unserer Erfahrung auftreten. Wenn es dann tatsächlich Erfahrung von Dingen in Raum und Zeit gibt, so muß für diese das Kausalgesetz a priori gelten. „Der Grundsatz des Kausalverhältnisses in der Folge der Erscheinungen gilt daher auch vor allen Gegenständen der Erfahrung..., weil er selbst der Grund der Möglichkeit einer solchen Erfahrung ist."[3]

Welche Rolle der Kausalität bei der Bildung der Gegenstände der Erfahrung dann im einzelnen zukommt, das hat KANT nicht vollständig gezeigt. Es finden sich jedoch einige Hinweise im

---

[1] Hume, Treatise I, Part III, Sect. VIII.

[2] Kant, Kr. d. r. V. Aufl. B. S. 252

[3] l. c. S. 247

Schematismuskapitel und in der Zweiten Analogie der Erfahrung. Die Anwendung der Kategorie der Kausalität auf Erscheinungen ist möglich vermittels des transzendentalen Schemas der Kausalität, und dieses erweist sich als die Zeitordnung aufeinanderfolgender Wahrnehmungen. Dieser Gedanke wird näher ausgeführt in der Zweiten Analogie der Erfahrung. Während das Kausalprinzip selbst noch weitgehend ohne Bezug auf das transzendentale Schema formuliert wird: „Alles, was geschieht..., setzt etwas voraus, worauf es nach einer Regel folgt“[1], verwendet der Beweis dieses Prinzips explizit die Beziehung zur Zeit. KANT führt aus, daß nur dann zeitlich veränderliche Gegenstände in unserer Erfahrung auftreten können, wenn die Mannigfaltigkeit der Wahrnehmungen vorher in eine zeitliche Ordnung gebracht worden ist. Die Regel, nach der dieses Ordnen vor sich geht, ist die Verknüpfung der Ursache und Wirkung. Kausalität ist hier also als Kategorie einer jener „Grundbegriffe, Objekte überhaupt zu den Erscheinungen zu denken“[2].

Aufeinanderfolgende Wahrnehmungen konstatieren zunächst nur, daß der Zustand eines Dinges sich zeitlich ändert. Die zeitliche Reihenfolge dieser Zustände ist dabei noch nicht festgelegt, jedenfalls nicht die objektive Folge der verschiedenen Zustände. Denn die Zeit selbst kann nicht wahrgenommen werden und dadurch die Reihenfolge empirisch am Objekt bestimmt werden. Diese Bestimmung erfolgt vielmehr unter dem Gesichtspunkt einer kausalen Aufeinanderfolge der Ereignisse. Diese werden dabei verstanden als zeitlich eng aufeinanderfolgende, d.h. kontinuierlich zusammenhängende Ereignisse. Die Anwendung der Kausalkategorie auf die Erscheinungen ist daher aufs engste mit einer gewissen Kontinuität der vorkommenden Ereignisse verbunden.

Diese Ordnung und Zusammenfassung zeitlich aufeinanderfolgender Ereignisse mit Hilfe der Kausalkategorie hat zur Folge, daß die zeitlichen Veränderungen der Gegenstände der Erfahrung in kausaler Weise erfolgen. Dadurch wird es möglich, diesen Gegenständen eine Individualität zuzuordnen. Unter Individualität soll dabei die Möglichkeit verstanden werden, einen bestimmten Gegenstand trotz der Veränderung seiner Eigenschaften in der Zeit zu jeder beliebigen Zeit als denselben wiederzuerkennen. Die Individualität ist solange kein Problem, als nur ein Gegenstand existiert oder solange mehrere Gegenstände sich durch zeitlich unveränderliche Eigenschaften unterscheiden lassen. Schwierigkeiten

---

[1] Kant, Kr. d. r. V. Aufl. A. S. 189 [2] l. c. S. 111

treten erst dann auf, wenn man mehrere Gegenstände untersucht, bei denen zeitlich unveränderliche Unterscheidungsmerkmale nicht existieren. Dann ist die Identifizierung eines Gegenstandes zu verschiedenen Zeiten nur möglich, wenn das Gesetz bekannt ist, nach welchem sich die Eigenschaften dieses Gegenstandes verändern, d.h. wenn diese Änderungen kausal verlaufen. Da Gegenstände der Erfahrung auf Grund der oben gemachten Bemerkungen dem Kausalgesetz unterliegen, sind sie auch stets im Wechsel ihrer Eigenschaften identifizierbar.

Während die Substanzkategorie allen Wechsel der Erscheinungen als Veränderungen der Akzidenzien einer Substanz interpretiert, werden durch die Kausalkategorie diese Veränderungen als kausale Veränderungen gedeutet. Erst durch die Anwendung dieser beiden Gesichtspunkte zur Ordnung der Wahrnehmungen entstehen in der Erfahrung Dinge, deren Eigenschaften sich in regelmäßiger Weise verändern. Während die Objektivität der Eigenschaften eines Dinges eine Folge der Anwendung der Substanzkategorie ist, ist die Individualität auf die Verwendung der Kausalkategorie zurückzuführen. Beide Eigenschaften machen erst das aus, was wir einen Gegenstand in Raum und Zeit nennen: Ein jederzeit identifizierbares Objekt, auf das alle möglichen Eigenschaften bezogen werden können. Treten daher Dinge im Sinne dieser Definition in unserer Erfahrung auf, so müssen sie a priori dem Satz von der Erhaltung der Substanz und dem Kausalgesetz gehorchen. KANT behauptet jedoch nicht, daß alle Wahrnehmungen sich zur Erfahrung von Gegenständen überhaupt ordnen lassen. In dem Falle, daß das nicht geschieht, hätten wir dann aber auch keine Erkenntnis von Dingen in Raum und Zeit. „Wenn eine jede einzelne Vorstellung der anderen ganz fremd, gleichsam isoliert, und von dieser getrennt wäre, so würde niemals so etwas, als Erkenntnis ist, entspringen, welche ein Ganzes verglichener und verknüpfter Vorstellungen ist“.[1]

Man wird auf Grund der Erfahrungen mit der heutigen Physik diesen Überlegungen nicht vollständig zustimmen können. Denn auch dann, wenn Wahrnehmungen sich nicht durch die erwähnten Kategorien der Substanz und Kausalität ordnen lassen, ist es unter gewissen Einschränkungen möglich, zwar nicht Dinge und ihre Veränderungen in die Erfahrung zu bringen, aber immerhin Zusammenhänge, die durchaus noch den Charakter von Erkenntnissen haben können. Die folgenden Betrachtungen werden dies am Bei-

[1] l. c. S. 97

spiel der „uneigentlichen Gegenstände" in der Quantentheorie deutlich machen.[1]

Die A-priori-Gültigkeit des Kausalsatzes wurde in der Folgezeit selbst von so empiristisch gesonnenen Denkern wie HELMHOLTZ bestätigt: „Das Kausalgesetz trägt den Charakter eines rein logischen Gesetzes auch wesentlich darin an sich, daß die aus ihm geschlossenen Folgerungen nicht die wirkliche Erfahrung betreffen, sondern deren Verständnis, und daß es deshalb durch keine mögliche Erfahrung widerlegt werden kann"[2]. Diese Auffassung der Kausalität als eines methodischen Prinzips bestätigt die KANTsche Deutung der Kausalität als Kategorie.

Der Kausalbegriff in der Physik

In der klassischen Physik gilt als Kausalgesetz im Sinne der Zweiten Analogie in Strenge: Die auftretenden makroskopischen Gegenstände sind durch die Gesamtheit meßbarer Eigenschaften eindeutig charakterisiert und sollten daher als Dinge in Raum und Zeit dem Kausalgesetz unterliegen. In der Mechanik wird gezeigt, daß die Gesamtheit aller Eigenschaften sich bereits durch die Observablen x und p vollständig darstellen läßt. Auf Grund des Kausalgesetzes sollten sich daher aus den zur Zeit $t = t_0$ vorliegenden Werten x_0 und p_0 eines Gegenstandes die entsprechenden Werte x_1, p_1 für jeden zukünftigen Zeitpunkt t_1 berechnen lassen. Diese Forderung wird erfüllt durch die in der Mechanik gültigen HAMILTONschen Differentialgleichungen:

$$\dot{x} = \frac{\partial H}{\partial p} \qquad \dot{p} = -\frac{\partial H}{\partial x},$$

die es erlauben, aus dem gegenwärtigen Zustand $x(t_0)$, $p(t_0)$ eines Systems den Zustand $x(t)$, $p(t)$ zu jeder zukünftigen Zeit zu berechnen.

Auf Grund dieser Gesetzmäßigkeit können die Gegenstände der klassischen Mechanik als identifizierbare Objekte betrachtet werden. Sind nämlich zu einer Zeit $t = t_0$ mehrere Objekte gegeben, die sich in allen unveränderlichen Merkmalen gleichen – etwa

[1] Eine in gewisser Hinsicht ähnliche Situation hatte sich bereits bei der Diskussion der Relativitätstheorie ergeben (Kap. I). Auch dort zeigte sich, daß es unter Umständen unmöglich ist, die Erscheinungen mit Hilfe der Kantschen Kategorien zu ordnen. Diese Ordnung ließ sich dann allerdings durch die neuen, von Einstein eingeführten Begriffe ohne Schwierigkeit durchführen. Etwas Entsprechendes ist für die „uneigentlichen Gegenstände" der Quantenphysik aber nicht möglich.

[2] Helmholtz, Phys. Optik III, S. 31

Massenpunkte der gleichen Masse – und nur in bezug auf die Koordinaten $x_1^0, p_1^0; x_2^0, p_2^0; \ldots$ verschieden sind, so kann man eine Numerierung dieser Objekte etwa auf Grund der Koordinaten x_i^0, p_i^0 durchführen.[1]

Wegen der Invarianzen der Mechanik sind all diese Objekte als physikalisch gleich zu betrachten. Trotzdem können die durch diese Numerierung gekennzeichneten Gegenstände jederzeit wieder identifiziert werden. Auf Grund der HAMILTONschen Gleichungen lassen sich nämlich die zu einer späteren Zeit $t = t_1$ auftretenden Koordinaten x_1, p_1 genau berechnen, wenn die Kräfte zwischen den einzelnen Objekten erkannt sind. Ein zur Zeit $t = t_1$ an der Stelle x_k^1 experimentell vorgefundenes Objekt kann daher mit dem früher durch die Numerierung k gekennzeichneten Objekt identifiziert werden.

Man hat gelegentlich die Vermutung geäußert, mit Kausalität sei nichts weiter gemeint, als die Existenz eines strengen physikalischen Gesetzes, so daß das Kausalgesetz in der Physik nie als eigenes Gesetz auftreten muß, sondern daß ihm durch die Existenz strenger Naturgesetze bereits Genüge getan ist. Das ist jedoch nicht der Fall. Ein kausales Gesetz zeichnet sich, wie auch das Beispiel der Mechanik zeigt, dadurch aus, daß der gegenwärtige Zustand eines Systems ausreicht, um jeden zukünftigen Zustand daraus zu berechnen. Es muß also möglich sein, Voraussagen für die Zukunft zu machen. Diese Einschränkung wählt einen bestimmten Typ von Differentialgleichungen aus, die ein Anfangswertproblem darstellen. Im allgemeinen werden auch nicht alle Lösungen einer solchen Differentialgleichung brauchbar sein, so daß hier das Kausalprinzip wiederum eine Auswahl treffen muß.

Besonders deutlich werden diese Zusammenhänge, wenn man von der klassischen zur relativistischen Mechanik übergeht. Da die Lichtgeschwindigkeit die höchste Geschwindigkeit ist, ist die Möglichkeit einer kausalen Beeinflussung gar nicht mehr zwischen allen Weltpunkten gegeben, sondern nur zwischen solchen, die „zeitartig"

[1] Auf die Möglichkeit der Individualisierung ununterscheidbarer Objekte durch Raumpunkte weist schon Kant hin: „Wenn uns ein Gegenstand mehrmalen, jedesmal aber mit ebendenselben inneren Bestimmungen, (qualitas et quantitas) dargestellt wird ... (und) ist er aber Erscheinung, so kommt es auf die Vergleichung der Begriffe gar nicht an, sondern, so sehr auch in Ansehung derselben alles einerlei sein mag, ist doch die Verschiedenheit der Örter dieser Erscheinungen zu gleicher Zeit ein genugsamer Grund der numerischen Verschiedenheit des Gegenstandes selbst" (Kr. d. r. V. Aufl. B. S. 319).

zueinander liegen. Die Wirkungen müssen sich nämlich langsamer als mit Lichtgeschwindigkeit ausbreiten, weshalb sie nur Punkte innerhalb ihres Lichtkegels erreichen können (Fig. 11).

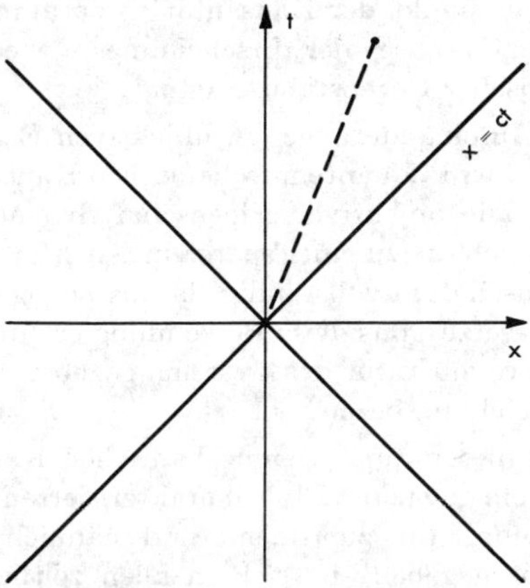

Fig. 11. Ausbreitung von Wirkungen in der Relativitätstheorie

Differentialgleichungen, die die Ausbreitung und Bewegung von wirklichen physikalischen Feldern beschreiben, müssen diese Forderung daher schon implizit enthalten. Allerdings zeichnen die relativistischen Feldgesetze nicht die Zukunft vor der Vergangenheit aus, so daß von jeweils zwei möglichen Lösungen eine als dem Kausalgedanken entsprechend ausgewählt werden muß. (Avancierte und retardierte Lösungen der Feldgleichungen). Der Kausalsatz müßte jedoch immer dann als ein eigenes Gesetz formuliert werden, wenn es nicht mehr möglich sein sollte, eine Beschreibung der Naturvorgänge mit Hilfe von Gesetzen vorzunehmen, die das Kausalgesetz bereits implizit enthalten.

Vollkommen analoge Verhältnisse existieren auch in der Quantentheorie, solange man sich auf die objektiven Eigenschaften beschränkt. Die Bedingungen, unter denen Erfahrungen von quantenmechanischen Systemen überhaupt möglich sind, sind die physikalischen Gesetze der Meßgeräte und diese sind die Gesetze der Quantentheorie selbst. Aus diesem Zusammenhang wurde in der Theorie des Meßprozesses klar, daß nur gewisse Eigenschaften des Systems im klassischen Sinne durch Kenntnisnahme gemessen werden können, die wir deshalb als objektiv bezeichnet haben. Die Interpretation objektiver Eigenschaften mit Hilfe der Substanzkategorie als Akzidenzien einer „Substanz“, die durch den HEISENBERG-Zustand gegeben ist, hatte sich oben als möglich erwiesen. Darüber hinaus können die Veränderungen dieser Akzidenzien unter dem Gesichtspunkt der Kausalität so zusammengefaßt werden, daß ein im Wechsel der Erscheinungen wiedererkennbarer quantenmechanischer Gegenstand entsteht.

Die zeitliche Aufeinanderfolge der objektiven Eigenschaften gehorcht nämlich einem „quantenmechanischen Kausalgesetz“: Sind zu einer Zeit t_0 alle objektiven Eigenschaften eines Systems bekannt, so lassen sich die zu einer späteren Zeit $t_1 \geq t_0$ vorliegenden objektiven Eigenschaften vollständig daraus berechnen. Die explizite Form des Gesetzes, das diese Berechnung erlaubt, ist bekannt, wenn der HAMILTONoperator des Systems gegeben ist. Es wird als SCHRÖDINGER-Gleichung bezeichnet.

Entsprechend diesem „quantenmechanischen Kausalsatz“ kann man den durch einen Zustand $|\varphi\rangle$ charakterisierten Gegenständen auch eine Individualität zuordnen. Sind nämlich zu einer Zeit $t = t_0$ N Systeme gegeben, die sich in allen zeitlich unveränderlichen Merkmalen gleichen – etwa mehrere Elementarteilchen der gleichen Sorte – und nur in bezug auf die objektiven Eigenschaften verschieden sind, d.h. aber verschiedene Zustände $|\varphi_1^0\rangle$, $|\varphi_2^0\rangle \ldots |\varphi_N^0\rangle$ haben, so kann man entsprechend diesen Zuständen eine Numerierung der Systeme S_1, S_2 ..... S_N einführen. Die so numerierten Systeme können aber im Prinzip jederzeit wiedererkannt werden. Denn auf Grund des „quantenmechanischen Kausalsatzes“ lassen sich die zu einer späteren Zeit $t_1 \geq t_0$ vorliegenden objektiven Eigenschaften aller N Systeme genau berechnen. Ist nun eine bestimmte Observable, z.B. der Ort x, zur Zeit t_1 eine objektive Eigenschaft aller Systeme und sind die berechneten Werte dieser Größen $x_1{}^{(1)}$, $x_2{}^{(1)}$ ..... $x_N{}^{(1)}$, so kann ein zur Zeit t_1 an der Stelle $x_k{}^{(1)}$ vorgefundenes System mit dem früher als S_k gekennzeichneten System identifiziert werden. Die Identifizierung der N Systeme muß also in solchen Observablen durchgeführt werden, die zu dieser Zeit für alle Systeme objektiv sind, so daß durch deren Messung die Systeme tatsächlich unterschieden werden können. Das bedeutet natürlich eine gewisse Einschränkung in den praktischen Möglichkeiten der Identifizierung, bereitet aber keinerlei prinzipielle Schwierigkeiten.

Die Anwendung der Kausalkategorie auf die zeitlichen Veränderungen der objektiven Eigenschaften eines quantenmechanischen Gegenstandes führt also dazu, daß ein im Wechsel seiner Eigenschaften jederzeit wiedererkennbares Objekt entsteht. Da sich außerdem die objektiven Eigenschaften widerspruchslos als Akzidenzien einer Substanz interpretieren lassen, weisen die in der Erfahrung auftretenden „quantenmechanischen Gegenstände" alle wesentlichen Charakteristika eines „Gegenstandes der Erfahrung" auf.

Dem Kausalgesetz, das a priori für alle Gegenstände der Erfahrung gelten sollte, wird für die quantenmechanischen Gegenstände durch das quantenmechanische Kausalgesetz Genüge getan. Denn der Kausalsatz gilt hier für alle die Eigenschaften, die widerspruchslos als Akzidenzien einer Substanz interpretiert werden können. Eine darüber hinausgehende Berechenbarkeit nicht objektiver Eigenschaften ist auf Grund des a priori gültigen allgemeinen Kausalsatzes nicht zu erwarten. Wie wir sehen werden, ist eine solche Berechnung auch tatsächlich nicht möglich.

Die Ungültigkeit des Kausalsatzes in der Quantentheorie

Für die Gegenstände der klassischen Physik und für die quantenmechanischen Gegenstände gilt das Kausalgesetz in Strenge. In der klassischen Physik tritt es in Form der HAMILTONschen Gleichungen auf, in der Quantentheorie in der Form der SCHRÖDINGER-Gleichung.

Das quantenmechanische Kausalgesetz gestattet jedoch – wie oben erwähnt – nur die Berechnung der jeweils objektiven Eigenschaften. Da andererseits experimentell auch die nicht objektiven Eigenschaften jederzeit bestimmt werden können, liegt es nahe, auch für diese Eigenschaften nach Möglichkeiten der theoretischen Voraussage zu suchen. Das klassische Kausalgesetz, das die Berechnung aller Eigenschaften gestattet, war bisher nur auf Gegenstände der klassischen Physik angewandt worden. Versucht man nun, das Kausalgesetz in seiner klassischen Form auch auf quantenmechanische Systeme anzuwenden, um dadurch eventuell auch für nicht objektive Eigenschaften Voraussagen machen zu können, so können zwei Fälle eintreten: Entweder man berücksichtigt die Ergebnisse der Quantentheorie vollständig, dann wird der klassische Kausalsatz zwar nicht falsch, aber unanwendbar. Oder man verzichtet auf die Quantentheorie insofern, als man den quantenmechanischen Systemen alle, d.h. auch die nicht objektiven Eigenschaften zuordnet. Dann wird das Kausalgesetz falsch.

Die Unanwendbarkeit des Kausalsatzes ergibt sich, wenn man die klassische Form dieses Satzes auf quantenmechanische Gegenstände, die durch einen Zustand charakterisiert sind, anzuwenden versucht. Unter Kausalsatz im Sinne der klassischen Physik soll dabei die Behauptung verstanden werden, daß aus der Kenntnis der Werte von x und p zu einer Zeit t_0 die entsprechenden Werte von x und p zu jeder späteren Zeit bestimmt werden können. Die logische Form dieses Kausalgesetzes ist die einer Implikation, deren Prämisse P das Vorliegen bestimmter Werte x_0 und p_0 zu einer Zeit t_0 an einem Objekt behauptet und deren Konklusion K die Berechenbarkeit der entsprechenden Werte zu einem späteren Zeitpunkt aussagt. Die gleichzeitige Kenntnis von Ort und Impuls ist aber nach der Quantentheorie nicht möglich. Infolgedessen wird es nie eine Situation geben, in der von einem quantenmechanischen System behauptet werden kann, daß es zur Zeit t_0 den Ort x_0 und den Impuls p_0 besitzt. Die Implikation ,,wenn P dann K" ist daher im Sinne der Logik auch für quantenmechanische Gegenstände als wahrer Satz zu betrachten, wenngleich der so formulierte wahre Kausalsatz völlig unanwendbar ist.

Diese Überlegungen bestätigen erneut in einer mehr formalen Weise, daß der allgemeine Kausalsatz als ein Satz, der für alle Gegenstände der Erfahrung gilt, völlig zu Recht besteht. Denn auch die quantenmechanischen Gegenstände weisen, wie bemerkt, alle wesentlichen Charakteristika eines Dinges auf, so daß man auch für sie die Gültigkeit des Kausalgesetzes erwarten sollte. Allerdings zeigt die genaue Formulierung des *klassischen* Kausalgesetzes, daß die obengenannte Prämisse P zwar für klassische Dinge in Raum und Zeit, nicht aber für quantenmechanische Gegenstände erfüllbar ist. Infolgedessen sagt das klassische Kausalgesetz über quantenmechanische Gegenstände gar nichts aus, wird aber deswegen natürlich nicht falsch.

Trotz dieser Überlegungen ist verschiedentlich behauptet worden, daß das klassische Kausalgesetz in der Quantenmechanik falsch sei. Diese Behauptung bezieht sich auf eine Situation, in der man einem quantenmechanischen System alle, also auch die nicht objektiven Eigenschaften zuordnet. Die Untersuchung der Substanzkategorie hat bereits gezeigt, daß der Bezug aller Eigenschaften auf ein System zu logischen und wahrscheinlichkeitstheoretischen Widersprüchen führt. Eine ähnliche Situation besteht auch in Hinsicht auf die Kausalität: Betrachtet man die Systeme als Träger aller meßbaren Eigenschaften, führt man also uneigentliche Gegenstände im obigen Sinne ein, so wird das Kausalgesetz falsch.

Schwierigkeiten wegen der von KANT behaupteten A-priori-Gültigkeit des Kausalgesetzes werden dabei nicht auftreten. Denn den hier diskutierten „uneigentlichen Gegenständen“ fehlen, wie sich zeigen wird, alle wesentlichen Merkmale, durch die „Gegenstände der Erfahrung“ bei KANT charakterisiert werden. Nur für diese besitzt aber das Kausalgesetz als „synthetisches Urteil a priori“ notwendig Gültigkeit. Für uneigentliche Gegenstände besteht daher zunächst kein Anlaß, kausale Zusammenhänge zwischen ihnen zu vermuten.

Zu „uneigentlichen Gegenständen“ wird man immer dann geführt, wenn man die Meßergebnisse konsequent als Aussagen über klassische Eigenschaften interpretiert und keinen Bezug auf die Quantentheorie nimmt. Man geht also von der experimentellen Situation aus, daß jede Eigenschaft im Prinzip gemessen werden kann und klammert die Kenntnis der Quantentheorie bei der Interpretation der Experimente ausdrücklich aus. Die Ergebnisse von Messungen werden dann dem physikalischen System, also dem Elektron, Atom usw., als objektive Eigenschaften zugeordnet, ohne daß ein Unterschied zwischen kommensurablen und inkommensurablen Größen gemacht wird. Man verhält sich also in Hinblick auf die gewonnenen Meßergebnisse genauso, wie man es in der klassischen Physik immer tun würde, so lange jedenfalls, wie man die Quantenmechanik als fertige Theorie noch nicht kennt.

Unter diesen Umständen kann folgende Situation eintreten: Es ist an einem System der Ort x_0 zur Zeit t_0 und unmittelbar darauf folgend der Impuls p_0 gemessen worden. Unter den in der klassischen Mechanik üblichen Stetigkeitsannahmen bestehen keine Bedenken, dem System zur Zeit t_0 sowohl den Ort x_0 als auch den Impuls p_0 zuzuordnen, wenn nur die Zeitdifferenz zwischen der Orts- und Impulsmessung hinreichend klein gewesen ist[1]. Ist nun weiter die

[1] Um dem Einwand zu begegnen, daß man im Grunde ja nicht x_0 und p_0 zur gleichen Zeit t_0 gemessen habe, sondern daß dazwischen eine, wenn auch kurze Zeitspanne liegt, von der man nicht mit Sicherheit sagen kann, daß die in ihr sich ereigneten Änderungen von p auch klein sind, kann man folgendermaßen argumentieren: Man wähle für die Messung einen Zeitpunkt t_0, von dem man schon vorher weiß, daß in ihm der Impuls den Wert p_0 hat. Dieses Wissen könnte etwa aus früheren Messungen stammen, aus denen man dann einfach mit Hilfe der Schrödinger-Gleichung ausrechnet, wann p eine objektive Eigenschaft ist, oder man befindet sich in einer Situation, in der p eine Erhaltungsgröße ist und überhaupt nicht von der Zeit abhängt. Zu diesem so gewählten Zeitpunkt, an dem der Impuls den Wert p_0 hat, macht man nun eine Ortsmessung. Das Ergebnis x_0 ist dann genau der zur Zeit t_0 gemessene Ort. Im Sinne der klassischen Physik könnte man also behaupten, man habe x_0 und p_0 exakt im gleichen Zeitpunkt gemessen.

HAMILTON-Funktion des Systems bekannt, so bestehen keine Bedenken, mit Hilfe der HAMILTONschen Gleichungen den Ort x_1 und den Impuls p_1 zu einer späteren Zeit t_1 zu berechnen. Das aber ist eine experimentelle Voraussage, die sich prüfen läßt. Das Ergebnis ist, daß die zur Zeit t_1 gemessenen Werte x_1 und p_1 in den allermeisten Fällen nicht mit den berechneten Werten übereinstimmen. Die gemachte Voraussage war also falsch. Das Kausalgesetz in seiner für die klassische Physik relevanten Form – als HAMILTONsche Gleichung – ist somit ungültig. Der Grund für die falschen Voraussagen ist – wenn man die Quantentheorie jetzt wieder explizit in Betracht zieht – natürlich nicht die Ungültigkeit der HAMILTONschen Gleichungen, sondern die Tatsache, daß Ort und Impuls inkommensurabel sind. Ganz unabhängig von der Zeitspanne, die zwischen der Orts- und Impulsmessung liegt, wird die Impulsmessung p_0 das Ergebnis der vorangegangenen Ortsmessung vollständig zerstören. Es ist also gar nicht wahr, daß nach der Impulsmessung der Ort x_0 vorgelegen hat und daher sind auch alle Schlüsse, die man aus dieser Tatsache gezogen hat, nicht stichhaltig.

Die Ungültigkeit des Kausalgesetzes hat für die betrachteten physikalischen Systeme – also die „uneigentlichen Gegenstände" – weitreichende Konsequenzen. Diese Gegenstände sind nämlich im Gegensatz zu den Dingen der klassischen Physik nicht mehr individualisierbar, auch nicht in dem eingeschränkten Sinne, in dem „quantenmechanische Gegenstände" noch individualisiert werden können. Man kann sich das leicht folgendermaßen klarmachen: Sind zu einer Zeit t_0 die Orte $x_1^0, x_2^0, \ldots\ldots x_N^0$ von N sonst nicht verschiedenen Systemen gegeben, so ist über die entsprechenden Impulse $p_1^0, p_2^0, \ldots\ldots p_N^0$ nichts bekannt, da die p_i^0 keine objektiven Größen sind. Zu einer späteren Zeit $t_1 \geq t_0$ wird man infolgedessen nicht sagen können, wo sich die Teilchen 1, ... N befinden. Findet man daher bei einer Ortsmessung, die stets mit einer Störung des Systems verbunden sein wird, die Orte $x_1^1, x_2^1, \ldots\ldots x_N^1$ vor, so wird man nicht mehr sagen können, welches der so bestimmten Teilchen mit welchem der früher gemessenen übereinstimmt. Der Grund ist, daß man für die zeitlichen Veränderungen der uneigentlichen Gegenstände kein Kausalgesetz mehr hat, sondern nur noch Wahrscheinlichkeiten angeben kann.

Die uneigentlichen Gegenstände sind also nicht mehr im Wechsel ihrer Eigenschaften identifizierbar. Da sie – wie im Zusammenhang mit dem Substanzbegriff gezeigt werden konnte – auch nicht objektivierbar sind, fehlen ihnen somit alle wesentlichen Merkmale, die ein Ding im klassischen Sinn kennzeichnen. Das begründet die oben gemachte Bemerkung, daß uneigentliche Gegenstände keine „Gegenstände der Erfahrung" sind, und daß deshalb auch die von KANT behauptete A-priori-Gültigkeit des Kausalsatzes auf sie keine Anwendung finden kann.

Daß die Beschäftigung mit uneigentlichen Gegenständen trotz dieser Einschränkung unter gewissen Umständen sinnvoll sein kann, erklärt sich aus den Gegebenheiten des Experiments. Die klassische objektivierende Interpretation der Meßresultate ist nämlich deshalb naheliegend, weil Meßergebnisse immer in der Form klassischer Resultate auftreten, z.B. als Zeigerstellungen makroskopischer Geräte.[1] Die eventuelle Inkommensurabilität zweier Größen macht sich daher in den experimentellen Ergebnissen unmittelbar überhaupt nicht bemerkbar. Es liegt daher nahe, zunächst auch keinen Unterschied in der Deutung dieser Größen zu machen.

Die objektivierende Interpretation von quantenmechanischen Meßresultaten führt jedoch, wie bemerkt, dazu, daß das Kausalgesetz seine Gültigkeit verliert. Der Verzicht auf die Kausalität ist aber nicht die einzige Schwierigkeit, die sich ergibt, wenn man die Messungen an einem quantenphysikalischen System klassisch interpretiert. Das zeigte sich bereits im Zusammenhang mit der Objektivierbarkeit und wird bei der Diskussion der Quantenlogik noch deutlicher zum Vorschein kommen. —

Faßt man die gewonnenen Ergebnisse über die Gültigkeit des Kausalgesetzes in den verschiedenen Bereichen der Wirklichkeit noch einmal zusammen, so ergibt sich folgendes Bild: Das klassische Kausalgesetz ist ein synthetisches Urteil, das a priori für alle in unserer Erfahrung auftretenden Gegenstände Gültigkeit besitzt. Unter einem Gegenstand der Erfahrung ist dabei ein Objekt zu verstehen, dessen sämtliche Eigenschaften widerspruchslos objektiviert werden können, und das im Wechsel seiner Erscheinungsformen stets als dasselbe wiedererkannt werden kann. Das Kausalgesetz bezieht sich infolgedessen auf die Gegenstände der klassischen Physik und auf die quantenmechanischen Gegenstände, denn für diese beiden Klassen von Gegenständen ist weder die Objektivierung noch die Individualisierung ein Problem.

---

[1] Der Grund, warum quantenmechanische Meßgeräte immer makroskopische Dimensionen besitzen müssen, war in Kap. III im Zusammenhang mit der Diskussion des Schnittes auseinandergesetzt worden.

Die genaue Untersuchung zeigt dann, daß tatsächlich das Kausalgesetz für diese beiden Arten von Gegenständen gültig ist, und zwar für klassische Gegenstände in Form der HAMILTONschen Gleichungen, für quantenmechanische Gegenstände in Form der SCHRÖDINGER-Gleichung. Die beiden ersten Zeilen der folgenden Tabelle beziehen sich auf diese Resultate.

Gegenstand	Eigenschaften	Kausalgesetz	Gültigkeit
klassische G.	alle E	klassisches K	w, a
quantenm. G.	obj. E	quantenmech. K	w, a
		klassisches K	$w, \neg a$
uneigentliche Gegenstände	alle E	klassisches K	$\neg w, a$

Zur Tabelle: Die erste Spalte gibt den Gegenstand an, die zweite die Eigenschaften, die den betreffenden Gegenständen zukommen, die dritte das Kausalgesetz, dem der Gegenstand gehorcht. In der vierten Spalte bedeutet w „wahr", a „anwendbar"; $\neg w$ bzw. $\neg a$ „nicht wahr" bzw. „nicht anwendbar".

Versucht man das klassische Kausalgesetz, das der Form nach die Berechnung aller Eigenschaften gestatten würde, auch auf quantenmechanische Gegenstände anzuwenden, so zeigt sich, daß das klassische Kausalgesetz dabei zwar nicht falsch, aber unanwendbar wird (Zeile 3). Den uneigentlichen Gegenständen fehlen alle wesentlichen Merkmale eines „Gegenstandes der Erfahrung". Sie sind weder objektivierbar, noch individualisierbar. Infolgedessen ist auch nicht zu erwarten, daß das Kausalgesetz für diese Objekte Gültigkeit besitzt. Da die uneigentlichen Gegenstände alle Eigenschaften haben, ist das klassische Kausalgesetz zwar auf sie anwendbar, es zeigt sich jedoch, daß es falsch ist.

Das Problem der verborgenen Parameter

Die beiden soeben besprochenen Interpretationen der Situation, daß nämlich das Kausalgesetz unanwendbar bzw. falsch sei, sind nur zwei verschiedene Ausdrucksweisen ein und desselben physikalischen Sachverhaltes: Daß es nämlich nicht möglich ist, aus der Kenntnis des Zustandes $|\varphi(t_0)\rangle$ zur Zeit t_0 die Meßwerte aller Observablen zu einer späteren Zeit t_1 vorherzusagen. Zwar ist es immer möglich, den Zustand $|\varphi(t_1)\rangle$ zur Zeit t_1 zu bestimmen, aber daraus lassen sich keineswegs die Meßwerte aller Observablen berechnen. Die Gründe dafür wurden bei der Diskussion des Meßprozesses schon im einzelnen besprochen.

Es ist aber schon sehr bald nach Aufstellung der Quantentheorie der Verdacht geäußert worden, daß die Unmöglichkeit, kausale Zusammenhänge zwischen Meßwerten zu verschiedenen Zeiten herzustellen, auf die Unvollkommenheit der Quantentheorie zurückzuführen ist. Denn es könnte sein, daß ein Zustand $|\varphi\rangle$ das physikalische System gar nicht vollständig charakterisiert, sondern daß dieser Zustand ein Mittelwert über genauer definierte Zustände $|\varphi, \lambda\}$ darstellt, die außer von $|\varphi\rangle$ selbst noch von weiteren Bestimmungsstücken λ abhängen und durch die die Meßwerte aller Observablen Θ im Einzelfall festgelegt sind. Diese hypothetischen Zustände $|\varphi, \lambda\}$, hinsichtlich deren keine Streuung der Meßwerte der Observablen mehr vorliegt, bezeichnet man als *streuungsfreie Zustände*, und die Parameter λ, die die Meßwerte der Observablen zwar determinieren, selbst aber nicht direkt meßbar zu sein brauchen, als *verborgene Parameter*.[1]

Der Zusammenhang zwischen den quantenmechanischen Zuständen $|\varphi\rangle$, den Observablen Θ, deren Eigenwerten Θ_i und deren Erwartungswerten $\langle\varphi|\Theta|\varphi\rangle$ einerseits und den streuungsfreien Zuständen $|\varphi, \lambda\}$ bzw. den zugehörigen Meßwerten $\Theta(\varphi, \lambda)$ andererseits, läßt sich durch zwei Forderungen charakterisieren, die unmittelbar aus der Konzeption der Begriffe der streuungsfreien Zustände bzw. der verborgenen Parameter folgen. Ist $\varrho(\lambda)$ die Wahrscheinlichkeitsverteilung der Parameter λ, so muß der Mittelwert der Meßwerte $\Theta(\varphi, \lambda)$ über λ mit dem quantenmechanischen Erwartungswert übereinstimmen, d. h.

$$\langle\varphi|\Theta|\varphi\rangle = \int d\lambda\, \varrho(\lambda)\, \Theta(\varphi, \lambda)$$

gelten. (*Erwartungswertpostulat*). Da weiter die Zustände $|\varphi, \lambda\}$ selbst streuungsfrei sein sollen, so muß der Erwartungswert einer Observablen Θ hinsichtlich eines dieser Zustände $|\varphi, \lambda_i\}$, den wir mit $\{\varphi, \lambda_i|\Theta|\varphi, \lambda_i\}$ bezeichnen wollen, mit dem zu φ und λ_i gehörigen Meßwert $\Theta(\varphi, \lambda_i)$, d. h. aber mit einem Eigenwert Θ_i übereinstimmen. Es muß daher

$$\{\varphi, \lambda_i|\Theta|\varphi, \lambda_i\} = \Theta(\varphi, \lambda_i) = \Theta_i$$

gelten. *(Eigenwertpostulat).*

Das Problem der Existenz streuungsfreier Zustände

Die Frage, ob es streuungsfreie Zustände bzw. verborgene Parameter gibt, die das Eigenwertpostulat und das Erwartungswert-

[1] Es ist für die folgenden Überlegungen unwesentlich, ob durch λ ein oder mehrere Parameter bezeichnet werden.

postulat erfüllen, ist unter verschiedenen Voraussetzungen untersucht worden. Für die Diskussion dieser Probleme ist es oft zweckmäßig, nicht ein einzelnes System, sondern eine Gesamtheit U von N Systemen $S_1, S_2 \ldots S_N$ zu betrachten, die sich alle in dem gleichen quantenmechanischen Zustand $|l\rangle$ befinden, der zu dem Eigenwert l einer Observablen L gehört. Hinsichtlich des Meßwertes m einer mit L nicht kommensurablen Observablen M, kann man dann im Einzelfall nichts aussagen, weshalb man auch sagt, daß die Observable M in der Gesamtheit U streut. Wenn dies nun darauf zurückzuführen ist, daß der Zustand $|l\rangle$ die Gesamtheit gar nicht vollständig beschreibt, so heißt das, daß es noch „verborgene Parameter" geben muß, die für die einzelnen Systeme verschieden sein können und durch die der Meßwert von M auch im Einzelfall festgelegt ist. Untergesamtheiten $U_1, U_2, \ldots$ von U, die jeweils zu einem solchen Wertebereich der verborgenen Parameter gehören, daß der daraus folgende M-Wert eindeutig bestimmt ist, bezeichnet man als „streuungsfreie Gesamtheiten".

Die praktische Herstellung streuungsfreier Gesamtheiten durch Entmischung einer vorgegebenen Gesamtheit U ist auf Grund der Eigenschaften des quantenmechanischen Meßvorganges sicher nicht möglich. Eine einfache Methode einer solchen Zerlegung wäre, die Gesamtheit U nach den Werten zu zerlegen, die die Observable M bei einer Messung tatsächlich angenommen hat. Man sieht jedoch leicht, daß dieses Verfahren nicht zum Ziele führt. Hat man nämlich die Gesamtheit U durch eine M-Messung in diejenigen Untergesamtheiten $U_1, U_2, \ldots$ zerlegt, die jeweils zu einem bestimmten m-Wert gehören, so sind durch diese Meßprozesse die ursprünglich vorhandenen l-Werte gestört worden. Keine der neu gewonnenen Untergesamtheiten gehört mehr zu einem festen l-Wert, denn in jeder der neu gewonnenen Gesamtheiten $U_1, U_2, \cdots$ ist es nun die Größe L, die streut. Eine Aufteilung nach den Werten dieser Größe L aber hätte auf Grund der gleichen Überlegung zur Folge, daß dann wiederum M in jeder Untergesamtheit streut. Praktisch ist daher die Zerlegung einer Gesamtheit in streuungsfreie Untergesamtheiten nicht möglich.

Die Frage, ob eine durch einen Zustand $|\varphi\rangle$ charakterisierte Gesamtheit U wenigstens gedanklich in streuungsfreie Untergesamtheiten $U_1, U_2, \cdots$ zerlegt werden kann, hängt wesentlich von den Voraussetzungen ab, die man über die streuungsfreien Gesamtheiten macht. Bei der Diskussion der Objektivierbarkeit hatte sich bereits an einem einfachen Beispiel (Zwei-Löcher-Experiment, S. 136f.) gezeigt, daß die Annahme, man könne alle Eigenschaften eines Systems objektivieren, zu statistischen Aussagen führt, die sich nicht mit den für quantenmechanische Zustände bzw. Erwartungswerte bekannten Eigenschaften, insbesondere dem Phänomen der Interferenz der Wahrscheinlichkeiten, vereinbaren lassen. Falls es streuungsfreie Zustände gibt, so sind aber durch diese nach dem Eigenwertpostulat die Meßwerte aller Observablen des Systems, das durch einen solchen Zustand charakterisiert ist, bestimmt. Streuungsfreie Zustände können daher, wie das Beispiel des Zwei-Löcher-Experiments zeigt, sicher nicht alle Eigenschaften besitzen, die gewöhnlichen quantenmechanischen Zuständen zukommen.

Die Sätze von v. NEUMANN, JAUCH und PIRON

Allgemeiner als in dem angeführten speziellen Beispiel wird dieser Sachverhalt in einem Satz zum Ausdruck gebracht, den J. v. NEUMANN 1932 bewiesen hat[1]. Dabei wird vorausgesetzt, daß die Erwartungswerte $\{\varphi, \lambda|\Theta|\varphi, \lambda\}$ hinsichtlich der hypothetischen streuungsfreien Zustände $|\varphi, \lambda\}$ für beliebige, also auch inkommensurable Observable die gleichen Eigenschaften besitzen, die die Erwartungswerte bezüglich der gewöhnlichen quantenmechanischen Zustände besitzen. Insbesondere wird vorausgesetzt, daß auch für zwei inkommensurable Observable L und M die Erwartungswerte additiv sind[2], d. h.

$$\{\varphi, \lambda|L|\varphi, \lambda\} + \{\varphi, \lambda|M|\varphi, \lambda\} = \{\varphi, \lambda|L + M|\varphi, \lambda\}$$

gilt. Unter diesen Voraussetzungen hat J. v. NEUMANN gezeigt, daß es streuungsfreie Gesamtheiten bzw. Zustände nicht geben kann.

Um die Tragweite dieses Satzes abzuschätzen, muß man bedenken, daß hier von den streuungsfreien Zuständen bzw. Gesamtheiten Eigenschaften verlangt werden – nämlich die Additivität der Erwartungswerte –, die in keiner Weise eine von einem Erwartungswert notwendig zu verlangende Eigenschaft darstellen, sondern die eine schwer zu verstehende Besonderheit quantenmechanischer Zustände darstellt. Denn bei inkommensurablen Observablen entsprechen den Erwartungswerten von L, M und $L + M$ drei völlig verschiedene Meßanordnungen, deren Resultate durch die verlangte Additivität miteinander verbunden werden. Hinsichtlich der verborgenen Parameter, nach denen die Klassifikation der Untergesamthei-

---

[1] J. v. Neumann, Mathematische Grundlagen der Quantenmechanik, Springer-Verlag, Berlin 1932, insbesondere S. 162—171.

[2] J. v. Neumann, l. c. S. 164, Voraussetzung *E*.

ten erfolgt, bedeuten die genannten Vorraussetzungen, daß von den verborgenen Parametern praktisch alle Eigenschaften gewöhnlicher Observabler verlangt werden. Es bleibt daher zunächst die Möglichkeit bestehen, streuungsfreie Zustände bzw. verborgene Parameter in die Quantentheorie dadurch einzuführen, daß man die genannten Voraussetzungen an Zustände bzw. Observable abschwächt oder ganz fallen läßt.

Eine Verallgemeinerung und Verschärfung des v. NEUMANNschen Satzes wurde 1963 von JAUCH und PIRON[1] angegeben. Die Verallgemeinerung besteht darin, daß nicht die übliche Formulierung der Quantentheorie vorausgesetzt wird, sondern daß lediglich die verbandstheoretischen Eigenschaften der Unterräume $a, b, \cdots$ des Hilbertraumes verwendet werden. Betrachtet man dann in Verallgemeinerung des Zustandsbegriffes Wahrscheinlichkeitsfunktionen $w(a)$ auf solchen Verbänden, so gilt der Satz: Ist der Verband V_q der Unterräume $a, b, \cdots$ irreduzibel und gilt für die Funktion $w(a)$, daß aus[2]

$$w(a) = 1 \text{ und } w(b) = 1 \text{ folgt } w(a \wedge b) = 1,$$

so gibt es keine streuungsfreien Zustände, d. h. Wahrscheinlichkeitsfunktionen, für die

$$w(a) = w(a)^2$$

für alle Verbandselemente a gilt.

In dem JAUCH-PIRONschen Satz sind die Voraussetzungen, die die Existenz verborgener Parameter und streuungsfreier Zustände unmöglich machen, wesentlich schärfer herausgearbeitet als bei J. v. NEUMANN, insbesondere ist deutlich geworden, daß es nur verbandstheoretische und wahrscheinlichkeitstheoretische Voraussetzungen sind, die die Existenz streuungsfreier Zustände ausschließen. Trotz dieser wesentlichen formalen Verbesserung ist physikalisch damit keine neue Einsicht gewonnen. Denn auch der JAUCH-PIRONsche Satz zeigt nur, daß man von streuungsfreien Zuständen nicht alle Eigenschaften verlangen darf, die quantenmechanische Zustände besitzen. Die bei JAUCH und PIRON verwendete wahrscheinlichkeitstheoretische Voraussetzung ist ebensowenig evident wie die bei

---

[1] J. M. Jauch and C. Piron, Helv. Phys. Acta **36**, 827 (1963).
C. Piron, Helv. Phys. Acta **37**, 439 (1964).

[2] Eine weitere Abschwächung dieser Voraussetzung ist mit Hilfe eines Theorems von Gleason möglich, worauf aber hier nicht eingegangen werden soll.
Vgl. hierzu: J. S. Bell, Rev. Mod. Phys. **38**, 447 (1966).

v. NEUMANN vorausgesetzte Additivität der Erwartungswerte. Es ist daher in beiden Fällen wünschenswert, diese mehr formalen Eigenschaften zu ersetzen durch andere, inhaltlich leichter zu durchschauende Voraussetzungen. Das ist in dem weiter unten diskutierten Satz von BELL geschehen.

Das Gedankenexperiment von EINSTEIN, PODOLSKY und ROSEN

Der Wunsch, die Quantentheorie durch streuungsfreie Zustände und durch verborgene Parameter zu vervollständigen, war ursprünglich nur durch eine nicht näher präzisierte Unzufriedenheit über den in dieser Theorie notwendigen Verzicht auf Objektivierbarkeit und Kausalität begründet worden. Der v. NEUMANNsche Beweis für die Nichtexistenz streuungsfreier Gesamtheiten und seine Verschärfung durch JAUCH und PIRON ist daher auch ganz allgemein gehalten und geht von einigen formalen und teilweise wenig einleuchtenden Voraussetzungen aus. Eine ziemlich überzeugende Motivierung für das Bestreben, verborgene Parameter in die Quantentheorie einzuführen, wurde erst an dem bereits in Kap. IV erwähnten Gedankenexperiment von EINSTEIN, PODOLSKY und ROSEN[1] zum Ausdruck gebracht. (Vgl. hierzu S. 141.) Wir wollen dieses Experiment hier wieder in der vereinfachten, von BOHM und AHARONOV[2] angegebenen Form diskutieren: zwei Systeme S_{I} und S_{II}, die beide den Spin $\frac{1}{2}$ besitzen, befinden sich in einem Singlett-Zustand Φ mit dem Gesamtspin 0. Unabhängig vom Abstand der beiden Systeme kann man dann stets aus dem Meßwert $M[\sigma_{\mathrm{I}}(\vartheta)]$ für den Spin des Systems S_{I} in Richtung ϑ auf den Meßwert $M[\sigma_{\mathrm{II}}(\vartheta)]$ für den Spin des Systems S_{II} in der *gleichen* Richtung schließen, denn es gilt

$$M[\sigma_{\mathrm{I}}(\vartheta)] = - M[\sigma_{\mathrm{II}}(\vartheta)]$$

Wir wollen anderseits wieder annehmen (vgl. S. 141f.), daß das gesamte, aus S_{I} und S_{II} gebildete System dem folgenden Lokalitäts-Prinzip gehorcht: „*Wenn die Systeme S_{I} und S_{II} so weit voneinander entfernt sind, daß sie nicht miteinander wechselwirken können, dann kann die Messung an einem System* (*etwa* S_{I}) *das andere System S_{II} in keiner Weise verändern.*"

Für das hier untersuchte Gedankenexperiment bedeutet das, daß es bei hinreichend großer Separierung der Systeme S_{I} und S_{II} für das System S_{II} ohne Bedeutung ist, in welcher Richtung ϑ' der

[1] A. Einstein, B. Podolsky and N. Rosen, Phys. Rev. **47**, 777 (1935).
[2] D. Bohm and Y. Aharonov, Phys. Rev. **108**, 1070 (1957).

Spin an dem System S_{I} gemessen worden ist. Unter „Messung“ ist dabei im Sinne des quantenmechanischen Meßvorgangs (Kap. III) stets ein materieller Eingriff in das System S_{I}, etwa mit einem STERN-GERLACH-Magneten zu verstehen.

Das betrachtete aus S_{I} und S_{II} gebildete Gesamtsystem besitzt also – auf Grund der Quantentheorie – die Eigenschaft, daß die Messung von $\sigma_{\text{II}}(\vartheta)$ mit Sicherheit zu dem Wert $-\frac{1}{2}$ führt, wenn eine vorausgegangene Messung von $\sigma_{\text{I}}(\vartheta)$ den Wert $+\frac{1}{2}$ ergeben hat. Es besitzt aber weiterhin – auf Grund der Lokalität – die Eigenschaft, daß bei hinreichend großem Abstand von S_{I} und S_{II} der an S_{I} ausgeführte Meßprozeß das System S_{II} nicht materiell beeinflußt. Es liegt daher die Vermutung nahe, daß der Meßwert $M[\sigma_{\text{II}}(\vartheta)]$ der Observablen $\sigma_{\text{II}}(\vartheta)$ – und aus Symmetriegründen auch der Meßwert $M[\sigma_{\text{I}}(\vartheta)]$ der Observablen $\sigma_{\text{I}}(\vartheta)$ – bereits vor den beiden Messungen feststand und es daher irgendwelche physikalischen Bestimmungsstücke gibt – eben die verborgenen Parameter – durch die die beiden Meßwerte bestimmt waren. Die Suche nach verborgenen, determinierenden Parametern in der Quantentheorie kann daher durch das EINSTEIN-PODOLSKY-ROSEN-Experiment in einer zunächst sehr einleuchtenden Weise motiviert werden.

Daß allerdings auch diese Begründung nur eine Scheinbegründung ist, ergibt sich aus der in Kap. III dargestellten Theorie des Meßvorgangs und dem in Kap. IV behandelten Problem der Ignoranzinterpretation. Eine $\sigma_{\text{I}}(\vartheta')$-Messung an S_{I} hat nämlich zur Folge, daß an S_{II} die Observable $\sigma_{\text{II}}(\vartheta')$ objektiviert wird, d. h. daß der Gemisch-Zustand $W_{\text{II}}(S_{\text{II}}) = \frac{1}{2}\,1_{\text{II}}$ in das Gemenge $G_{\text{II}}(\vartheta') = (\frac{1}{2}, \frac{1}{2}; \sigma_{\text{II}}(\vartheta'_+), \sigma_{\text{II}}(\vartheta'_-))$ der Spinwerte $\sigma_{\text{II}}(\vartheta'_+)$ und $\sigma_{\text{II}}(\vartheta'_-)$ mit den Wahrscheinlichkeiten $\frac{1}{2}$ übergeht, und zwar ganz unabhängig davon, wie weit die beiden Systeme voneinander entfernt sind. Das Gemisch $W_{\text{II}}(S_{\text{II}})$ ist anderseits von dem Gemenge $G_{\text{II}}(\vartheta')$ wesentlich verschieden, da sonst eine Ignoranzinterpretation des Gemisch-Zustandes $W_{\text{II}}(S_{\text{II}})$ gerechtfertigt wäre, die ihrerseits – wie in Kap. IV gezeigt wurde – auf die Bellsche Ungleichung führt, die in Widerspruch zu den quantenmechanischen Wahrscheinlichkeitsgesetzen steht. Eine Messung der Observablen $\sigma_{\text{I}}(\vartheta')$ an S_{I} führt daher für jeden Abstand der Systeme zu einer Objektivierung von $\sigma_{\text{II}}(\vartheta')$ in S_{II} und diese „Fernobjektivierung“ widerspricht dem oben formulierten *Lokalitätsprinzip*. Ohne das Lokalitätsprinzip gibt es aber keine Rechtfertigung der Vermutung, daß die Spin-Werte in den Systemen S_{I} und S_{II} schon vor der eigentlichen Messung festgestanden hätten. Die durch eine $\sigma_{\text{I}}(\vartheta')$-Messung an S_{I} bewirkte

Fernobjektivierung der Observablen $\sigma_{II}(\vartheta')$ liefert eine hinreichende Erklärung für die Objektivierung dieser Größe. Verborgene Parameter, durch die die Meßwerte der Spins in S_I und S_{II} schon vor der Messung bestimmt wären, sind daher zur Erklärung des Einstein-Podolsky-Rosen-Experiments nicht erforderlich. Die oben erwähnte Motivierung für die Suche nach verborgenen Parametern wird damit gegenstandslos.

Die Bohm*sche Theorie und das Problem der Lokalität*

Der erste Hinweis darauf, daß es überhaupt möglich ist, die Quantentheorie durch Hinzunahme verborgener Parameter zu vervollständigen, wurde von D. Bohm gegeben[1]. Bohm ist es gelungen, explizit eine Theorie verborgener Parameter zu konstruieren, die das Eigenwertpostulat und das Erwartungswertpostulat befriedigt, und die es ermöglicht, die Meßwerte der Observablen exakt zu berechnen und somit einen Kausalzusammenhang zwischen den einzelnen Meßwerten herzustellen. Welche der Vorraussetzungen, die in den oben erwähnten Beweisen von v. Neumann, Jauch und Piron hinsichtlich der verborgenen Parameter gemacht wurden, in der Bohmschen Theorie nicht erfüllt sind, ist dabei allerdings nicht näher untersucht worden.

Angewandt auf das einfache Beispiel eines Systems von zwei Spin-$\frac{1}{2}$-Teilchen mit Wechselwirkung, sind die verborgenen Parameter der Bohmschen Theorie die Bahnen $\vec{r}_1(t)$ und $\boldsymbol{r}_2(t)$ der beiden Teilchen, für die explizit Bewegungsgleichungen angegeben werden können. In der gewöhnlichen Quantentheorie hat der Begriff der Bahn eines Teilchens dagegen im allgemeinen keinen observablen Sinn. Allerdings zeigt sich in der Bohmschen Theorie, daß zwischen den Bahnen $\vec{r}_1(t)$ und $\vec{r}_2(t)$ auf Grund ihrer Bewegungsgleichung eine extrem nichtlokale Wechselwirkung existiert, die zwischen den beiden Bahnen Korrelationen herstellt, die vom Abstand der beiden Teilchen gar nicht abhängen, also auch auf beliebig große Entfernungen hin wirksam sind. Es ist daher in der Bohmschen Theorie möglich, einen Kausalzusammenhang zwischen sämtlichen Meßwerten eines Systems mit Hilfe verborgener Parameter herzustellen, wenn man Potentiale zuläßt, die extrem nichtlokal sind.

---

[1] D. Bohm, Phys. Rev. 85, 166, 180 (1952).
Hidden Variables in the Quantum Theory, in D. R. Bates, Quantum Theory III, Academic Press, New York and London 1962.

Daß in der BOHMschen Theorie die Einführung verborgener Parameter nur möglich ist, wenn man auf die Eigenschaft der Lokalität verzichtet, könnte eine besondere Schwäche dieser Theorie sein. Es ist daher wichtig, die Frage zu untersuchen, ob unter der Voraussetzung der Lokalität die Einführung verborgener Parameter in die Quantentheorie überhaupt möglich ist. Dieses Problem ist auch deswegen von Interesse, weil im Vergleich zu den Voraussetzungen der Sätze von v. NEUMANN, JAUCH und PIRON die Forderung der Lokalität wesentlich mehr physikalische Bedeutung besitzt. Durch das bereits erwähnte Theorem von BELL[1], [2], durch das die Ignoranzinterpretation von Gemischen ausgeschlossen wird, konnte auch die Frage nach dem Zusammenhang zwischen der Lokalität und der Möglichkeit, verborgene Parameter einzuführen, für eine große Klasse von verborgenen Parametern beantwortet werden. Bezeichnet man nämlich mit λ den Parameter, durch den die Meßwerte von $\sigma_{\mathrm{I}}(\vartheta')$ und $\sigma_{\mathrm{II}}(\vartheta'')$ bestimmt sind, und verlangt entsprechend der Lokalitätsforderung, daß die Meßwerte im System S_{I} nicht davon abhängen, welche Größen in S_{II} gemessen werden, so lassen sich die Meßwerte in der Form

$$M[\sigma_{\mathrm{I}}(\vartheta')] = A(\vartheta'; \lambda), \quad M[\sigma_{\mathrm{II}}(\vartheta'')] = B(\vartheta''; \lambda)$$

darstellen. Die Lokalitätsforderung kommt hier dadurch zum Ausdruck, daß die Funktion A nur von der Richtung ϑ' und die Funktion B nur von der Richtung ϑ'' abhängt.

Es bestehen nun zwar keine Schwierigkeiten, die Funktionen $A(\vartheta'; \lambda)$ und $B(\vartheta''; \lambda)$ so zu wählen, daß deren Erwartungswerte mit den quantenmechanischen Erwartungswerten der Ein-Teilchen-Operatoren übereinstimmen, bei Zwei-Teilchen-Operatoren ist das aber nicht mehr allgemein möglich. Bildet man nämlich den 2-Teilchen-Operator $\Theta(\vartheta', \vartheta'') = \sigma_{\mathrm{I}}(\vartheta') \otimes \sigma_{\mathrm{II}}(\vartheta'')$ so kann dessen Erwartungswert in Bezug auf die verborgenen Parameter nicht mit dem entsprechenden quantenmechanischen Erwartungswert

$$\langle \Theta(\vartheta', \vartheta'') \rangle_{\Phi} = -\cos(\vartheta' - \vartheta'')$$

in Übereinstimmung gebracht werden. Das ist eine Konsequenz des oben genannten Satzes von BELL.

Es bestehen jedoch keine grundsätzlichen Schwierigkeiten, die Meßwerte $M[\sigma_{\mathrm{I}}(\vartheta')]$ und $M[\sigma_{\mathrm{II}}(\vartheta'')]$ durch verborgene Parameter zu beschreiben, wenn man die Forderung der Lokalität

---

[1] J. S. Bell, Physics 1, 195 (1965).

[2] E. P. Wigner, American Journal of Physics 38, 1005 (1970)

aufgibt. Im Falle des EPR-Experiments bedeutet das, daß z. B. die Funktion A nicht nur von der Richtung ϑ' abhängt, in der die S_I-Messung ausgeführt wird, sondern auch von der Richtung ϑ'' der S_{II}-Messung. Da anderseits aber die Motivierung und der Wunsch, überhaupt verborgene Parameter einzuführen, in der Vorstellung einer lokalen Wechselwirkung begründet ist, so bedeutet der Satz von BELL, daß man verborgene Parameter gerade unter den Bedingungen nicht einführen kann, unter denen ihre Einführung interessant und scheinbar wünschenswert wäre.

Unter diesen Umständen ist es nützlich, die Frage zu stellen, warum die Forderung der Lokalität an die verborgenen Parameter eigentlich gestellt werden soll. EINSTEIN ist bei der Aufstellung dieses Postulates zweifellos von der naheliegenden Vorstellung ausgegangen, daß den Erfordernissen der speziellen Relativitätstheorie nur entsprochen werden kann, wenn Zustandsänderungen durch Felder im Sinne einer Nahwirkungstheorie mit endlichen Geschwindigkeiten $v \leq c$ ausgebreitet werden[1]. Dieser Schluß ist jedoch nicht zwingend. Im Rahmen einer relativistischen Quantentheorie widerspricht die Möglichkeit, daß die mit einem Meßeingriff verbundenen Zustandsänderungen sich mit Überlichtgeschwindigkeit ausbreiten, nicht der als EINSTEIN-Kausalität bezeichneten Forderung, daß Signale sich höchstens mit Lichtgeschwindigkeit ausbreiten dürfen. Liegen nämlich zwei Meßereignisse M_1 und M_2 raumartig zueinander, so sind zwei in M_1 bzw. M_2 meßbare lokale Observable α_1 bzw. α_2 stets kommensurabel. Dann kann man aber nach bekannten Sätzen der Quantentheorie durch eine Messung von α_1 in M_1 und die damit verbundene Zustandsänderung kein Signal (mit Überlichtgeschwindigkeit) nach M_2 übermitteln, das dort durch eine α_2-Messung registriert werden würde[2]. Damit entfällt aber das entscheidende Argument dafür, an die das betrachtete System beschreibenden verborgenen, und somit unbeobachtbaren Parameter die Forderung der Lokalität zu stellen. Die Feststellung, daß diese Forderung darüber hinaus auch nicht erfüllbar ist, verliert dadurch weitgehend an Bedeutung.

---

[1] Vgl. z. B.: Albert Einstein und Max Born, Briefwechsel 1916–1955, München 1969, S. 231.

[2] Einzelheiten und Literaturangaben zu diesem Problem finden sich in: P. Mittelstaedt, Sprache und Realität in der modernen Physik, Bibliographisches Institut, Mannheim 1986, Kap. VII.

VI. LOGIK UND QUANTENLOGIK

Die genaue Analyse der Quantentheorie hat gezeigt, daß für gewisse Aussagen über quantenmechanische Systeme einige Gesetze der Logik ihre Gültigkeit verlieren. Zur Begründung dieser Behauptung wird auf die Quantenmechanik als eine empirisch bestätigte Theorie verwiesen.

Demgegenüber muß aber betont werden, daß unter Logik die allem Denken immanenten Gesetze zu verstehen sind, deren Gültigkeit sich durch die diesen Gesetzen eigene Evidenz erweist und nicht an jedem speziellen Gegenstandsbereich besonders nachgeprüft werden muß.

Es erhebt sich daher die Frage, was unter diesen Umständen unter der Behauptung zu verstehen ist, daß die Logik im Bereich quantenmechanischer Aussagen teilweise ungültig wird. Eine Beantwortung dieser Frage muß sowohl die Gründe für die Evidenz der logischen Gesetze als auch die Ergebnisse der Quantentheorie in Betracht ziehen. – Das folgende Kapitel befaßt sich mit diesem Problem.

Problemstellung

Die Logik ist eine Theorie, die sich mit denjenigen Beziehungen zwischen verschiedenen Aussagen befaßt, die unabhängig vom Inhalt der betreffenden Aussagen gelten. Die Gültigkeit einer logischen Beziehung hängt also nicht davon ab, was die vorkommenden Aussagen im einzelnen beinhalten, sondern nur davon, wie die Form der untersuchten Beziehungen beschaffen ist. Seit der ersten Aufstellung einer Theorie der Logik durch Aristoteles gilt die Logik als der Prototyp einer Wissenschaft, die unabhängig von der Erfahrung gilt, und trotzdem auf die Erfahrung anwendbar ist. Aristoteles stellt allerdings noch nicht die Frage, warum die von ihm aufgestellten Schlußformen tatsächlich gültig sind, sondern er beschränkt sich darauf, eine systematische und zusammenfassende Darstellung der einzelnen Schlußformen – die sog. Syllogistik – anzugeben. Allerdings unterscheidet Aristoteles die Schlußformen nach ihrer Vollkommenheit, indem er den vollkommenen Schlüssen einen höheren Grad an Einsichtigkeit zugesteht als den übrigen.

Unabhängig von dieser Unterscheidung sind jedoch alle von ihm angegebenen Schlußformen als evident anzusehen, wenn auch die Evidenz verschiedene Grade der Deutlichkeit annimmt.[1]

Die weitere Entwicklung der Logik in der stoisch-megarischen Schule und in der Scholastik führte insbesondere zur Aufstellung der Aussagenlogik, die erst im Rahmen der modernen Quantorenlogik mit der Aristotelischen Syllogistik zu einer einheitlichen Theorie zusammengefaßt werden konnte. Die Entwicklung der Logik zur modernen Aussagen- und Quantorenlogik wurde dabei wesentlich durch die Verwendung von formalen Methoden gefördert, die in Anlehnung an mathematische Formalismen entwickelt wurden. Insbesondere hat die axiomatische Methode, die von geometrischen Untersuchungen her bekannt war, wesentlich zur Klärung der strukturellen Zusammenhänge der Logik beigetragen. Allerdings ist durch die Axiomatisierung der Logik, wie sie vor allem in den Untersuchungen Hilberts und seiner Schule durchgeführt wurde, das Bewußtsein der A-priori-Gültigkeit der logischen Gesetze etwas in den Hintergrund getreten. So konnte zeitweilig der Eindruck entstehen, als handele es sich bei der Logik um eine kontingente Theorie, deren Wahrheit nicht anders als durch Erfahrung bestätigt werden könne.

Um einem solchen Empirismus innerhalb der Logik zu begegnen, muß gezeigt werden, daß die Gesetze der Logik zwar für alle in der Erfahrung auftretenden Aussagen gültig sind, daß ihre Gültigkeit aber nicht auf Erfahrung beruht. Eine Begründung der Logik, die diese beiden Forderungen erfüllt, wurde im Rahmen der operativen Interpretation der Logik durch Lorenzen angegeben[2]. Diese operative Auffassung begreift die Gesetze der Logik nicht als willkürliche, dem jeweiligen Sachgebiet angepaßte Behauptungen, sondern als Regeln, deren Gültigkeit sich aus einer Reflexion auf die Möglichkeiten des Beweisens von Aussagen ergibt. Jeder logische Satz läßt sich auf diese Weise durch den Nachweis seiner Evidenz begründen.

Die genauen Bedingungen, unter denen Aussagen überhaupt nur bewiesen werden können, legen somit bereits die allgemeinen Gesetze fest, denen Aussagen gehorchen müssen. Treten daher Aussagen in unserer Erfahrung auf, so müssen sie notwendigerweise den

---

[1] Wegen der Frage, was genauer unter der Vollkommenheit eines Syllogismus zu verstehen ist, vgl. G. Patzig, Die Aristotelische Syllogistik, Göttingen 1959.

[2] Genaugenommen handelt es sich hier um die effektive Logik. Auf den Unterschied zwischen effektiver und klassischer Logik werden wir im folgenden Abschnitt noch eingehen.

Gesetzen der Logik gehorchen. In der Terminologie KANTS könnte man infolgedessen die logischen Sätze als synthetische Urteile a priori auffassen, die für alle empirischen Aussagen Gültigkeit besitzen und deren Begründung transzendental, d. h. in diesem Falle durch eine Reflexion auf die Bedingungen der Möglichkeit des Beweisens von Aussagen zu erfolgen hat. Durch eine derartige Begründung ist aber auch klargestellt, daß die A-priori-Gültigkeit der logischen Gesetze sich nur auf solche Aussagen bezieht, bei denen die Möglichkeiten des Beweisens gerade denjenigen Bedingungen genügen, die bei der Herleitung der Logik zugrunde gelegt worden sind.

Diejenigen Eigenschaften von Aussagen, durch die die Möglichkeiten des Beweisens dieser Aussagen bestimmt sind, wollen wir protologische Eigenschaften nennen. Unter den protologischen Eigenschaften, die Aussagen notwendigerweise besitzen müssen, damit die logischen Gesetze für sie gültig sind, wollen wir besonders eine hervorheben, die wir als „unbeschränkte Verfügbarkeit" bezeichnen. Durch diese protologische Eigenschaft ist – im Rahmen unserer Problemstellung – der Bereich derjenigen Aussagen abgegrenzt, für die die Gesetze der Logik notwendig Gültigkeit besitzen: Sie gelten für alle Aussagen, die unbeschränkt verfügbar sind.

Da nahezu alle Aussagen, die im täglichen Leben auftreten, diese protologische Eigenschaft der unbeschränkten Verfügbarkeit haben, erübrigt sich im allgemeinen die Angabe dieser Eigenschaft als Abgrenzung für den Geltungsbereich der Logik. Man bezeichnet daher die logischen Gesetze gewöhnlich ohne weiteren Vorbehalt als evident. So gehorchen z. B. alle Aussagen der klassischen Physik den Gesetzen der Logik. Ein besonders wichtiges Anwendungsgebiet stellen weiter die Aussagen der Mathematik dar, da Aussagen, die durch schematisches Operieren mit Figuren nach bestimmten Regeln zustande kommen, ebenfalls die erwähnte protologische Eigenschaft der unbeschränkten Verfügbarkeit besitzen.

Trotz dieser umfassenden Anwendbarkeit der Logik auf zahlreiche wissenschaftliche und praktische Probleme hat sich gezeigt, daß die Logik ihre Gültigkeit verliert, wenn man sie auf Aussagen anwendet, die das Vorliegen beliebiger Eigenschaften an einem quantenmechanischen System behaupten. Der Grund ist, daß diesen Aussagen die oben erwähnte protologische Eigenschaft der unbeschränkten Verfügbarkeit nicht mehr zukommt, sondern nur noch eine „beschränkte Verfügbarkeit"[1]. Diese beschränkte Verfügbar-

[1] Die Gründe für die Bezeichnungen „beschränkte bzw. unbeschränkte Verfügbarkeit" werden in den folgenden Abschnitten auseinandergesetzt werden.

keit rührt her von gewissen Beschränkungen in den Möglichkeiten, quantenphysikalische Aussagen zu beweisen. Diese Einschränkungen sind ihrerseits verursacht durch die allgemeinen physikalischen Bedingungen, denen Beobachtungen quantenmechanischer Systeme stets unterliegen, und unter denen daher Aussagen über solche Systeme überhaupt erst gemacht werden können.

Die A-priori-Gültigkeit der logischen Gesetze wird durch diese Erkenntnisse natürlich in keiner Weise eingeschränkt. Denn immer dann, wenn Aussagen die protologische Eigenschaft der unbeschränkten Verfügbarkeit haben, gilt die Logik für diese Aussagen a priori. Falls diese Eigenschaften aber aus irgendwelchen Gründen nicht vorliegen, da die Aussagen z. B. nur beschränkt verfügbar sind, besteht kein Anlaß, die Gültigkeit der Logik für die betreffenden Aussagen zu erwarten. Tatsächlich werden auch, wie erwähnt, einige der Gesetze der Logik unter diesen Umständen falsch.

Allerdings lassen sich auch für beschränkt verfügbare Aussagen viele von den Gesetzen, die schon aus der klassischen Logik bekannt sind, begründen, aber nicht alle. Die Gesamtheit dieser Gesetze, die wir als Quantenlogik[1] bezeichnen wollen, ist im Hinblick auf die beschränkt verfügbaren Aussagen in der gleichen Weise als evident zu betrachten, wie es die übliche Logik für unbeschränkt verfügbare Aussagen ist. Sowohl die Logik als auch die Quantenlogik sind daher als a priori gültige Theorien zu betrachten, die sich allerdings auf verschiedene Typen von Aussagen beziehen. Diese beiden Aussagetypen unterscheiden sich dabei nicht durch inhaltliche Merkmale, sondern durch ihre protologischen Eigenschaften, d. h. aber durch die Möglichkeiten, die für das Beweisen der betreffenden Aussagen bestehen. Die Möglichkeiten, Aussagen über quantenphysikalische Systeme zu beweisen, sind – verglichen mit den Beweismöglichkeiten klassisch-physikalischer Aussagen – durch gewisse zusätzliche Bedingungen eingeschränkt, die ihrerseits durch die Bedingungen bestimmt sind, unter denen atomare Systeme überhaupt nur erkannt werden können, d. h. aber durch die physikalischen Gesetze der Meßgeräte.

---

[1] In Anlehnung an den Begriff der effektiven Logik werden wir später die genauere Bezeichnung „effektive Quantenlogik" verwenden. Eine Präzisierung dieser Begriffe soll in den folgenden Abschnitten geschehen.

Die klassische Logik

Ehe wir auf das Problem eingehen, wie die Logik als Theorie begründet werden kann, wollen wir zunächst fragen, was logische Sätze überhaupt aussagen. Dazu betrachten wir beliebige elementare Aussagen, die wir mit *A*, *B*, *C* bezeichnen wollen. Es kann sich dabei um naturwissenschaftliche Aussagen handeln, wie z. B. der „Mond ist rund", oder um mathematische Aussagen, wie z. B. „die Winkelsumme im Dreieck ist 180°", oder um irgendwelche Aussagen aus dem täglichen Leben. Von diesen elementaren Aussagen *A*, *B*, *C* wollen wir annehmen, daß feststeht, wie sie möglicherweise bewiesen werden können, d.h., es soll für jede Aussage ein Verfahren bekannt sein, das als Beweis für die betreffende Aussage anzusehen ist. Dadurch ist ein Entscheidungsverfahren dafür festgelegt, ob eine bestimmte Handlungsweise als Beweis für eine bestimmte Aussage anzusehen ist oder nicht. Im Falle der obigen Beispiele wird man die Aussage über den Mond etwa durch eine astronomische Messung, den Satz über die Winkelsumme dagegen durch einen geometrischen Beweis zu beweisen haben. Existiert somit für jede elementare Aussage ein solches Beweisverfahren, so ist dadurch festgelegt, wann die betreffende Aussage als wahr zu bezeichnen ist. Bei den im folgenden untersuchten Aussagen über physikalische Systeme wird es darüber hinaus stets möglich sein, festzustellen, ob die betreffende Aussage wahr oder falsch ist. Solche Aussagen bezeichnen wir auch als *wertdefinit*.

Aus den elementaren Aussagen *A*, *B*, *C* können wir zusammengesetzte Aussagen mit Hilfe der zweistelligen Operation „$\to$", der Subjunktion[1] , bilden, z. B. $A \to B$. Eine solche Subjunktion, die man umgangssprachlich mit „Wenn *A* dann *B*" bezeichnen würde, wollen wir hier folgendermaßen erklären: Wenn jemand $A \to B$ behauptet, so übernimmt er damit die Verpflichtung, für den Fall, daß *A* bewiesen werden kann, dann auch *B* zu beweisen. Durch diese Erklärung ist festgelegt, wie eine Subjunktion $A \to B$ zu beweisen bzw. zu widerlegen ist. Wir können uns das in Form eines Dialoges klarmachen: Einer der Diskussionspartner (der Proponent *P*) behauptet $A \to B$, der andere (der Opponent *O*) versucht diese Behauptung zu widerlegen. Der Proponent muß, um die von ihm aufgestellte Behauptung $A \to B$ zu verteidigen, stets dann, wenn der Opponent *A* beweist, seinerseits *B* beweisen. Gelingt ihm das, so hat

[1] In der Literatur sind für die hier als Subjunktion gekennzeichneten Operationen auch die Bezeichnungen „materiale Implikation" oder „conditional" geläufig.

er den Dialog gewonnen, und er hat $A \to B$ bewiesen. Gelingt ihm das nicht, so ist er widerlegt worden. Der Opponent muß, um $A \to B$ überhaupt bestreiten zu können, A beweisen. Denn nur dadurch kann er den Proponenten zwingen, B zu beweisen bzw. nur dadurch erhält er eine Chance, den Gegner P in die Verlegenheit zu bringen, daß er B nicht beweisen kann. Schematisch lautet somit der Dialog für $A \to B$:

P	O
$A \to B$	A
Wieso A?	Beweis von A
B	Wieso B?
Beweis von B	

Hier ist angenommen, daß es P wirklich gelungen ist, die Subjunktion $A \to B$ zu beweisen. Im allgemeinen wird das natürlich davon abhängen, wie die Aussagen A und B im einzelnen lauten.

Die Subjunktion ist bisher als eine Operation zwischen elementaren Aussagen A, B, C eingeführt worden. Wir wollen nun die Betrachtungsweise insofern erweitern, als wir die bisherigen Subjunktionen als neue Objekte auffassen mit deren Hilfe iterierte Subjunktionen gebildet werden können, also Ausdrücke der Form $(A \to B) \to (C \to D)$. Eine solche Subjunktion zwischen Subjunktionen soll dabei folgendermaßen erklärt werden: Behauptet der Proponent $(A \to B) \to (C \to D)$, so übernimmt er damit die Verpflichtung, für den Fall, daß der Opponent $A \to B$ beweisen kann, seinerseits $C \to$ D zu beweisen. Die Beweise der Subjunktionen $A \to B$ und $C \to D$ sind aber jetzt ihrerseits durch einen Dialog zu erbringen. Ebenso wie die Subjunktionen $A \to B$ zwischen elementaren Aussagen im allgemeinen nur für spezielle Aussagen A und B in einem Dialog verteidigt werden können, wird die Frage, ob eine zusammengesetzte Subjunktion der Form $(A \to B) \to (C \to D)$ in einem Dialog verteidigt werden kann, davon abhängen, ob die Subjunktion $A \to B$ bzw. $C \to D$ dialogisch bewiesen werden können, d. h. welchen speziellen Inhalt die Aussagen A, B, C und D besitzen. Es wird jedoch einige Sätze der Form $A \to B$ bzw. kompliziertere der Art $(A \to B) \to (C \to D)$ geben, die unabhängig davon, wie die in ihnen enthaltenen Aussagen im einzelnen lauten, immer gelten. Damit ist gemeint, daß der Proponent einen solchen Satz in einem Dialog immer erfolgreich verteidigen kann, d. h., es gibt im Rahmen des Diskussionsspiels immer eine sichere Gewinnstrategie für diesen Satz. Beim Beweis eines solchen allgemein gültigen Satzes wird man daher annehmen dürfen, daß elementare Behauptungen, die der Opponent aufstellt, von diesem auch stets bewiesen werden können. Denn um die Allgemeingültigkeit eines von P behaupteten Satzes zu beweisen, muß man die für P ungünstigste Situation untersuchen, und das ist die, in der O alle behaupteten Elementaraussagen auch tatsächlich beweisen kann. Umgekehrt darf P nur solche elementaren Aussagen behaupten, die vorher im Rahmen des Dialogs schon von O behauptet worden sind. Diese darf dann O nicht anzweifeln. Denn es könnte ja sein, daß P in einem speziellen Fall den Beweis für eine von ihm aufgestellte elementare Aussage nicht kennt, und diesen Fall dürfen wir nicht ausschließen. Die Behauptung des Proponenten soll ja für jede beliebige elementare Aussage richtig sein.

Der Dialog um einen bestimmten logischen Satz verläuft dann so, daß abwechselnd von O und P Argumente vorgebracht werden. Diese Argumente sind entweder Angriffe auf Behauptungen, die früher (in Zeile x) vom Gegner aufgestellt worden sind. In diesem Fall schreiben wir hinter das Angriffsargument (x). Oder die Argumente sind Verteidigungen auf einen früher vorgebrachten Angriff auf eine (in Zeile y) stehenden Behauptung. In diesem Fall schreiben wir $\langle y \rangle$ hinter das verteidigende Argument. Angriffe stellen Rechte dar, die jederzeit im Dialog wahrgenommen werden können. Verteidigungen sind Pflichten, die in der umgekehrten Reihenfolge der zugehörigen Angriffe ausgeübt werden müssen, spätestens aber, wenn kein Angriffsrecht mehr zur Verfügung steht. Die jeweils zuletzt entstandene Verteidigungspflicht hat damit Vorrang.

Als Beispiel eines allgemein gültigen Satzes untersuchen wir den Satz $A \to (B \to A)$. Der Dialog lautet:

	P		O
1.	$A \to (B \to A)$	1.	A
2.	Wieso A ?	2.	Beweis von A
3.	$B \to A$ $\langle 1 \rangle$	3.	B (3)
4.	Wieso B ?	4.	Beweis von B
5.	A $\langle 3 \rangle$	5.	Wieso A ?
6.	Siehe $O\,2$		

Der Beweis der in $P\,5$ von P aufgestellten Behauptung A erfolgt hier also durch Verweis auf den vom Gegner O schon früher (in $O\,2$)

geführten Beweis von A. Der Proponent kann somit den Beweis von A explizit im Rahmen des Dialogs erbringen, indem er auf $O\,2$ verweist. Auch den Beweis von B muß der Opponent führen. Der Proponent kann daher die Behauptung $A \rightarrow (B \rightarrow A)$ für beliebige A und B erfolgreich verteidigen, da er dazu weder die Aussage A noch die Aussage B beweisen können muß. Hat O andererseits die Aussage A nicht bewiesen, so besteht für den Proponenten P keine Veranlassung, die in $P\,3$ aufgestellte Subjunktion $B \rightarrow A$ zu beweisen, denn dazu hat er sich ja durch die Behauptung $A \rightarrow (B \rightarrow A)$ nur verpflichtet, falls A bewiesen worden ist.

Einen Satz, der wie die soeben behandelte Subjunktion $A \rightarrow (B \rightarrow A)$ unabhängig von den in ihm enthaltenen elementaren Aussagen A und B immer gilt – der also immer erfolgreich in einer Diskussion verteidigt werden kann –, bezeichnet man als einen logischen Satz, genauer als einen effektiv-logischen Satz. Ein logischer Satz ist ein Satz, für den es im Rahmen des Dialogspiels eine immer sichere Gewinnstrategie gibt, die nicht davon abhängt, wie die in dem Satz enthaltenen elementaren Aussagen im einzelnen lauten. Die Wahrheit eines logischen Satzes – im dialogischen Sinne – beruht also allein auf dessen Form.

Um die Gesamtheit der effektiv-logischen Sätze in der meistens gebräuchlichen Form angeben zu können, müssen vorher noch die Begriffe „und“ und „oder“ definiert werden bzw. die mit Hilfe dieser Begriffe gebildeten zusammengesetzten Aussagen. Dies soll wiederum im Rahmen des Dialogverfahrens erfolgen, da dann auch die Beweise logischer Sätze, die „und“ und „oder“ enthalten, durch geeignete Dialoge geführt werden können.

Die Konjunktion $A \wedge B$ zweier Aussagen A und B, die man umgangssprachlich mit „A und B“ bezeichnen kann, soll folgendermaßen erklärt werden: Wenn der Proponent P die Aussage $A \wedge B$ behauptet, so übernimmt er damit die Verpflichtung, auf Verlangen von O sowohl A als auch B zu beweisen. Ein Dialog, in dem P die Behauptung $A \wedge B$ erfolgreich verteidigt, lautet also:

P	O
$A \wedge B$	Wieso A ?
Beweis von A	Wieso B ?
Beweis von B	

Auf Grund dieser Erklärung kann man z. B. den allgemein gültigen Satz $A \wedge B \rightarrow A$ in einem Dialog beweisen:

	P		O
1.	$A \wedge B \rightarrow A$	1.	$A \wedge B$ (1)
2.	Wieso A?	2.	Beweis von A
3.	A $\langle 1 \rangle$	3.	Wieso A?
4.	Siehe O 2		

Der Proponent kann also den von ihm geforderten Beweis von A dadurch erbringen, daß er auf den in O 2 gelieferten Beweis verweist. Zu einem solchen Beweis von A (und sogar auch von B) hat sich O aber dadurch verpflichtet, daß er die Behauptung $A \wedge B$ aufstellte. Hätte O diese Behauptung nicht aufgestellt, also P 1 nicht angezweifelt, so wäre der Dialog für O schon in der ersten Zeile verloren gewesen.

Die Disjunktion $A \vee B$ zweier Aussagen A und B, die man umgangssprachlich mit „A oder B" bezeichnen kann, soll folgendermaßen erklärt werden: Wenn der Proponent P die Aussage $A \vee B$ behauptet, so übernimmt er damit die Verpflichtung, auf Verlangen von O den Beweis für wenigstens eine dieser Behauptungen A oder B zu liefern. Ein Dialog, in dem P die Aussage $A \vee B$ erfolgreich verteidigt, lautet daher:

P	O
$A \vee B$	Wieso A?
—	Wieso B?
Beweis von B	

Hier ist angenommen, daß P die Aussage A nicht beweisen kann, sondern nur B. Für den Beweis von $A \vee B$ ist das aber ausreichend. Als Beispiel für einen allgemein gültigen Satz, der $A \vee B$ enthält, wollen wir den Satz $A \rightarrow A \vee B$ in einem Dialog beweisen:

	P		O
1.	$A \rightarrow A \vee B$	1.	A (1)
2.	Wieso A?	2.	Beweis von A
3.	$A \vee B$ $\langle 1 \rangle$	3.	Wieso A?
4.	Siehe O 2		

Der Proponent kann hier wieder unmittelbar auf den in O 2 gelieferten Beweis der Aussage A zurückgreifen.

Nachdem durch diese Definitionen klargestellt ist, wie die zusammengesetzten Aussagen $A \wedge B$ und $A \vee B$ im Rahmen eines Dialogs zu behandeln sind, können wir die Klasse der bisher allein diskutierten elementaren Aussagen insofern erweitern, als wir auch die aus zwei Aussagen A und B zusammengesetzten Aussagen $A \to B$ $A \wedge B$ und $A \vee B$ mit hinzunehmen. Die Elemente dieser erweiterten Klasse, also die elementaren Aussagen und die daraus mit $\to$, $\wedge$ und $\vee$ zusammengesetzten Aussagen, wollen wir jetzt einfach als Aussagen bezeichnen.

Wenn eine Aussage C bewiesen, d. h. erfolgreich in einem Dialog verteidigt werden kann, so wollen wir $\vdash C$ schreiben. Es ist zweckmäßig, in Ergänzung zu den Operationen $\to$, $\wedge$ und $\vee$ auf der Menge der Aussagen eine Relation $A \leq B$ zwischen zwei Aussagen A und B durch

$$A \leq B \rightleftharpoons \vdash A \to B$$

zu definieren. Diese als „Implikation" bezeichnete Relation muß sorgfältig von der oben definierten und hier als Subjunktion bezeichneten Operation $A \to B$ unterschieden werden. Auf Grund ihrer Definition gilt die Relation $A \leq$ B zwischen zwei Aussagen A und B genau dann, wenn die Aussage $A \to B$ dialogisch beweisbar ist. Falls für zwei Aussagen die beiden Implikationen $A \leq B$ und $B \leq A$ gelten, bezeichnen wir sie als äquivalent und schreiben $A = B$.

Mit Hilfe der neu eingeführten Begriffe $\to$. $\wedge$ und $\vee$ läßt sich die Gesamtheit der Sätze, die immer in einem Dialog erfolgreich verteidigt werden können, in einer übersichtlichen Weise zusammenfassen. Wir wollen die Gesamtheit dieser Sätze, die man als affirmative Logik bezeichnet, hier in Form eines Logikkalküls darstellen, d. h. wir geben ein System von Regeln an, mit dessen Hilfe sich alle Sätze der affirmativen Logik aus einigen Sätzen, die wir als Anfänge des Kalküls zu den Regeln hinzunehmen, gewinnen lassen. Als Formeln des Kalküls verwenden wir die Zusammensetzungen der Symbole A, B, C... mit $\wedge$, $\vee$, $\to$, $\leq$ und den Klammersymbolen. Mit diesen Formeln α, β . . . stellen wir dann Regeln zur Ableitung von Implikationen $A \leq B$ auf. Zur Bezeichnung der Regeln verwenden wir den zweifachen Pfeil $\Rightarrow$ bzw. das zweifache Komma ,,. Der Kalkül der affirmativen Logik lautet dann:

(L_1) $\quad A \leq A$
(L_2) $\quad A \leq B ,, B \leq C \Rightarrow A \leq C$
(L_3) $\quad A \wedge B \leq A$
(L_4) $\quad A \wedge B \leq B$
(L_5) $\quad C \leq A ,, C \leq B \Rightarrow C \leq A \wedge B$
(L_6) $\quad A \leq A \vee B$
(L_7) $\quad B \leq A \vee B$

(L_8) $A \leq C, B \leq C \Rightarrow A \vee B \leq C$

(L_9) $(A \wedge (A \rightarrow B)) \leq B$

(L_{10}) $A \wedge C \leq B \Rightarrow C \leq (A \rightarrow B)$

Inhaltlich bedeutet die Regel $\alpha \Rightarrow \beta$, daß dann, wenn die Implikation α (dialogisch) bewiesen werden kann, auch die Implikation β (dialogisch) beweisbar ist. Entsprechend dieser Bedeutung ist der Beweis einer Kalkülregel $\alpha \Rightarrow \beta$ im Rahmen des Dialogverfahrens folgendermaßen zu führen: Die Implikation α wird vom Opponenten als Hypothese akzeptiert und dem eigentlichen Dialog in Zeile 0 vorangestellt. Der Proponent muß dann die Implikation β verteidigen, wobei er auf die vom Opponenten akzeptierte Hypothese α zurückgreifen kann.

Von besonderem Interesse für die späteren Untersuchungen ist die Regel (L_{10}). Wir wollen daher kurz auf die Begründung dieser Regel eingehen. (L_{10}) besagt, daß, wenn man hypothetisch $A \wedge C \leq B$ annimmt, die Implikation $C \leq (A \rightarrow B)$ (dialogisch) bewiesen werden kann. Das läßt sich folgendermaßen einsehen:

	P		O
		0.	$A \wedge C \rightarrow B$
1.	$C \rightarrow (A \rightarrow B)$	1.	C (1)
2.	$A \rightarrow B\langle 1\rangle$	2.	A
3.	$A \wedge C$ (0)	3.	$B\langle 0\rangle$
4.	$B\langle 2\rangle$		

In $P3$ haben wir durch (0) angedeutet, daß der durch $A \wedge B$ vorgebrachte Angriff sich gegen die in Zeile 0 aufgestellte Behauptung $A \wedge C \rightarrow B$ richtet. Das Symbol $\langle 0\rangle$ in $O3$ zeigt an, daß O hier mit B die in Zeile 0 aufgestellte Behauptung verteidigt. Entsprechend besagt $\langle 2\rangle$ in $P4$, daß P mit B hier die in Zeile 2 aufgestellte Behauptung verteidigt.

Auf die Beweise der anderen Regeln und Sätze, soweit sie hier nicht schon geführt worden sind, soll hier nicht eingegangen werden. Alle Beweise lassen sich in ähnlicher Weise im Rahmen des dialogischen Begründungsverfahrens durchführen. Dieser durch $L_1 - L_{10}$ dargestellte Kalkül der affirmativen Logik ist in bezug auf die Klasse derjenigen Implikationen, die sich dialogisch begründen lassen, konsistent und vollständig. Damit ist gemeint, daß jede in $L_1 - L_{10}$ ableitbare Implikation dialogisch wahr ist, und daß weiterhin jeder dialogisch wahre Satz auch in $L_1 - L_{10}$ ableitbar ist. – Auf die Begründung dieser wichtigen Eigenschaften können wir hier nicht eingehen[1].

Bei den dialogischen Begründungen logischer Sätze, die wir bisher untersucht haben, konnte die Allgemeingültigkeit der untersuchten Sätze meist dadurch gezeigt werden, daß die in dem betreffenden Satz vorkommenden elementaren Aussagen vom Proponenten nicht selbst bewiesen werden mußten. Vielmehr konnte er sich jeweils auf Beweise stützen, die vom Opponenten bereits geliefert worden waren. Dieses Verfahren setzt allerdings stillschweigend voraus, daß Sätze, die im Laufe eines Dialogs irgendwann einmal bewiesen worden sind, im weiteren Verlauf des Dialogs unbeschränkt zur Verfügung stehen und gegebenen Falles einfach zitiert werden können. Wir wollen diese bisher stets vorausgesetzte „protologische" Eigenschaft der verwendeten Aussagen als „unbeschränkte Verfügbarkeit" bezeichnen. Diese unbeschränkte Verfügbarkeit, die zunächst eine fast triviale Eigenschaft von Aussagen überhaupt zu sein scheint, soll hier deswegen ausdrücklich hervorgehoben werden, weil die später zu untersuchenden quantenmechanischen Aussagen gerade diese protologische Eigenschaft nicht mehr besitzen. Auf Grund dieser Bemerkungen können wir also sagen, daß der durch L_1 — L_{10} dargestellte Kalkül der affirmativen Logik für alle unbeschränkt verfügbaren Aussagen dialogisch begründet werden kann.

Für den weiteren Ausbau der affirmativen Logik und deren Erweiterung zur effektiven Logik ist es erforderlich, zwei Aussagen V (das Wahre) und Λ (das Falsche) einzuführen. Der Gebrauch dieser beiden Aussagen im Rahmen des dialogischen Verfahrens soll so festgelegt werden, daß V von keinem der Dialogpartner bezweifelt werden darf und daß derjenige, der Λ behauptet, den Dialog verloren hat. Auf Grund dieser Festsetzung folgt dann, daß die Aussagen

$$A \rightarrow V \quad \text{und} \quad \Lambda \rightarrow A$$

für alle Aussagen A dialogisch beweisbar sind. Daher sind die Implikationen $A \leq V$ und $\Lambda \leq A$ allgemein gültig. Die Implikation $\Lambda \leq A$ drückt das schon in der Scholastik bekannte Prinzip „ex falso quodlibet sequitur" aus. Der Beweis der beiden Implikationen ist einfach:

---

[1] Vgl. dazu etwa P. Lorenzen, Metamathematik, Mannheim 1962/80

P	O
$A \to V$	A
V	

V darf aber nicht bezweifelt werden, daher gewinnt P den Dialog.

P	O
$\Lambda \to A$	Λ

Dadurch, daß O die Λ-Aussage behaupten muß, verliert O den Dialog und P gewinnt ihn.

Die V-Aussage kann durch jede allgemein beweisbare Formel ersetzt werden. Denn ist A eine dialogisch beweisbare Formel, so ist auf Grund der Eigenschaften von V zunächst $A \to V$ beweisbar. Darüber hinaus ist aber auch $V \to A$ beweisbar, da A auf Anforderung stets bewiesen werden kann. Umgekehrt ist A dann eine beweisbare Aussage, wenn die Subjunktion $V \to A$ dialogisch bewiesen werden kann. Denn da V jederzeit zur Verfügung steht, kann A stets mit Hilfe der Subjunktion $V \to A$ bewiesen werden.

Eine Aussage A kann daher genau dann in einem Dialog verteidigt werden – d.h. es gilt $\vdash A$, – wenn die Relation $V \leq A$ gültig ist. Eine interessante Anwendung dieser Äquivalenz ist die Beziehung zwischen der Implikation „$\leq$" und der Subjunktion „$\to$". Aus L_9 und L_{10} folgt nämlich

$$V \leq A \to B \Leftrightarrow A \leq B$$

Diese Regel bestätigt in den Begriffen und im Rahmen des Kalküls der affirmativen Logik die dialogische Definition der Relation $A \leq B$ durch $\vdash A \to B$.

Die affirmative Logik enthält alle dialogisch beweisbaren Implikationen zwischen Aussagen, die positive Behauptungen darstellen. Wir haben aber im Rahmen der affirmativen Logik noch nicht die Möglichkeit, eine Aussage zu negieren, d. h. zu behaupten, daß die betreffende Aussage falsch ist. Um auch diese Möglichkeit mit einzubeziehen, muß der Begriff der Negation einer Aussage noch genau definiert werden, d. h. aber, es muß festgelegt sein, wie der Beweis der Negation einer Aussage im Rahmen des dialogischen Verfahrens zu erfolgen hat.

Wir wollen hier die Negation $\neg A$ (nicht A) einer Aussage A durch die in der Formalisierung der intuitionistischen Logik übliche Definition

$$\neg A := A \to \Lambda$$

erklären.

Durch diese Zurückführung der Negation auf die Subjunktion ist auch festgelegt, wie Formeln, die Negationen enthalten, im Rahmen des Dialogverfahrens bewiesen werden können. Der Proponent, der eine Aussage $\neg A$ behauptet, kann diese Behauptung folgendermaßen beweisen: Entweder O bezweifelt die Aussage nicht; das ist der triviale Fall. Oder O bezweifelt $\neg A$, indem er seinerseits A behauptet. Verliert dann der Opponent den Dialog, den er auf Grund seiner Behauptung um A führen muß, so hat P den Dialog gewonnen, also $\neg A$ bewiesen. Gewinnt O aber den Dialog um A, so hat P verloren. Denn um $\neg A$ zu beweisen, müßte er nun seinerseits A beweisen, womit er aber auf Grund der oben getroffenen Regelung den Dialog verliert. Ein Dialog, in dem P erfolgreich eine Aussage $\neg A$ verteidigt, hat also die Form:

	P		O
1.	$\neg A$	1.	A
2.	Wieso A ?	2.	—

O kann den von ihm geforderten Beweis von A in O 2 nicht geben. Solange A eine elementare Aussage ist, wird P eine Negation $\neg A$ natürlich nie allgemein für alle A beweisen können, denn für elementare A muß O stets zugestanden werden, daß er möglicherweise einen Beweis für A liefern kann. Für kompliziertere Ausdrücke kann es dagegen durchaus vorkommen, daß P der Beweis von $\neg A$ gelingt.

Als Beispiel sei der Beweis der allgemein gültigen Formel $\neg (A \wedge \neg A)$ angegeben:

	P		O
1.	$\neg (A \wedge \neg A)$	1.	$A \wedge \neg A$
2.	Wieso A ?	2.	Beweis von A
3.	Wieso $\neg A$?	3.	$\neg A$
4.	A	4.	Wieso A ?
5.	Siehe $O2$		

Der Opponent O kann den in $O1$ beginnenden Dialog um $A \wedge \neg A$ nicht gewinnen. Zwar soll ihm zugestanden werden, daß er in $O2$ A beweisen kann. Für das in O 3 behauptete $\neg A$ muß O aber einen Beweis liefern. Dieser muß darin bestehen, daß P den Dialog um A, der in $P4$ beginnt, verliert. P gewinnt diesen Dialog aber durch Verweis auf $O2$. Daher hat O den Dialog um $A \wedge \neg A$ verloren, und somit der Proponent die Aussage $\neg (A \wedge \neg A)$ bewiesen.

Auf Grund der Definition

$$\neg A := A \rightarrow \Lambda$$

für die Negation ist es aber nicht notwendig, jede Implikation, die eine Negation enthält, durch ein Dialogverfahren zu beweisen. Im Kalkül der affirmativen Logik lassen sich nämlich für die so definierte Negation $\neg A$ aus (L_9) und (L_{10}) die beiden Sätze

(L_{11}) $\quad A \wedge \neg A \leq \Lambda$

(L_{12}) $\quad A \wedge C \leq \Lambda \Rightarrow C \leq \neg A$

herleiten. Durch L_{11} und L_{12} läßt sich die Definition von $\neg A$ andererseits im Rahmen des Kalküls $L_1 - L_2$ bestätigen, da aus diesen Gesetzen

$$V \leq \neg A \Leftrightarrow A \leq \Lambda$$

folgt. Wir können daher den Kalkül der affirmativen Logik durch Hinzufügen von L_{11}, L_{12} zum Kalkül der effektiven Logik erweitern. Alle dialogisch beweisbaren Implikationen, die Negationen enthalten, lassen sich dann als Aussagen dieses Kalküls gewinnen.

Der durch die Regeln L_1 — L_{12} dargestellte Kalkül der effektiven Logik umfaßt aber noch nicht das, was man als klassische Logik bezeichnet. Man erhält die klassische Logik, wenn man zu den Sätzen $L_1 - L_{12}$ der effektiven Logik noch den Satz

(L_{13}) $\quad V \leq A \vee \neg A$ (Tertium non datur)

hinzufügt. Aus dem *tertium non datur* (L_{13}) folgt im Rahmen der effektiven Logik auch der wichtige Satz

(L_{14}) $\quad A = \neg \neg A$

d. h. es gilt effektiv

$$V \leq A \vee \neg A \Rightarrow \neg \neg A \leq A .$$

Man kann diese Regel entweder mit Hilfe von $L_1 - L_{12}$ oder durch einen Dialog beweisen. Wenn man das *tertium non datur* als Hypothese voraussetzt, so ist $\neg \neg A \rightarrow A$ dialogisch beweisbar:

	P		O
		0.	$V \rightarrow A \vee \neg A$
1.	$\neg \neg A \rightarrow A$	1.	$\neg \neg A(1)$
2.	$V(0)$	2.	$\neg A\langle 0 \rangle$
3.	$\neg A$ (1)	3.	

Da L_{14} im Rahmen der effektiven Logik aus L_{13} folgt, ist diese Regel an sich überflüssig. Für die weiteren Überlegungen wird aber auch (L_{14}) wesentlich, weshalb diese Formel bereits hier mit aufgeführt werden soll.

Die Gültigkeit von (L_{13}) und (L_{14}) kann nicht durch das hier betrachtete Diskussionsspiel bewiesen werden, d.h. diese Sätze gelten nur für solche Aussagen, von denen aus anderen Gründen feststeht, daß sie entweder wahr oder falsch sind, nicht aber für beliebige Aussagen A, B, C. Das bedeutet für uns jedoch keine wesentliche Schwierigkeit, da die elementaren Aussagen über das Naturgeschehen als wertdefinit in diesem Sinne angenommen werden dürfen und da sich diese Wertdefinitheit im Rahmen der effektiven Logik auf alle (mittels $\wedge$, $\vee$, $\rightarrow$, $\neg$) zusammengesetzten Aussagen vererbt. Wir dürfen daher für die Diskussion physikalischer Aussagen stets die beiden Sätze (L_{13}), (L_{14}) zu den Regeln der effektiven Logik hinzunehmen, d.h. die volle klassische Aussagenlogik verwenden.

Die durch $L_1 - L_{14}$ dargestellte klassische Logik läßt sich hinsichtlich ihrer strukturellen Eigenschaften durch einen Verband kennzeichnen. Betrachten wir nämlich die Klasse $[A]$ der zu einer Aussage A äquivalenten Aussagen, so bilden diese Äquivalenzklassen bezüglich der Relation $\leq$, die durch $[A] \leq [B] \leftrightharpoons A \leq B$ gegeben ist, wegen L_1, L_2 eine Halbordnung, die zu je zwei Elementen $[A]$ und $[B]$ wegen L_3, L_4, L_5 eine untere Grenze $[A \wedge B]$ besitzt (Halbverband) und wegen L_6, L_7, L_8 eine obere Grenze $[A \vee B]$, so daß die untersuchte Struktur ein Verband ist. L_9, L_{10} besagen, daß der Verband relativ - pseudokomplementär ist, d.h. zu je zwei Elementen $[A]$ und $[B]$ existiert stets ein Element $[A \rightarrow B]$, das zu $[B]$ relative Pseudokomplement von $[A]$. Daraus folgt die Distributivität des Verbandes und die Existenz eines Einselementes. - Die Annahme, daß eine Λ-Aussage existiert besagt, daß der Verband ein Nullelement $[\Lambda]$ besitzt. Wegen L_{11}, L_{12} existiert weiter zu jedem $[A]$ ein Pseudokomplement $[\neg A]$, das wegen L_{13} sogar ein Komplement ist. Der Verband der Äquivalenzklassen von Aussagen ist daher komplementär und distributiv, d.h. ein BOOLEscher Verband.

Die Logik der kommensurablen Eigenschaften

Die elementaren Aussagen der klassischen Physik besagen, daß die Variablen x und p eines klassischen Systems bestimmte Werte x_0 und p_0 haben bzw. sich in einem bestimmten Intervall $x_0 \leq x \leq x_1$, $p_0 \leq p \leq p_1$ befinden. Für diese Aussagen steht zunächst eindeutig fest, wie sie zu beweisen sind, nämlich durch eine Messung der betreffenden Observablen an dem untersuchten System. Weiterhin sind diese Aussagen unbeschränkt in einem Dialog verfügbar. Eine Behauptung, die durch eine Messung an dem betrachteten Objekt bewiesen worden ist, kann im Laufe des Dialogs jederzeit zitiert werden. Für die Aussagen der klassischen Physik gilt daher die effektive Logik. Darüber hinaus gilt für diese Aussagen auf Grund ihrer speziellen Struktur auch das Tertium non datur, so daß also für klassisch-physikalische Aussagen die volle klassische Logik Gültigkeit besitzt.

Ähnlich liegen die Verhältnisse, wenn wir die Logik derjenigen Aussagen betrachten, die das Vorliegen objektiver Eigenschaften eines quantenmechanischen Systems behaupten. Um diesen Aussagebegriff genau festzulegen, wollen wir hier diejenige Formulierung der Quantenmechanik verwenden, die sich des Begriffs der Eigenschaft eines physikalischen Systems bedient. Um alle Eigenschaften in einer einheitlichen Weise zu behandeln, führen wir (vgl. auch Kap. III) folgende Definitionen ein:

Liegt der Zustand $|\varphi\rangle$ eines Systems S in einer abgeschlossenen Linearmannigfaltigkeit M_A des Hilbertraumes (die natürlich auch aus einem einzigen Zustand bestehen kann), so wollen wir sagen, daß das System die Eigenschaft E_A hat. Das ist genau dann der Fall, wenn $P_A\,|\varphi\rangle = |\varphi\rangle$ gilt, wobei P_A der auf M_A projizierende Projektionsoperator ist. Da P_A ein linearer selbstadjungierter Operator mit den Eigenwerten 0 und 1 ist, kann P_A als der Operator einer Observablen mit den Meßwerten 0 und 1 aufgefaßt werden. Das Vorliegen des Eigenwertes 1 besagt dann, daß das untersuchte System die Eigenschaft E_A hat. Bei Vorliegen des Eigenwertes 0 liegt $|\varphi\rangle$ in $M_A' = H - M_A$, dem auf M_A total senkrechten Teil des Hilbertraumes H, so daß S die Eigenschaft E_A' besitzt.

Unter einer physikalischen Aussage A wollen wir weiter die Behauptung verstehen, daß der Zustand $|\varphi\rangle$ des untersuchten Systems im Unterraum M_A liegt, d. h. aber die Eigenschaft E_A hat.

Wir wollen daher A durch

$$A \rightleftharpoons P_A \,|\,\varphi\rangle = |\,\varphi\rangle$$

definieren.

Die Aussagen A, die das Vorliegen objektiver Eigenschaften E_A an einem System behaupten, sind alle kommensurabel relativ zu dem Zustand $|\varphi\rangle$. Damit ist gemeint, daß für zwei objektive Eigenschaften E_A und E_B stets

$$P_A \, P_B \,|\,\varphi\rangle = P_B \, P_A \,|\,\varphi\rangle$$

gilt. Wir wollen dann sagen, daß A und B relativ zu $|\varphi\rangle$ kommensurabel sind. Gilt darüber hinaus diese Beziehung für jedes $|\varphi\rangle$, d. h. ist

$$P_A \, P_B = P_B \, P_A,$$

so wollen wir A und B kommensurabel nennen.

Mehrere relativ kommensurable Eigenschaften, $E_A, E_B, E_C, \ldots$ können in beliebiger Reihenfolge an einem System gemessen werden, ohne daß das Ergebnis der Messung dadurch beeinflußt wird. Die Gesamtheit derjenigen logischen Sätze, die für alle die Aussagen $A, B, \ldots$ gelten, die das Vorliegen objektiver Eigenschaften E_A, $E_B, \ldots$ behaupten, wollen wir die Logik kommensurabler Aussagen nennen.

Zunächst ist klar, wie solche Aussagen zu beweisen sind. Auf Grund der Definition von A liegt A nämlich genau dann vor, wenn sich bei der Messung der Eigenschaft E_A zeigt, daß sie vorliegt, d.h., daß P_A den Eigenwert 1 hat. Darüber hinaus sind diese Aussagen aber in einem Dialog unbeschränkt verfügbar. Die Feststellung einer bestimmten Eigenschaft E_A ist hier ebenso wie in der klassischen Physik nur ein Akt der Kenntnisnahme, so daß die Aussage A jederzeit im Laufe eines Dialogs zitiert werden kann. Für kommensurable Aussagen der Quantentheorie gelten daher die Sätze (L_1) bis (L_{12}) der effektiven Logik. Darüber hinaus wird sich zeigen, daß auch (L_{13}) und (L_{14}) für kommensurable Aussagen gültig sind, wenn wir deren explizite Form berücksichtigen.

Die Definition einer Aussage $A \rightleftharpoons P_A \,|\varphi\rangle = |\varphi\rangle$ gestattet es, auch die mit $\wedge$, $\vee$, $\rightarrow$, $\neg$ zusammengesetzten Aussagen explizit durch Projektionsoperatoren bzw. durch abgeschlossene Linearmannigfaltigkeiten des Hilbertraumes zu charakterisieren. Die operativ in einem Dialog definierte Implikation $A \leq B$ besagt hier, daß dann, wenn A durch eine Messung nachgewiesen ist, auch stets

B bei einer geeigneten Messung als zutreffend vorgefunden werden wird. In Hinblick auf die Definition der Aussage A ist dafür notwendig und hinreichend, daß

$$P_A \,|\, \varphi\rangle = P_A\, P_B \,|\, \varphi\rangle$$

ist.

Gilt diese Beziehung nicht nur für den speziellen Zustand $|\varphi\rangle$, in dem sich das System S gerade befindet, sondern für alle Vektoren des Hilbertraumes, so ist

$$P_A = P_A\, P_B\,.$$

Zwischen den entsprechenden Teilräumen M_A und M_B besteht dann die Beziehung

$$M_A \subseteq M_B,$$

wobei die Relation $\subseteq$ das mengentheoretische Enthaltensein bedeutet.

Die aus zwei Aussagen A und B gebildete Konjunktion $A \wedge B$ entspricht auf Grund von

$$A \wedge B \;\rightleftharpoons\; P_{A\wedge B} \,|\, \varphi\rangle = |\, \varphi\rangle$$

dem Projektionsoperator $P_{A\wedge B}$ bzw. dem entsprechenden Unterraum $M_{A\wedge B}$. Für die Konjunktion $A \wedge B$ gelten die Sätze L_3, L_4, L_5. Diese drei Gesetze legen aber den Operator $P_{A\wedge B}$ bzw. den Unterraum $M_{A\wedge B}$ bereits eindeutig fest, und zwar ist:

$$P_{A\wedge B} = P_A\, P_B$$

$$M_{A\wedge B} = M_A \cap M_B,$$

wobei $M_A \cap M_B$ der aus den Unterräumen M_A und M_B gebildete Durchschnitt ist.

Die aus zwei Aussagen A und B gebildete Disjunktion $A \vee B$ entspricht auf Grund von

$$A \vee B \rightleftharpoons P_{A\vee B} \,|\, \varphi\rangle = |\, \varphi\rangle$$

dem Projektionsoperator $P_{A\vee B}$ bzw. dem entsprechenden Unterraum $M_{A\vee B}$. Für die Disjunktion gelten die Gesetze L_6, L_7, L_8. Diese drei Gesetze legen wiederum den Operator $P_{A\vee B}$ bzw. den Unterraum $M_{A\vee B}$ eindeutig fest, und zwar ist:

$$P_{A\vee B} = P_A + P_B - P_A\, P_B$$

$$M_{A\vee B} = M_A \cup M_B,$$

wobei $M_A \cup M_B$ der von den Unterräumen M_A und M_B aufgespannte Unterraum ist.

Auch die speziellen Aussagen Λ und V lassen sich leicht durch Projektionsoperatoren bzw. Unterräume ausdrücken. Auf Grund der für alle A gültigen Implikationen $\Lambda \leq A$ und $A \leq V$ folgt nämlich

$$P_A = P_A P_V \quad \text{also} \quad P_V = 1, \; M_V = H$$

und

$$P_\Lambda = P_A P_\Lambda \quad \text{also} \quad P_\Lambda = 0, \; M_\Lambda = 0\,,$$

wobei H den Hilbertraum und 0 die Nullmenge bedeutet.

Die aus zwei Aussagen A und B gebildete Subjunktion $A \to B$ entspricht auf Grund der Definition

$$A \to B \rightleftharpoons P_{A \to B} \,|\, \varphi\rangle = |\, \varphi\rangle$$

dem Projektionsoperator $P_{A \to B}$ bzw. dem Unterraum $M_{A \to B}$. Für die Implikationsaussage gelten die Sätze L_9 und L_{10}. Diese beiden Sätze legen den Projektionsoperator $P_{A \to B}$ bzw. den entsprechenden Unterraum $M_{A \to B}$ wiederum eindeutig fest, und zwar ist:

$$P_{A \to B} = 1 - P_A + P_A P_B$$

$$M_{A \to B} = (H - M_A) \cup M_B\,.$$

Der Beziehung $A \leq B \Leftrightarrow V \leq A \to B$ zwischen Implikation und der Subjunktion entspricht hier die Tatsache, daß

$$P_{A \to B} = 1$$

genau dann gilt, wenn $P_A = P_A P_B$ ist.

Der Negation $\neg A$ einer Aussage A entspricht wegen

$$\neg A \rightleftharpoons P_{\neg A} \,|\, \varphi\rangle = |\, \varphi\rangle$$

der Projektionsoperator $P_{\neg A}$ bzw. der Unterraum $M_{\neg A}$. Auf Grund der Definition $\neg A := A \to \Lambda$ liegt $\neg A$ genau dann vor, wenn $P_\Lambda \,|\, \varphi\rangle = P_A P_\Lambda \,|\, \varphi\rangle$ ist, also $P_A \,|\, \varphi\rangle = 0$. Somit ist

$$P_{\neg A} = 1 - P_A\,, \qquad M_{\neg A} = H - M_A,$$

wobei $H - M_A$ der auf M_A total senkrechte Teil des Hilbertraumes ist. Ohne Verwendung der Definition von $\neg A$ lassen sich $P_{\neg A}$ und $M_{\neg A}$ auch aus den Gesetzen L_{11} und L_{12} eindeutig festlegen.

Auf Grund der Darstellung von $A \rightarrow B$ durch den Projektionsoperator $P_{A \rightarrow B} = 1 - P_A + P_A P_B$ und von $\neg A$ durch $P_{\neg A} = 1 - P_A$ läßt sich jetzt die Äquivalenz

$$A \rightarrow B = \neg A \vee B$$

herleiten, wodurch die Implikationsaussage $A \rightarrow B$ auf die Disjunktion und die Negation zurückgeführt wird. Diese Beziehung gilt nicht auf Grund der effektiven Logik, sondern nur im Rahmen der klassischen Logik. Hier folgt sie aus den speziellen Eigenschaften der Projektionsoperatoren.

Diese Überlegungen zeigen somit, daß die aus zwei elementaren Aussagen A und B zusammengesetzten Aussagen $A \wedge B$, $A \vee B$, $A \rightarrow B$ und $\neg A$ sich durch Projektionsoperatoren bzw. Unterräume charakterisieren lassen, die in einfacher Weise aus den Projektionsoperatoren der Aussagen A und B zusammengesetzt sind. Die folgende Tabelle faßt diese Ergebnisse noch einmal zusammen:

A	P_A	M_A
$A \wedge B$	$P_A P_B$	$M_A \cap M_B$
$A \vee B$	$P_A + P_B - P_A P_B$	$M_A \cup M_B$
$A \rightarrow B$	$1 - P_A + P_A P_B$	$(H - M_A) \cup M_B$
$\neg A$	$1 - P_A$	$H - M_A$

Jedem Satz der durch L_1—L_{12} charakterisierten effektiven Logik entspricht somit ein Satz über Projektionsoperatoren bzw. über abgeschlossene Linearmannigfaltigkeiten. Darüber hinaus gelten aber für die durch Projektionsoperatoren darstellbaren quantenmechanischen Aussagen noch die Sätze L_{13} und L_{14}. Denn wegen

$$P_{A \vee \neg A} = P_A + P_{\neg A} - P_A P_{\neg A} = 1$$

gilt

(L_{13}) $\quad V \leq A \vee \neg A$

und wegen $\quad P_A = (1 - (1 - P_A)) = P_{\neg\neg A}$

auch

(L_{14}) $\quad \neg\neg A \leq A.$

Für die durch vertauschbare Projektionsoperatoren darstellbaren quantenmechanischen Aussagen gilt somit die vollständige klassische Logik, die wir oben durch L_1—L_{14} charakterisiert haben. Die Logik der kommensurablen Aussagen ist somit die klassische Logik. In Hinblick auf die Darstellung quantenmechanischer Aussagen durch Unterräume M_A des Hilbertraumes entspricht das der

Tatsache, daß diejenigen abgeschlossenen Linearmannigfaltigkeiten des Hilbertraumes, die vertauschbaren Projektionsoperatoren entsprechen, bezüglich $\cap$, $\cup$ und $\neg$ einen komplementären, distributiven Verband bilden.

Die Logik der inkommensurablen Eigenschaften

Die im vorangehenden Abschnitt behandelte Logik der kommensurablen Eigenschaften gilt für alle Aussagen, die über das Vorliegen objektiver Eigenschaften eines physikalischen Systems gemacht werden können. Damit sind alle Aussagen erfaßt, die über einen quantenmechanischen Gegenstand (d.h. ein System in einem bestimmten Zustand $|\varphi\rangle$) gemacht werden können. Die Logik dieser Aussagen erwies sich als identisch mit der vollständigen klassischen Logik.

Wesentlich andere Verhältnisse liegen jedoch vor, wenn man sich für beliebige, d.h. allgemein inkommensurable Eigenschaften eines quantenmechanischen Systems interessiert. Wie schon verschiedentlich bemerkt, ist das Interesse an inkommensurablen Eigenschaften darauf zurückzuführen, daß man an einem gegebenen System eben jede Eigenschaft messen kann, unabhängig davon, ob sie objektiv ist oder nicht. Es liegt infolgedessen nahe, auch für die Diskussion logischer Probleme die Untersuchung nicht auf die Klasse der kommensurablen Eigenschaften zu beschränken, sondern diese zur Klasse aller meßbaren Eigenschaften zu erweitern. Denn oft wird es gar nicht bekannt sein, ob zwei Eigenschaften kommensurabel sind oder nicht, so daß es sinnvoll ist, von vornherein beliebige Aussagen in Betracht zu ziehen. Es soll daher in diesem Abschnitt die Frage untersucht werden, ob sich die für die kommensurablen Aussagen gefundenen logischen Regeln L_1—L_{14} ganz oder wenigstens teilweise auf beliebige Aussagen übertragen lassen, was dann zu einer Logik allgemein inkommensurabler Eigenschaften führen würde.

Die Behandlung dieser Logik inkommensurabler Eigenschaften kann unter zwei verschiedenen Aspekten durchgeführt werden. Entweder man setzt die Interpretation der Quantentheorie voraus, bei der zwei nicht kommensurable Aussagen sich nicht auf das gleiche Objekt beziehen können, – dann bleibt die Logik in vollem Umfang gültig, einige ihrer Gesetze verlieren aber ihre Anwendbarkeit, wenn man sie auf inkommensurable Eigenschaften bezieht. Oder man klammert diese Deutung der Quantenmechanik ausdrücklich aus, bezieht also alle meßbaren Eigenschaften in gleicher Weise auf ein quantenmechanisches System, d.h. man führt uneigentliche Gegenstände ein – dann werden einige Gesetze der klassischen Logik falsch. Diejenigen Gesetze der Logik, die auch unter diesen Umständen noch gültig sind, bilden dann in ihrer Gesamtheit die Quantenlogik.

Von den Aussagen, für die die Logik mit Hilfe des dialogischen Begründungsverfahrens hergeleitet werden konnte, war vorausgesetzt worden, daß feststeht, wann eine Aussage als bewiesen anzusehen ist, und daß Aussagen, die einmal bewiesen worden sind, während des Dialogs unbeschränkt zur Verfügung stehen. Diese letztere protologische Eigenschaft hatten wir oben als „unbeschränkte Verfügbarkeit" bezeichnet.

Auch für die allgemein inkommensurablen Aussagen über ein quantenmechanisches System steht fest, wie der Beweis einer solchen Aussage zu erbringen ist. Zu jeder Aussage A bzw. zu der entsprechenden Eigenschaft E_A existiert nämlich ein wohldefiniertes Meßverfahren, das genau dann, wenn A vorliegt, für die Observable E_A den Wert 1 liefert. Dagegen besitzen diese Aussagen nicht mehr die protologische Eigenschaft der unbeschränkten Verfügbarkeit. Um das zu zeigen, gehen wir von einem Paar inkommensurabler Aussagen A und B aus und wiederholen noch einmal den oben angegebenen Dialog für $A \to (B \to A)$:

	P		O
1.	$A \to (B \to A)$	1.	A
2.	Wieso A ?	2.	Beweis von A durch Exp. an S
3.	$B \to A$	3.	B
4.	Wieso B ?	4.	Beweis von B durch Exp. an S
5.	A	5.	Wieso A ?
6.	—		

Bisher hatten wir angenommen, daß P in P 6 den Beweis von A durch Verweis auf O2 führen kann. Das ist aber jetzt aus folgendem Grunde unmöglich. Zwar wurde in O2 die Aussage A experimentell bewiesen. Aber in O4 wurde am selben System die Aussage B bewiesen, wodurch wegen der Inkommensurabilität von A und B das Ergebnis der vorangegangenen A-Messung ganz oder teilweise wieder zerstört wurde. Das System S besitzt daher nicht mehr die Eigenschaft E_A, weshalb sich P in Zeile P6 auch nicht mehr auf das in O2 geführte Experiment berufen darf. Es müßte neu ausgeführt werden, was aber, wie wir wissen, im allgemeinen nicht zu dem Ergebnis A führt, wie der Satz $A \to (B \to A)$ es behauptet[1].

Wir sehen hier also, daß eine einmal bewiesene Aussage A in einem späteren Stadium der Diskussion, wenn A erneut in Frage steht, nicht einfach zitiert werden darf. Denn im allgemeinen werden im Laufe des Dialogs andere, mit A nicht kommensurable Aussagen bewiesen worden sein, weshalb die Aussage A dann nicht mehr zur Verfügung steht. Wir wollen daher sagen, daß die Aussagen, die das Vorliegen von Eigenschaften an einem quantenphysikalischen System behaupten, nur „beschränkt verfügbar" sind. Die Beschränkung der Verfügbarkeit besteht darin, daß eine Aussage A nur dann in einer Diskussion verfügbar ist, wenn zwischen dem Beweis und dem Zitat keine mit A inkommensurable Aussage bewiesen worden ist.

Die beschränkte Verfügbarkeit ist also eine protologische Eigenschaft, die allen quantenphysikalischen Aussagen, die sich auf das Vorliegen von Eigenschaften uneigentlicher Gegenstände beziehen, zukommt und eine Einschränkung der früher diskutierten unbeschränkten Verfügbarkeit darstellt. Die durch die Beschränkung der Verfügbarkeit der Aussagen bedingte Einschränkung der Möglichkeiten eines Beweises im dialogischen Verfahren hat dann zur Folge, daß z.B. der für unbeschränkt verfügbare Aussagen allgemein gültige Satz $A \to (B \to A)$ nicht mehr bewiesen werden kann, es sei denn, A und B werden explizit als kommensurabel vorausgesetzt.

Eine beschränkt verfügbare Aussage A darf daher in einem Dialog nur dann zitiert werden, wenn zwischen dem Beweis von A und dem Zitat nur solche Aussagen bewiesen worden sind, die mit A kommensurabel sind. Das gleiche gilt auch für Angriffe. Eine etwa von O aufgestellte Behauptung $A \to B$ darf von P nur dann angegriffen werden, wenn zwischen dem Beweis von $A \to B$ und dem Angriff nur solche Aussagen bewiesen worden sind, die mit $A \to B$ kommensurabel sind. Diese Vorschrift, die eine Einschränkung der Möglichkeiten des Beweisens in einem Dialog darstellt, wollen wir als Kommensurabilitätsregel bezeichnen. Die Hinzunahme dieser Regel zu den bisher erwähnten Spielregeln des Dialogs hat zur Folge, daß nicht mehr alle Implikationen, die dialogisch be-

[1] Um dem naheliegenden Einwand zu begegnen, daß die drei Aussagen sich auf verschiedene Zeiten beziehen, vgl. P. Mittelstaedt, Time dependent propositions and quantum logic, Jour. of Phil. Logic **6**, 463 (1977) und: Quantum Logic, D. Reidel Publ. Co. Dordrecht, Holland 1978, p. 56f.

weisbar sind, auch jetzt noch in einem Dialog erfolgreich verteidigt werden können. Diejenigen Implikationen, die auch noch unter Hinzuziehung der Kommensurabilitätsregel in einem Dialog erfolgreich verteidigt werden können, die also auch noch unter den für quantentheoretische Aussagen wichtigen Einschränkungen gelten, wollen wir als quanten-dialogisch beweisbar bezeichnen. Dieser Beweisbegriff ist enger als der bisher gebrauchte Begriff der dialogischen Beweisbarkeit; denn jede quanten-dialogisch beweisbare Implikation ist auch dialogisch beweisbar, das Umgekehrte gilt jedoch nicht, wie das oben erwähnte Beispiel zeigt. Um in konkreten Fällen entscheiden zu können, ob eine dialogisch beweisbare Implikation auch quanten-dialogisch beweisbar ist, d.h., um die Kommensurabilitätsregel im Rahmen eines Dialogs anwenden zu können, muß noch geklärt sein, wann zwei Aussagen als kommensurabel zu bezeichnen sind. Die Kommensurabilität ist keine logische, sondern eine protologische Eigenschaft. Ohne auf die explizite Gestalt der verwendeten Aussagen, d.h. auf die Theorie der Projektionsoperatoren Bezug zu nehmen, bezeichnet man zwei Aussagen A und B als kommensurabel, wenn die Eigenschaften E_A und E_B in beliebiger Reihenfolge am untersuchten System gemessen werden können, ohne daß dadurch das Ergebnis der Messung beeinflußt wird. Ohne nähere Angaben über A und B wird man daher über deren Kommensurabilität im allgemeinen gar nichts sagen können. Aus der Definition der Kommensurabilität läßt sich jedoch z.B. entnehmen, daß zwei beliebige Aussagen A und B, zwischen denen eine der Implikationen $A \leq B$ oder $B \leq A$ gültig ist, stets kommensurabel sind. Wir werden später noch weitere Beziehungen angeben, die die Kommensurabilität zweier Aussagen zur Folge haben. Um die Kommensurabilität zusammengesetzter Aussagen zu untersuchen, etwa die von A und $A \to B$, muß man auf die jeweiligen dialogischen Beweisverfahren dieser Ausdrücke zurückgreifen und dann fragen, ob die betreffenden Aussagen tatsächlich in beliebiger Reihenfolge an einem System gemessen werden können. So zeigt sich z. B., daß eine Aussage A mit $A \to B$ kommensurabel ist, unabhängig davon, was B bedeutet, dagegen im allgemeinen nicht mit $B \to A$.

Man wird allerdings auf die Einführung besonderer Restriktionen des dialogischen Verfahrens verzichten können, wenn man die übliche nicht-objektivierende Interpretation der Quantenmechanik voraussetzt. Denn dann wird von vornherein die Möglichkeit ausgeschlossen, zwei inkommensurable Eigenschaften auf dasselbe System zu beziehen: Die mit der Messung verbundene Zustandsänderung wäre ja zugleich eine Änderung des Objekts.

Der Proponent P könnte dann $A \to (B \to A)$ durch den folgenden Dialog verteidigen: (A, B inkommensurabel)

	P		O
1.	$A \to (B \to A)$	1.	A
2.	$B \to A$	2.	B
3.	Wieso B?	3.	—

Die in $O2$ behauptete Aussage B darf aber von P deshalb bezweifelt werden, weil bekannt ist, daß A und B nicht über denselben quantenmechanischen Gegenstand behauptet werden können. Die Subjunktion $A \to (B \to A)$ ist dann deswegen beweisbar weil sie nicht anwendbar ist, sowie A und B nicht kommensurabel sind. Es handelt sich hier um eine ähnliche Situation, wie sie bereits bei der Diskussion des Kausalgesetzes aufgetreten ist: Setzt man die übliche Deutung der Quantenmechanik voraus, so ist das Kausalgesetz auch für quantenmechanische Gegenstände wahr, weil es dort unanwendbar ist. Solange man jedoch quantenmechanische Systeme betrachtet und alle meßbaren Eigenschaften ohne Einschränkung auf diese Systeme bezieht, also uneigentliche Gegenstände behandelt, ist die erwähnte Restriktion des dialogischen Verfahrens unerläßlich, da andernfalls Sätze wie $A \to (B \to A)$ beweisbar sind, die aber, wie wir gesehen haben, unter Umständen falsch sein können.

Schränkt man daher den Begriff des Beweises einer Implikation auf den der quanten-dialogischen Beweisbarkeit ein, so erhebt sich die Frage, welche von den Implikationen, die unabhängig von den in ihnen enthaltenen elementaren Aussagen dialogisch bewiesen werden können, auch noch nach Hinzunahme der Kommensurabilitätsregel, d.h. für beschränkt verfügbare Aussagen bewiesen werden können. Die Gesamtheit der allgemein dialogisch beweisbaren Implikationen bildet die affirmative bzw. effektive Logik. Entsprechend wollen wir die Gesamtheit der Implikationen, die unabhängig von den in ihnen enthaltenen Aussagen quanten-dialogisch bewiesen werden können, als affirmative bzw. effektive Quantenlogik bezeichnen. Die so bewiesenen Implikationen werden für beliebige, beschränkt verfügbare Aussagen Gültigkeit besitzen.

Zur Diskussion der Frage, welche Sätze der affirmativen Logik noch in der affirmativen Quantenlogik gültig sind, gehen wir am besten von der in $L_1 - L_{10}$ angegebenen Kalkülisierung der affirmativen Logik aus und prüfen nach, welche dieser Sätze auch noch quanten-dialogisch begründet werden können. Dabei zeigt sich, daß die Sätze $L_1 - L_9$ auch unter Beachtung der Kommensurabilitätsregel, d. h. quanten-dialogisch beweisbar sind. Ebenso wie in der gewöhnlichen Logik verwenden wir als Formeln des Kalküls die Zusammensetzungen der Symbole $A, B, C, \ldots$ mit $\wedge$, $\vee$, $\rightarrow$, $\leq$ und den Klammersymbolen. Mit diesen Formeln $\alpha, \beta, \ldots$ stellen wir wieder Regeln zur Ableitung von Implikationen $A \leq B$ auf. Zur Bezeichnung der Regeln verwenden wir den zweifachen Pfeil $\Rightarrow$ und das zweifache Komma „,. Inhaltlich bedeutet eine Regel $\alpha \Rightarrow \beta$ jetzt, daß dann, wenn eine Implikation α (quanten-dialogisch) bewiesen werden kann, auch die Implikation β (quanten-dialogisch) beweisbar ist. Zum Beweis einer Kalkülregel $\alpha \Rightarrow \beta$ wird daher die Implikation α vom Opponenten dem eigentlichen Dialog in Zeile 0 als Hypothese vorangestellt. Der Proponent muß dann die Implikation β (quanten-dialogisch) verteidigen, wobei er aber auf die vom Opponenten vorangestellte Hypothese α zurückgreifen kann, und zwar offensichtlich ohne daß die Verfügbarkeit der Hypothese α irgendwelchen Einschränkungen unterworfen ist. Die in der Kommensurabilitätsregel formulierten Einschränkungen der Verfügbarkeit beziehen sich nicht auf Hypothesen.

Als Beispiel für einen auch unter Beachtung der Kommensurabilitätsregel noch beweisbaren Satz betrachten wir die modus ponens Regel L_9:

(L_9) $\quad A \wedge (A \rightarrow B) \leq B$

Der dialogische Beweis lautet

	P		O
1.	$(A \wedge (A \rightarrow B)) \rightarrow B$	1.	$A \wedge (A \rightarrow B)$ (1)
2.	Wieso A?	2.	Beweis von A
3.	A (1)	3.	B $\langle 1 \rangle$
4.	Wieso B?	4.	Beweis von B
5.	B $\langle 1 \rangle$		

und wird durch eine mögliche Inkommensurabilität von A und B in keiner Weise beeinträchtigt.

Lediglich bei dem Satz L_{10} versagt der dialogische Beweis infolge der Einschränkungen, denen das Beweisen bei inkommensurablen Aussagen unterworfen ist. Man kann das dem bereits oben angegebenen Beweis dieses Satzes sofort ansehen:

	P		*O*
0.		0.	$A \wedge C \to B$
1.	$C \to (A \to B)$	1.	C (1)
2.	$A \to B$ ⟨1⟩	2.	A (2)
3.	$A \wedge C$ (0)	3.	Wieso $A \wedge C$?

Die in P 3 behauptete Aussage $A \wedge C$ ist aber deswegen nicht beweisbar, weil P nicht mehr die in O1 und O2 durchgeführten Beweise von C und A übernehmen kann. Vielmehr wird das Ergebnis der C-Messung durch die darauf folgende A-Messung im allgemeinen wieder zerstört werden. Die Situation ist also ganz ähnlich, wie bei dem oben diskutierten Beispiel $A \to (B \to A)$. Tatsächlich handelt es sich in beiden Fällen um den gleichen Satz, der quantenlogisch nicht beweisbar ist.

Die beiden Sätze

(L_9) $\quad (A \wedge (A \to B)) \leq B$

(L_{10}) $\quad A \wedge C \leq B \Rightarrow C \leq (A \to B)$

sind nämlich notwendig und hinreichend für das Bestehen der drei Sätze:

(Q_9) $\quad (A \wedge (A \to B)) \leq B$

(Q_{10}) $\quad A \wedge C \leq B \Rightarrow (A \to C) \leq (A \to B)$

(Q) $\quad C \leq (A \to C)$

Während (Q) in der Quantenlogik nicht mehr gültig ist, ist (Q_9) und (Q_{10}) auch quantenlogisch, d.h. unter den genannten einschränkenden Bedingungen noch dialogisch beweisbar. Der dialogische Beweis von (Q_{10}) lautet dann folgendermaßen:

	P		*O*
0.		0.	$A \wedge C \to B$
1.	$(A \to C) \to (A \to B)$	1.	$A \to C$ (1)
2.	$A \to B$ ⟨1⟩	2.	A (2)
3.	$A \wedge C$ (0)	3.	B ⟨0⟩
4.	B ⟨2⟩		

Der Proponent kann also B tatsächlich mit Hilfe der hypothetischen Formel $A \wedge C \to B$ beweisen. Eine mögliche Inkommensurabilität von A und C wirkt sich hier nicht aus, da in der Konklusion $(A \rightarrow C) \rightarrow (A \rightarrow B)$ die Hinterformel $(A \rightarrow B)$ unter der Voraussetzung $(A \rightarrow C)$ behauptet wird, und daher die Aussage C im Laufe des Dialogs nie explizit bewiesen wird. Um die in $P3$ aufgestellte Behauptung $A \wedge C$ kann noch ein Zwischen-Dialog geführt werden, der aber mit dem oben angegebenen Dialog um die modus ponens Regel übereinstimmt und daher hier weggelassen wurde.

Ersetzen wir daher (L_9) und (L_{10}) durch (Q_9), (Q_{10}) und (Q), so sind (Q_9) und(Q_{10}) auch noch für allgemein inkommensurable Aussagen gültig. (Q) ist dagegen nur beweisbar, wenn A und C kommensurabel sind. Von den Sätzen (L_1)—(L_8); (Q_9), (Q_{10}), (Q) der affirmativen Logik wird daher beim Übergang zur Quantenlogik nur der Satz (Q) ungültig. Die verbleibenden Sätze bilden einen Kalkül (Q_1)—(Q_{10}), den wir als den Kalkül der affirmativen Quantenlogik bezeichnen wollen:

(Q_1) $\quad A \leq A$

(Q_2) $\quad A \leq B,, B \leq C \Rightarrow A \leq C$

(Q_3) $\quad A \wedge B \leq A$

(Q_4) $\quad A \wedge B \leq B$

(Q_5) $\quad C \leq A,, C \leq B \Rightarrow C \leq A \wedge C$

(Q_6) $\quad A \leq A \vee B$

(Q_7) $\quad B \leq A \vee B$

(Q_8) $\quad A \leq C,, B \leq C \Rightarrow A \vee B \leq C$

(Q_9) $\quad (A \wedge (A \rightarrow B)) \leq B$

(Q_{10}) $\quad A \wedge C \leq B \Rightarrow (A \rightarrow C) \leq (A \rightarrow B)$

Gelten für zwei Aussagen A und B dagegen aus irgendwelchen Gründen die beiden Implikationen

$$K(A, B) \leftrightharpoons A \leq (B \rightarrow A)$$

und

$$K(A, B) \leftrightharpoons B \leq (A \rightarrow B)$$

so gelten für diese Aussagen alle Implikationen der affirmativen Logik. Wir können daher diese Aussagen A und B im Rahmen der affirmativen Quantenlogik als kommensurabel bezeichnen. Weiterhin folgt aus der oben angegebenen protologischen Erklärung der Kommensurabilität zusammen mit den Dialog-Regeln, daß die Relation $K(A, B)$ symmetrisch ist und abgeschlossen in Bezug auf die Operationen $\wedge$, $\vee$ und $\rightarrow$. Um diese Eigenschaft der Kommensurabilitätsrelation mit in den quanten-logischen Kalkül einzubeziehen, ergänzen wir die Gesetze Q_1—Q_{10} um die weiteren Regeln:

(Q_{11}) $\quad A \leq (B \rightarrow A) \Rightarrow B \leq (A \rightarrow B)$

(Q_{12}) $\quad A \leq (B \rightarrow A),, A \leq (C \rightarrow A) \Rightarrow A \leq (B * C \rightarrow A)$

Q_{11} drückt die Symmetrie von $K(A, B)$ aus und Q_{12} die Abgeschlossenheit der Kommensurabilitätsrelation. Das Zeichen $B * C$ bedeutet hier irgendeine der zusammengesetzten Aussagen $B \wedge C$, $B \vee C$ und $B \rightarrow C$.

Die Gesetze $Q_1 - Q_{12}$ bilden einen Kalkül, den wir als den Kalkül der affirmativen Quantenlogik bezeichnen wollen. Dieser Kalkül ist in bezug auf die Klasse derjenigen Implikationen, die sich quanten-dialogisch beweisen lassen, konsistent. Damit ist gemeint, daß sich jede in $(Q_1)-(Q_{10})$ ableitbare Implikation quanten-dialogisch beweisen läßt. Weiterhin ist der Kalkül $Q_1 - Q_{12}$ vollständig in bezug auf die Klasse der quanten-dialogisch beweisbaren Aussagen, d.h. jede quanten-dialogisch beweisbare Implikation kann aus $Q_1 - Q_{12}$ hergeleitet werden[1]. Wir wollen jedoch auf die Frage der Vollständigkeit hier nicht näher eingehen. Wesentlich für unsere Betrachtungen ist vielmehr die Tatsache, daß die Kommensurabilitätsregel bereits im Rahmen der affirmativen Logik zu Restriktionen führt, die sich dann natürlich auch auf die effektive bzw. die vollständige Quantenlogik auswirken.

Ebenso wie bei den unbeschränkt verfügbaren Aussagen nehmen wir auch hier die beiden Aussagen V und Λ zu den bisher betrachteten Aussagen hinzu. Auf Grund der Festsetzung, wie diese Aussagen in einem Dialog zu verwenden sind, folgt auch hier die Allgemeingültigkeit der Implikationen $\Lambda \leq A$ und $A \leq V$. Daraus ergibt sich insbesondere, daß V und Λ mit allen Aussagen kommensurabel sind. Die Relationen

$$V \leq A \rightarrow V \qquad A \leq V \rightarrow A$$
$$\Lambda \leq A \rightarrow \Lambda \qquad A \leq \Lambda \rightarrow A$$

sind daher für beliebige Aussagen A gültig.

Ähnlich wie bei kommensurablen Aussagen kann man auch hier wieder eine Beziehung zwischen der Subjunktion $A \rightarrow B$ und der Implikation $A \leq B$ herleiten. Wegen $V \leq A \rightarrow V$ folgt nämlich aus Q_9 und Q_{10} wiederum

$$A \leq B \Leftrightarrow V \leq A \rightarrow B$$

[1] Vgl. hierzu E.W. Stachow, Completeness of Quantum Logic, Jour. of Phil. Logic 5, 237 (1976)

wodurch die Definition von $A \leq B$ in den Begriffen und im Rahmen der affirmativen Quantenlogik bestätigt wird. Darüber hinaus folgt aus Q_9, Q_{10}, Q_{11}, Q_{12} (zusammen mit $Q_1 - Q_8$) daß die Subjunktion $A \to B$ eindeutig durch diese Gesetze bestimmt ist [1]. Eine Ersetzung der Subjunktion $A \to B$ durch $\wedge$ (und), $\vee$ (oder) und $\neg$ (nicht) ist hier allerdings ebensowenig möglich, wie in der effektiven Logik. Wir werden jedoch sehen, daß in der vollständigen Quantenlogik, die die Wertdefinitheit der Aussagen mit in Betracht zieht, eine solche Ersetzung wiederum möglich ist.

Die Einführung der Negation, die den Übergang zur effektiven Quantenlogik ermöglicht, kann wiederum mit Hilfe der Dialog-Methode geschehen. Der Proponent, der die Aussage $\neg A$ (nicht A) behauptet, kann nur durch die Behauptung von A angegriffen werden. Um $\neg A$ zu verteidigen muß P daher die Aussage A angreifen. Auf Grund dieser Definition ist klar, daß die Negation $\neg A$ in einem Dialog genau dann verteidigt werden kann, wenn auch die Subjunktion $A \to \Lambda$ quanten-dialogisch bewiesen werden kann. (Die Definition von $\neg A$ durch $A \to \Lambda$ ist aus der Formalisierung der intuitionistischen Logik bekannt.) Auf Grund der dialogischen Definition von $\neg A$ gelten dann die beiden Regeln

(Q_{13}) $\quad A \wedge \neg A \leq \Lambda$

(Q_{14}) $\quad A \wedge C \leq \Lambda \Rightarrow (A \to C) \leq \neg A\,.$

Aus Q_{13} und Q_{14} folgt weiter

$$V \leq \neg A \Leftrightarrow A \leq \Lambda\,,$$

wodurch die oben getroffene Feststellung bestätigt wird, daß $\neg A$ in einem Dialog genau dann verteidigt werden kann, wenn die Subjunktion $A \to \Lambda$ quanten-dialogisch beweisbar ist. Hier wurde diese Äquivalenz jedoch aus dem um die Regeln Q_{13} und Q_{14} erweiterten Kalkül der affirmativen Quantenlogik hergeleitet. Auf Grund der dialogischen Definition von $\neg A$ und der oben angegebenen Erklärung des Begriffs der Kommensurabilität folgt weiterhin, daß A und $\neg A$ kommensurabel sind, d. h.

$$A \leq (\neg A \to A)\,, \qquad \neg A \leq (A \to \neg A)$$

und daß die Kommensurabilitätsrelation hinsichtlich der Negation abgeschlossen ist. Es gilt daher die weitere Regel

(Q_{15}) $\quad A \leq (B \to A) \Rightarrow A \leq (\neg B \to A)\,.$

[1] P. Mittelstaedt, Quantum Logic l. c. p. 106f.

Mit Hilfe von Q_9, Q_{10}, Q_{11}, Q_{12} und mit Q_{13}, Q_{14}, Q_{15} läßt sich leicht der Satz

$$(Q_{16}) \qquad B \leq A,, C \leq \neg A \Rightarrow A \wedge (B \vee C) \leq (A \wedge B) \vee (A \wedge C)$$

beweisen[1], der in Hinblick auf die verbandstheoretische Formulierung der Quantenlogik als „schwache Quasimodularität" bezeichnet werden soll. Weiter folgt aus der Kommensurabilität von A und $\neg A$ zusammen mit Q_{14} die wichtige Implikation $A \leq \neg\neg A$. Die Umkehrung, d. h. $\neg\neg A \leq A$ ist in dem durch $Q_1 - Q_{16}$ dargestellten Kalkül jedoch ebenso wenig beweisbar wie in der effektiven Logik $L_1 - L_{12}$. Den durch $Q_1 - Q_{16}$ gekennzeichneten Kalkül wollen wir als Kalkül der *effektiven Quantenlogik* bezeichnen. Gegenüber der effektiven Logik sind gewisse Restriktionen eingetreten, die sich in den Sätzen Q_{10} und Q_{14} und in der Symmetrie und Abgeschlossenheit der Kommensurabilitätsrelation (Q_{11}, Q_{12}, Q_{15}) bemerkbar machen.

Über die durch $Q_1 - Q_{16}$ charakterisierten Sätze der effektiven Quantenlogik hinaus gilt aber auch noch das *tertium non datur*

$$(Q_{17}) \qquad V \leq A \vee \neg A\,.$$

Zunächst können die elementaren quantenphysikalischen Aussagen auf Grund der entsprechenden Beweis- bzw. Meßverfahren als wertdefinit angenommen werden. Diese Wertdefinitheit vererbt sich aber auch in der effektiven Quantenlogik auf alle (mittels $\wedge$, $\vee$, $\rightarrow$, $\neg$) zusammengesetzten Aussagen, wenn man noch eine unproblematische Annahme über die Überprüfung von Kommensurabilitäten macht[1]. Da im Rahmen der effektiven Quantenlogik $Q_1 - Q_{16}$ weiterhin

$$V \leq A \vee \neg A \Rightarrow \neg\neg A \leq A$$

ableitbar ist, so ist unter der Voraussetzung des *tertium non datur* auch die Umkehrung von $A \leq \neg\neg A$ und damit

$$(Q_{18}) \qquad A = \neg\neg A$$

beweisbar. Den durch $Q_1 - Q_{16}$ gegebenen Kalkül wollen wir als den Kalkül der *vollständigen Quantenlogik* bezeichnen. Es sei daran er-

---

[1] P. Mittelstaedt and E. W. Stachow, Jour. of Phil. Logic 7, 181 (1978) und P. Mittelstaedt, Quantum Logic, l. c. chap. VI.

innert, daß in diesem Kalkül die Sätze Q_{16} und Q_{18} nicht unabhängig sind, sondern aus den übrigen Kalkülregeln folgen.

Im Rahmen der durch $Q_1 - Q_{18}$ charakterisierten vollständigen Quantenlogik läßt sich — ebenso wie in der klassischen Logik — die durch Q_9, Q_{10}, Q_{11}, Q_{12} bzw. die daraus folgende Beziehung $A \leq B \Leftrightarrow V \leq A \to B$ gekennzeichnete Subjunktion explizit durch $\wedge$, $\vee$ und $\neg$ ausdrücken. Für die Subjunktion erhält man in der Quantenlogik in Abweichung von der klassischen Logik

$$A \to B = \neg A \vee (A \wedge B)$$

Der Beweis dieser Beziehung macht insbesondere Gebrauch von der schwachen Quasimodularität Q_{16} in Verbindung mit Q_{17} und Q_{18}[1].

Im Rahmen der vollständigen Quantenlogik lassen sich jetzt auch die oben zur Kennzeichnung der Kommensurabilität zweier Aussagen A und B verwendeten Beziehungen

$$K(A, B) \Leftrightarrow A \leq (B \to A) \text{ und } K(B, A) \Leftrightarrow B \leq (A \to B)$$

in einfachen Zusammenhang bringen mit der üblicherweise als Kommensurabilität bezeichneten Eigenschaft. Auf Grund von

$$A \leq B \Leftrightarrow V \leq \neg A \vee (A \wedge B)$$

und Q_{16}, Q_{17}, Q_{18} folgen nämlich aus $A \leq (B \to A)$ und $B \leq (A \to B)$ die beiden Relationen

$$A = (A \wedge B) \vee (A \wedge \neg B)$$
$$B = (B \wedge A) \vee (B \wedge \neg A)$$

und umgekehrt[2]. Es sei bemerkt, daß in der vollständigen Quantenlogik die Relation $K(A, B)$ der Kommensurabilität symmetrisch ist, d. h. es gilt

$$K(A, B) \Leftrightarrow K(B, A)$$

weshalb eine der angeführten Beziehungen bereits ausreichend ist, um die Kommensurabilität zweier Aussagen auszudrücken[3].

Zum Vergleich des Kalküls $Q_1 - Q_{18}$ der vollständigen Quantenlogik mit dem Kalkül $L_1 - L_{14}$ der klassischen Logik ist es nütz-

---

[1] Wegen der Existenz und Eindeutigkeit einer Subjunktion in der vollständigen Quantenlogik vgl. P. Mittelstaedt, Z. Naturf. 25a, 1773 (1970), 27a, 1358 (1972).

[2] P. Mittelstaedt, Z. Naturf. 25a, 1773 (1970) (Theorem IV)

[3] F. Kamber, Math. Annalen 158, 158 (1965)

lich, auch diesen Kalkül in verbandstheoretischer Form darzustellen. Die Klassen $[A]$, $[B]$ ... äquivalenter Aussagen bilden hinsichtlich der Relation $\leq$, die durch $[A] \leq [B] \curvearrowright A \leq B$ gegeben ist, wegen Q_1, Q_2 eine Halbordnung, die zu je zwei Elementen $[A]$ und $[B]$ wegen Q_3, Q_4, Q_5 eine untere Grenze $[A \wedge B]$ besitzt (Halbverband) und wegen Q_6, Q_7, Q_8 eine obere Grenze $[A \vee B]$, so daß die untersuchte Struktur ein Verband ist. Die Regeln $Q_9, Q_{10}, Q_{11}, Q_{12}$ besagen, daß es zu je zwei Elementen $[A]$ und $[B]$ stets ein Element $[A \rightarrow B]$ gibt, das diese Gesetze erfüllt. Daraus folgt, daß der Verband ein Einselement $[A \rightarrow A]$ besitzt. Die Annahme, daß eine Λ-Aussage existiert, besagt, daß der Verband ein Nullelement $[\Lambda]$ besitzt. Die Regeln Q_{13}, Q_{14}, Q_{15} besagen, daß es zu jedem Element $[A]$ ein Element $[\neg A]$ gibt, für das diese Sätze gelten. Wegen des *tertium non datur* Q_{17} ist $[\neg A]$ ein Komplement und wegen Q_{18} ein Orthokomplement. Mit Q_{16} folgt dann, daß der betrachtete Verband orthokomplementär und quasimodular ist. Er soll im folgenden mit L_q bezeichnet werden.

Der Zusammenhang dieses quantenlogischen Aussagenverbandes L_q mit der Theorie der Projektionsoperatoren bzw. der Theorie der abgeschlossenen Linearmannigfaltigkeiten des Hilbertraumes läßt sich wiederum leicht herstellen, wenn man die explizite Gestalt der quantenmechanischen Aussagen in Betracht zieht. Auf Grund der Definition $A \rightleftharpoons P_A | \varphi\rangle = | \varphi\rangle$ einer quantenmechanischen Aussage entspricht jeder Aussage A ein Projektionsoperator P_A bzw. ein Unterraum M_A. Während jedoch bei kommensurablen Aussagen A und B die entsprechenden Projektionsoperatoren miteinander vertauschbar sind, ist dies für die hier betrachteten allgemein inkommensurablen Aussagen nicht mehr der Fall. Die Folge ist, daß sich die zu den zusammengesetzten Aussagen $A \wedge B$, $A \vee B$ und $B \neg A$ gehörigen Projektionsoperatoren nicht mehr in einfacher Weise aus den Operatoren P_A und P_B zusammensetzen lassen. Es ist infolgedessen hier nicht mehr möglich, jedem logischen Satz eine entsprechende Gleichung zwischen Projektionsoperatoren zuzuordnen. Dagegen bleibt die Möglichkeit, Aussagen durch Unterräume darzustellen, nach wie vor bestehen.

Die Gültigkeit einer Implikation $A \leq B$ für alle Vektoren $| \varphi\rangle$ des Hilbertraumes hat zur Folge, daß $M_A \subseteq M_B$ ist. Da ein quantenlogischer Satz $A \leq B$ stets unabhängig von dem betreffenden Zustandsvektor $| \varphi\rangle$ gültig ist, entspricht somit jeder quantenlogisch gültigen Implikation eine Relation $M_A \subseteq M_B$ zwischen den entsprechenden Unterräumen. Weiterhin lassen sich die den zusammengesetzten Aussagen $A \wedge B$ bzw. $A \vee B$ entsprechenden Unterräume $M_{A \wedge B}$ bzw. $M_{A \vee B}$ mit Hilfe von Q_3, Q_4, Q_5 bzw. Q_6, Q_7, Q_8 eindeutig als

$$M_{A \wedge B} = M_A \cap M_B \qquad M_{A \vee B} = M_A \cup M_B$$

bestimmen, ebenso wie bei kommensurablen Aussagen. Die Teilräume des Hilbertraumes bilden daher einen Verband L_H. Auch für den Unterraum, der der Negation $\neg A$ entspricht, erhält man auf Grund der Definition der Negation wiederum $M_{\neg A} = H - M_A$. Für die Subjunktion $A \rightarrow B$, die durch Q_9, Q_{10}, Q_{11}, Q_{12} bzw. die daraus folgende Beziehung $A \leq B \Leftrightarrow V \leq B \neg A$ charakterisiert ist und die sich in der vollständigen Quantenlogik durch $\neg A \vee (A \wedge B)$ ersetzen läßt, erhält man hier in Abweichung von der Theorie kommensurabler Aussagen,

$$M_{A \rightarrow B} = M_{\neg A} \cup (M_A \cap M_B).$$

Für kommensurable Aussagen geht $M_{A \rightarrow B}$ allerdings in den dort gefundenen Ausdruck $M_{\neg A} \cup M_B$ über.

Auf Grund dieser eindeutigen Zuordnung von elementaren und zusammengesetzten Aussagen zu Teilräumen des Hilbertraumes entspricht somit jeder im Verband L_H der abgeschlossenen Linearmannigfaltigkeiten gültigen Relation $M_A \subseteq M_B$ eine quantenlogische Implikation $A \leq B$. Man kann daher die Regeln $Q_1 - Q_{18}$ des Kalküls der vollständigen Quantenlogik auch über die Theorie der abgeschlossenen Linearmannigfaltigkeiten des Hilbertraumes erhalten. Das ist insbesondere für die Regeln Q_{17} und Q_{18} von Interesse, die sich nicht aus dem Kalkül der effektiven Quantenlogik $Q_1 - Q_{16}$ herleiten lassen, und die hier deshalb gelten, weil von den Aussagen über quantenmechanische Systeme vorausgesetzt werden darf, daß sie wertdefinit sind[1].

Auf Grund der Definition von $M_{\neg A}$ ist

$$M_{A \vee \neg A} = M_A \cup (H - M_A) = H = M_V$$

woraus das tertium non datur

(Q_{17}) $\quad V \leq A \vee \neg A$

[1] Eine systematische Darstellung der Theorie der abgeschlossenen Linearmannigfaltigkeiten des Hilbertraumes, die speziell auf die hier untersuchte logische Fragestellung Bezug nimmt, wurde erstmalig von G. Birkhoff und J. v. Neumann in Ann. of Math., 1936, angegeben.

folgt. Im Rahmen der effektiven Quantenlogik folgt aus Q_{17} der Satz Q_{18}. Unabhängig davon erhält man hier wegen

$$M_{\neg\neg A} = H - (H - M_A) = M_A$$

den Satz

(Q_{18}) $\quad A = \neg\neg A$

direkt aus den Eigenschaften der Unterräume des Hilbertraumes. Der eindeutig bestimmte, zu M_A total senkrechte Unterraum $M_{\neg A}$ ist im Verband der Teilräume L_H das Orthokomplement zu M_A. Der Verband L_H ist daher orthokomplementär. Für die abgeschlossenen Linearmannigfaltigkeiten des Hilbertraumes gilt über die Orthokomplementarität hinaus noch die Beziehung (Quasimodularität)

$$M_A \subseteq M_B\,,\ M_C \subseteq M_{\neg B} \Rightarrow M_B \cap (M_A \cup M_C) = M_A$$

der quantenlogisch der Satz

$(\tilde{Q}_{16})$ $\quad A \leq B\,,\ C \leq \neg B \Rightarrow B \wedge (A \vee C) = A$

entspricht[1]. Dieser Satz stimmt mit (Q_{16}) genau dann überein, wenn $\neg A$ in (Q_{16}) das Orthokomplement zu A ist. Die abgeschlossenen Linearmannigfaltigkeiten bilden also in Bezug auf die Relation $\subseteq$ und die Operationen $\cap$, $\cup$ und $\neg$ einen orthokomplementären, quasimodularen Verband.

Im Verband L der Teilräume des Hilbertraumes entsprechen die oben angegebenen (symmetrischen Bedingungen)

$$A = (A \wedge B) \vee (A \wedge \neg B)$$
$$B = (A \wedge B) \vee (\neg A \wedge B)$$

für die Kommensurabilität zweier Aussagen den Beziehungen

$$M_A = (M_A \cap M_B) \cup (M_A \cap M_{\neg B})$$
$$M_B = (M_A \cap M_B) \cup (M_{\neg A} \cap M_B)\,.$$

Diese sind aber ihrerseits äquivalent zu der Bedingung[2]

$$P_A\, P_B = P_B\, P_A$$

die die gleichzeitige Meßbarkeit der Observablen P_A und P_B beinhaltet und daher oft als Ausdruck für die Kommensurabilität betrachtet wird.

---

[1] Jauch, J.M. and C. Piron, Helv. Phys. Acta, 36, 827 (1963). Piron, C., Helv. Phys. Acta, 37, 439 (1964). Kamber, F., Math. Annalen 158, 158 (1965).

[2] Wegen des Beweises vgl. P. Mittelstaedt, Quantum Logic l. c. p. 24.

Wahrscheinlichkeit und Quantenlogik

Eine der wichtigsten Konsequenzen der Quantenlogik sind gewisse Restriktionen, die sich für die Anwendung der Wahrscheinlichkeitsrechnung auf quantentheoretische Probleme ergeben. Wir wollen in diesem Abschnitt die klassische Wahrscheinlichkeitstheorie der quantenmechanischen Wahrscheinlichkeitstheorie gegenüberstellen. Ein erstes Anzeichen dafür, daß – unter der Voraussetzung der Objektivierbarkeit – einige Gesetze der Wahrscheinlichkeitsrechnung ihre Gültigkeit verlieren, hatte sich schon bei der Behandlung des Phänomens der Interferenz der Wahrscheinlichkeiten gezeigt (Kap. IV). Zur Erläuterung der Zusammenhänge zwischen Quantenlogik und Wahrscheinlichkeitstheorie soll daher in diesem Abschnitt erneut auf das schon oben besprochene Zwei-Löcher-Experiment eingegangen werden.

Klassische Wahrscheinlichkeitstheorie

Um zunächst den Begriff der Wahrscheinlichkeit einzuführen, gehen wir aus von einem physikalischen System S in einem Zustand $|\varphi\rangle$ und Aussagen A, B, C, die das Vorliegen von Eigenschaften an diesem System behaupten. Diese Eigenschaften müssen aber nicht notwendig objektiv sein, sondern wir wollen allgemein beliebige meßbare Eigenschaften betrachten. Unter dem Begriff der Wahrscheinlichkeit $w(A)$ für das Vorliegen einer Eigenschaft E_A an dem System S versteht man intuitiv zunächst die relative Häufigkeit, mit der sich bei Messungen der Eigenschaft E_A an einer sehr großen Zahl von Systemen im gleichen Zustand $|\varphi\rangle$ die Eigenschaft E_A als vorliegend erweist. Entsprechend ist auch unter der Wahrscheinlichkeit für die zusammengesetzten Aussagen $A \wedge B$, $A \vee B$, $\neg A$ die relative Häufigkeit für das Vorliegen der zusammengesetzten Aussagen zu verstehen. Aus dieser Interpretation der Wahrscheinlichkeit als relative Häufigkeit ergibt sich zunächst, daß die Wahrscheinlichkeit $w(A)$ für eine Aussage A eine reelle Funktion $0 \leq w(A) \leq 1$ ist, bei der die Werte 0 und 1 dann angenommen werden, wenn an Stelle von A die Aussagen Λ und V stehen, d. h. also $w(\Lambda) = 0$ bzw. $w(V) = 1$.

In der mathematischen Wahrscheinlichkeitstheorie wird der Begriff der Wahrscheinlichkeit unabhängig von der erwähnten Häufigkeitsinterpretation, aber in enger Anlehnung an sie durch die folgenden Axiome definiert:

W_1) Die Wahrscheinlichkeit ist eine reelle nicht-negative Funktion $w(x) \geq 0$, die für alle Elemente x eines BOOLEschen Verbandes L_B erklärt ist.

W_2) Sind $\cap$ und $\cup$ die Verknüpfungsoperationen des betrachteten Verbandes und ist n das Nullelement, so gilt für zwei Elemente x und y, für die $x \cap y = n$ ist, die Beziehung

$$w(x \cup y) = w(x) + w(y).$$

W_3) Sind $x_1, x_2, x_3, \ldots$ Elemente des Verbandes, die paarweise die Bedingungen $x_i \cap x_k = n$ erfüllen, so gilt

$$w(x_1 \cup x_2 \cup x_3 \ldots) = w(x_1) + w(x_2) + w(x_3) + \ldots$$

W_4) Ist $w(x) = 0$, so ist $x = n$.

W_5) Ist e das Einselement des Verbandes, so gilt

$$w(e) = 1.$$

Beschränken wir uns auf kommensurable Aussagen A, B, C, so bilden diese in bezug auf die logischen Verknüpfungen $\wedge$ und $\vee$ einen BOOLEschen Verband, dessen Nullelement Λ und dessen Einselement V ist. Eine Funktion $w(A)$, die für alle Aussagen A dieses Verbandes definiert ist und die die Axiome W_1 — W_5 der Wahrscheinlichkeitsdefinition erfüllt, ist daher als eine Wahrscheinlichkeit im mathematischen Sinne anzusehen. Betrachten wir wie bisher ein System in einem Zustand $|\varphi\rangle$, so kann eine Funktion, die diese Bedingungen erfüllt, sofort angegeben werden. Es ist nämlich

$$w_\varphi(A) = \langle \varphi | P_A | \varphi \rangle$$

eine solche Funktion, die man daher als die Wahrscheinlichkeit für das Vorliegen der Eigenschaft E_A an dem untersuchten System bezeichnen kann. Auf den Beweis dieser Tatsache wollen wir hier nicht eingehen.[1]

Den quantenmechanischen Aussagen A, B, C entsprechen abgeschlossene Linearmannigfaltigkeiten M_A, M_B, M_C des Hilbertraumes bzw. die dazu gehörigen Projektionsoperatoren P_A, P_B, P_C. Speziell für den Bereich kommensurabler Aussagen lassen sich die Projektionsoperatoren der zusammengesetzten Aussagen $A \wedge B$, $A \vee B$, $\neg A$ durch einfache Kombinationen der Projektionsoperatoren P_A und P_B bilden. Eine Implikation $A \leq B$ hat weiter die Relation

$$P_A | \varphi \rangle = P_B P_A | \varphi \rangle$$

[1] Vgl. dazu etwa G. Ludwig, Die Grundlagen der Quantenmechanik, Berlin 1954, S. 68ff.

zur Folge, woraus auf Grund der Eigenschaften der Projektionsoperatoren

$$w_\varphi(A) \leq w_\varphi(B)$$

folgt. Jede logische Implikation $A \leq B$ hat daher eine Ungleichung zwischen den entsprechenden Wahrscheinlichkeiten zur Folge. Insbesondere entspricht einer logischen Äquivalenz $A = B$ eine Gleichung

$$w_\varphi(A) = w_\varphi(B).$$

So folgt beispielsweise aus der logischen Äquivalenz

$$A = (A \wedge B) \vee (A \wedge \neg B)$$

für die entsprechenden Projektionsoperatoren

$$P_A = P_{A \wedge B} + P_{A \wedge \neg B}$$

und für die Wahrscheinlichkeiten

$$\text{(I')} \qquad w_\varphi(A) = w_\varphi(A \wedge B) + w_\varphi(A \wedge \neg B),$$

wobei sich die Ausdrücke $w_\varphi(A \wedge B)$ und $w_\varphi(A \wedge \neg B)$ ihrerseits noch in die Produkte $w_\varphi(A)\, w_A(B)$ bzw. $w_\varphi(A)\, w_A(\neg B)$ zerlegen lassen. $w_A(\neg B)$ ist dabei entsprechend zu $P_{\neg B} = 1 - P_B$ durch $1 - w_A(B)$ gegeben.

Quantenlogische Wahrscheinlichkeitstheorie

Die Gesamtheit aller – auch inkommensurablen – quantenmechanischen Aussagen A der Form $|\varphi\rangle \subseteq M_A$ bildet hinsichtlich der Operationen $\wedge$, $\vee$ und $\neg$ einen σ-vollständigen, atomaren, orthokomplementären und quasimodularen Verband L_q. Um in bezug auf die in diesem Verband zusammengefaßten Aussagen eine Wahrscheinlichkeit einführen zu können, definieren wir als „*quantenlogische Wahrscheinlichkeit*" eine reelle Funktion $p(A)$, die für alle $A \in L_q$ definiert ist und die folgenden Axiome erfüllt[1].

$W_1^{(q)}$ Für alle Elemente $A \in L_q$ ist

$$0 \leq p(A) \leq 1$$

$W_2^{(q)}$ $$p(\Lambda) = 0, \qquad p(V) = 1$$

$W_3^{(q)}$ Ist $\{A_i\}$ eine Folge mit $A_i \leq \neg A_k$, so ist

$$p(A_1) + p(A_2) + \cdots = p(A_1 \vee A_2 \vee \cdots)$$

[1] Vgl. hierzu etwa J. M. Jauch, Foundations of Quantum Mechanics, Addison-Wesley, Reading, Mass. (1968) p. 94.

$W_4^{(q)}$ Für jede endliche Folge $\{A_i\}$ folgt aus
$p(A_i) = 1$ für alle $A_i \in \{A_k\}$, daß $p(A_1 \wedge A_2 \wedge \cdots) = 1$ ist.

$W_5^{(q)}$ Ist $A \neq \Lambda$, so gibt es ein p mit $p(A) \neq 0$
Ist $A \neq B$, so gibt es ein p mit $p(A) \neq p(B)$

Durch die Axiome $W_1^{(q)}$ — $W_5^{(q)}$ ist eine echte und sinnvolle Verallgemeinerung des durch W_1 — W_5 bestimmten Wahrscheinlichkeitsbegriffes gegeben. Die Verallgemeinerung ist sinnvoll, weil für BOOLsche Unterverbände $L_B \subseteq L_q$ die Wahrscheinlichkeiten $p(A)$ mit dem durch W_1 — W_5 definierten klassischen Wahrscheinlichkeitsbegriff übereinstimmen. Für BOOLsche Verbände ist nämlich $W_4^{(q)}$ eine Folge der übrigen Axiome $W_1^{(q)}$, $W_2^{(q)}$, $W_3^{(q)}$, $W_5^{(q)}$. Andererseits ist $W_1^{(q)}$ — $W_5^{(q)}$ eine echte Verallgemeinerung von W_1 — W_5, da nicht alle Sätze, die für $w(A)$ beweisbar sind, auch für $p(A)$ bewiesen werden können. Ein Beispiel für einen solchen Satz soll unten im Zusammenhang mit dem Zwei-Löcher-Experiment diskutiert werden.

Eine Funktion $p(A)$, die die Axiome $W_1^{(q)}$— $W_5^{(q)}$ befriedigt, und die für kommensurable Eigenschaften mit der Funktion $w_\varphi(A)$ übereinstimmt, kann sofort angegeben werden. Es ist wiederum

$$w_\varphi(A) = \langle\varphi|P_A|\varphi\rangle$$

eine solche Funktion. Auch für inkommensurable P_A und P_B gilt nämlich, daß aus

$$\langle\varphi|P_A|\varphi\rangle = \langle\varphi|P_B|\varphi\rangle = 1$$

die Beziehung

$$\langle\varphi|P_{A \wedge B}|\varphi\rangle = 1$$

folgt. Damit wird auch das Axiom $W_4^{(q)}$, das gegenüber W_1 — W_5 neu hinzugekommen ist, durch $w_\varphi(A)$ erfüllt. Die Funktionen $w_\varphi(A)$ stellen also eine sinnvolle Verallgemeinerung der Wahrscheinlichkeiten für den Fall dar, daß beliebige auch nicht miteinander kommensurable Observable betrachtet werden.

Wir wollen hier die Restriktionen, die sich für die Wahrscheinlichkeitsrechnung ergeben, wenn man alle meßbaren Eigenschaften in Betracht zieht, nicht in systematischer Form behandeln, sondern nur ein charakteristisches Beispiel untersuchen, an dem diese Einschränkungen besonders deutlich sichtbar werden. Wir wählen dazu wiederum das oben erwähnte Beispiel. Während für kommensurable A und B die Äquivalenz

$$A = (A \wedge B) \vee (A \wedge \neg B)$$

gilt, ist für inkommensurable Aussagen A und B nur noch die Implikation

$$(A \wedge B) \vee (A \wedge \neg B) \leq A$$

gültig; die Umkehrung

$$A \leq (A \wedge B) \vee (A \wedge \neg B)$$

ist dagegen quantenlogisch nicht beweisbar. Aus der logischen Äquivalenz folgt, wie oben erwähnt, die Beziehung (I′). Aus der quantenlogisch gültigen Implikation

$$(A \wedge B) \vee (A \wedge \neg B) \leq A$$

folgt zunächst die Ungleichung[1]

$$w_\varphi ((A \wedge B) \vee (A \wedge \neg B)) \leq w_\varphi (A)).$$

Die linke Seite dieser Ungleichung läßt sich wegen $W_3^{(q)}$ und weil $M_{A \wedge B} \subseteq H - M_{A \wedge \neg B}$ ist, additiv zerlegen, so daß hier nur

$$w_\varphi (A \wedge B) + w_\varphi (A \wedge \neg B) \leq w_\varphi (A) \qquad (\tilde{\mathrm{I}})$$

folgt, im Gegensatz zu der Gleichung (I′).

Interpretation

Um die Bedeutung der verallgemeinerten Wahrscheinlichkeitsfunktionen $p(A)$ zu erkennen, sei daran erinnert, daß die aus $W_1 - W_5$ folgenden Sätze der klassischen Wahrscheinlichkeitsrechnung unter bestimmten Voraussetzungen nicht mit den quantenmechanischen Gleichungen zur Berechnung der Funktionen $\langle \varphi | P_A | \varphi \rangle = w_\varphi (A)$ verträglich sind. Objektiviert man nämlich alle Eigenschaften eines Systems in dem Sinne, daß man annimmt, daß diese Eigenschaften dem betreffenden System objektiv zukommen oder nicht, so widersprechen die aus der Quantentheorie gewonnenen Aussagen über die Funktionen $w_\varphi (A)$ den Sätzen der klassischen Wahrscheinlichkeitstheorie. Man kann diesen Widerspruch beheben, indem man eine gleichzeitige Objektivierung inkommensurabler Eigenschaften nicht vornimmt. Die in den quantentheoretischen Gleichungen auftretenden Ausdrücke $w_\varphi (A)$ lassen sich dann als Wahrscheinlichkeiten im Sinne von $W_1 - W_5$

---

[1] Aus der Implikation $A \leq C$ folgt wegen $W_3^{(q)}$ auch bei beliebigen inkommensurablen Aussagen $\quad w_\varphi (A) + w_\varphi (\neg C) = w_\varphi (A \vee \neg C)$
woraus wegen $\quad w_\varphi (\neg C) = 1 - w_\varphi (C)$
folgt: $\quad w_\varphi (A) \leq w_\varphi (C)$.

interpretieren, allerdings nur als Wahrscheinlichkeiten für das Vorliegen der Eigenschaft A nach einem Meßprozeß an dem ursprünglich im Zustand $|\varphi\rangle$ befindlichen System.

Der Verzicht auf die Objektivierbarkeit quantenmechanischer Eigenschaften ist jedoch nicht zwingend, da der erwähnte Widerspruch sich auf eine andere Weise beheben läßt. Objektiviert man nämlich alle, also auch inkommensurable Eigenschaften eines quantenmechanischen Systems, dann bilden die Aussagen über das Vorliegen dieser Eigenschaften keinen Booleschen Aussagenverband, sondern nur den Aussagenverband L_q der Quantenlogik. Die Funktionen $p(A)$ sind dann die Wahrscheinlichkeiten für die Eigenschaften E_A im Sinne einer relativen Häufigkeit für das Auftreten der Eigenschaft. Die Sätze der „*quantenlogischen Wahrscheinlichkeitstheorie*" widersprechen aber nicht mehr den quantenmechanischen Gleichungen für die Funktionen $w_\varphi(A)$, weshalb sich die Objektivierung aller Eigenschaften widerspruchslos durchführen läßt, wenn man die Logik durch die Quantenlogik und die Wahrscheinlichkeitstheorie durch die quantenlogische Wahrscheinlichkeitstheorie ersetzt.

Man kann also auch unter der Voraussetzung der Objektivierbarkeit aller Eigenschaften die Ausdrücke $w_\varphi(A)$ als Wahrscheinlichkeiten – im Sinne relativer Häufigkeiten – interpretieren, wenn man für die quantenmechanischen Aussagen die Logik auf die Quantenlogik einschränkt. Diese Einschränkung der Logik und damit der Wahrscheinlichkeitstheorie ist aber insofern konsequent, als die Annahme der Objektivierbarkeit aller Eigenschaften nur noch die Quantenlogik zuläßt. Der Widerspruch zwischen Objektivierung, Quantenmechanik und Wahrscheinlichkeitstheorie läßt sich somit auch dadurch beheben, daß man alle Konsequenzen der Objektivierbarkeitsannahme beachtet und Logik und Wahrscheinlichkeitstheorie entsprechend einschränkt.

Beispiel

Eine einfache Versuchsanordnung in der die Einschränkungen der Wahrscheinlichkeitsrechnung unmittelbar zum Ausdruck kommen, ist das schon im Zusammenhang mit der Objektivierbarkeit besprochene Zwei-Löcher-Experiment (vgl. S. 136 f.). Ein Teilchenstrahl wird dabei durch eine Blende mit zwei Löchern in zwei getrennte Teilstrahlen aufgespalten (Fig. 12). Hinter der Blende werden die Teilchen dann durch eine Photoplatte registriert. Unter

B bzw. $\neg B$ wollen wir die Aussagen verstehen, daß ein Teilchen durch den oberen bzw. durch den unteren Spalt hindurchgegangen ist, und unter A die Aussage, daß es an einer bestimmten Stelle x auf der Photoplatte aufgetroffen ist, d.h., daß es sich nach der Aufnahme auf der Photoplatte im Zustand $|x\rangle$ befindet. Die Zustände, die zu den beiden Aussagen B und $\neg B$ gehören, wollen wir mit $|B\rangle$ bzw. $|\neg B\rangle$ bezeichnen und den Zustand, in dem sich das Teilchen zu Beginn des Experiments befand, mit $|\varphi\rangle$. Aus den Zerlegungen

$$\begin{aligned}|\varphi\rangle &= |B\rangle\langle B|\varphi\rangle + |\neg B\rangle\langle\neg B|\varphi\rangle\\ |B\rangle &= \int dx\,|x\rangle\langle x|B\rangle\\ |\neg B\rangle &= \int dx\,|x\rangle\langle x|\neg B\rangle\end{aligned}$$

ergeben sich die Wahrscheinlichkeiten

$$\begin{aligned}w_\varphi(B) &= |\langle B|\varphi\rangle|^2 \qquad & w_\varphi(\neg B) &= |\langle\neg B|\varphi\rangle|^2\\ w_B(A) &= |\langle x|B\rangle|^2 \qquad & w_{\neg B}(A) &= |\langle x|\neg B\rangle|^2,\end{aligned}$$

woraus dann die zusammengesetzten Wahrscheinlichkeiten

$$\begin{aligned}w_\varphi\,(A, B) &= \langle\varphi|P_B\,P_A\,P_B|\varphi\rangle &&= w_\varphi\,(B)\,w_B\,(A)\\ w_\varphi\,(A, \neg B) &= \langle\varphi|P_{\neg B}\,P_A\,P_{\neg B}|\varphi\rangle &&= w_\varphi\,(\neg B)w_{\neg B}\,(A)\end{aligned}$$

folgen.

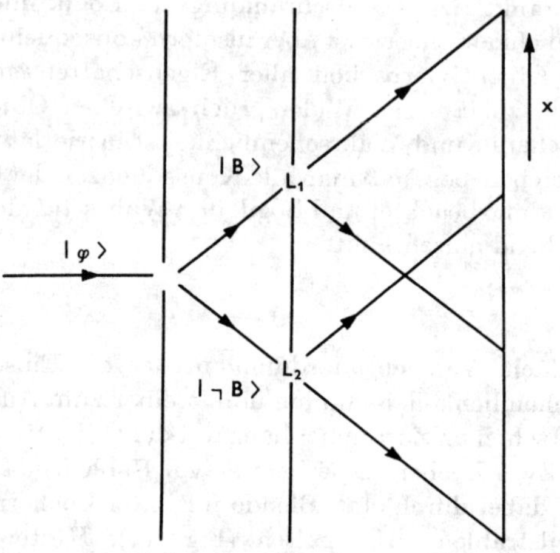

Fig. 12. Schematische Darstellung des Zwei-Löcher-Experiments

Da hier die Wahrscheinlichkeit konkret durch $w_\varphi(A)$ gegeben ist, läßt sich $w_\varphi(A)$ andererseits mit Hilfe der Zerlegung

$$|\varphi\rangle = \int dx\, |x\rangle \langle x|\varphi\rangle$$

explizit berechnen. Man erhält so für die Wahrscheinlichkeit

$$w_\varphi(A) = |\langle x|\varphi\rangle|^2 = \langle\varphi|P_A|\varphi\rangle$$

im allgemeinen Fall inkommensurabler Observabler

(II) $$w_\varphi(A) = w_\varphi(A, B) + w_\varphi(A, \neg B) + w_\varphi^{int}(A, B)$$

wobei der Interferenzterm durch

$$w_\varphi^{int}(A, B) = \langle\varphi|P_B P_A P_{\neg B} + P_{\neg B} P_A P_B|\varphi\rangle$$

gegeben ist. Auf Grund der für beliebige Projektionsoperatoren gültigen Beziehung $P_{A \wedge B} \leq P_B P_A P_B$ folgt

(III) $$w_\varphi(A \wedge B) \leq w_\varphi(A, B)$$

womit aus (II) weiter folgt

(II′) $$w_\varphi(A) \geq w_\varphi(A \wedge B) + w_\varphi(A \wedge \neg B) + w_\varphi^{int}(A, B)$$

Objektiviert man nun alle Eigenschaften in dem Sinne, daß sie dem betrachteten System objektiv zukommen, so kann man die Wahrscheinlichkeiten für das Vorliegen einer Eigenschaft bzw. die Beziehungen zwischen diesen Wahrscheinlichkeiten aus den logischen Gesetzen bestimmen, denen die entsprechenden Aussagen genügen. Geht man von der klassischen Logik und der durch $W_1 - W_5$ charakterisierten Wahrscheinlichkeitsrechnung aus, so gilt die oben hergeleitete Beziehung [1]

(I′) $$w_\varphi(A) = w_\varphi(A \wedge B) + w_\varphi(A \wedge \neg B)$$

die zusammen mit (II′) sofort auf die für $w_\varphi^{int}(A, B) > 0$ offensichtlich falsche Ungleichung

$$w_\varphi^{int}(A, B) \leq 0$$

[1] Aus (I′) folgt zusammen mit (III) sofort die auf S. 139 angegebene Formel (I).

führt. Verwendet man jedoch, was bei der Voraussetzung der Objektivierbarkeit das einzig sinnvolle ist, die Quantenlogik, so folgt statt (I′) nur

$$(\tilde{\mathrm{I}}) \qquad w_\varphi(A) \geq w_\varphi(A \wedge B) + w_\varphi(A \wedge \neg B)$$

wie oben gezeigt wurde. Die Gleichungen $(\tilde{\mathrm{I}})$ und (II′) widersprechen sich aber nicht. Vielmehr folgt für $w_\varphi^{int} \geq 0$ aus (II′) die Ungleichung $(\tilde{\mathrm{I}})$ und für $w_\varphi^{int} \leq 0$ folgt aus $(\tilde{\mathrm{I}})$ die Ungleichung (II′).

Diese Überlegungen zeigen deutlich, daß die Objektivierung inkommensurabler Eigenschaften nicht möglich ist, wenn man für die Aussagen über das Vorliegen dieser Eigenschaften die klassische Logik und die daraus folgende Wahrscheinlichkeitstheorie verwendet. Die Gleichungen (I′) und (II′) führen auf einen Widerspruch. Dagegen kann die Objektivierung durchgeführt werden, wenn man statt der Logik die Quantenlogik, und statt der klassischen die quantenlogische Wahrscheinlichkeitstheorie verwendet. Die quantenmechanische Ungleichung (II′) ist verträglich mit der aus der quantenlogischen Wahrscheinlichkeitstheorie folgenden Beziehung $(\tilde{\mathrm{I}})$. Ein Widerspruch tritt dann nicht mehr auf.

Zusammenfassung

Die Überlegungen dieses Kapitels haben gezeigt, daß die effektive Logik eine Theorie ist, die a priori für alle unbeschränkt verfügbaren Aussagen gültig ist. Zu diesem Aussagentyp gehören alle Aussagen der klassischen Physik und alle die Aussagen, die das Vorliegen objektiver Eigenschaften an einem quantenmechanischen System behaupten. Darüber hinaus gilt für die quantenmechanischen und die klassisch-physikalischen Aussagen auf Grund ihrer Wertdefinitheit auch das Tertium non datur und damit die volle klassische Aussagenlogik.

Wesentliche Änderungen treten jedoch auf, wenn man sich mit denjenigen Aussagen befaßt, die das Vorliegen beliebiger meßbarer, also auch inkommensurabler Eigenschaften eines quantenmechanischen Systems behaupten. Unter diesen Umständen können dann zwei Fälle eintreten: Entweder man benützt bei der Anwendung der Logik die übliche Deutung der Quantentheorie. Dann werden einige Sätze der Logik unanwendbar, bleiben aber weiterhin richtig. Oder man klammert diese Deutung der Quantentheorie bei der Anwendung logischer Gesetze ausdrücklich aus, betrachtet also uneigentliche Gegenstände und deren Eigenschaften. Dann werden einige Gesetze der Logik falsch. Der Grund ist, daß die quantenmechanischen Aussagen wegen der besonderen physikalischen Bedingungen, unter denen sie nur bewiesen werden können, nicht mehr unbeschränkt verfügbar, sondern nur noch beschränkt verfügbar sind. Die Folge davon ist, daß die wesentlichen Restriktionen sich bereits in der effektiven Logik bemerkbar machen. Dort wird insbesondere der Satz $A \rightarrow (B \rightarrow A)$ ungültig. Die auch für beschränkt verfügbare Aussagen gültigen Sätze der effektiven Logik hatten wir dann als effektive Quantenlogik bezeichnet. Auf Grund der Wertdefinitheit der verwendeten Aussagen, sind aber auch hier noch weitere Sätze beweisbar. So ist insbesondere das Tertium non datur auch noch in der vollständigen Quantenlogik gültig. – Die folgende Tabelle faßt diese Ergebnisse noch einmal zusammen:

Aussagen über	Interpretation	Logische Theorie	Gültigkeit
klassische und quantenmech. G. (obj. Eigensch.)	—	klassische L.	w, a
quantenm. Gegenstände	nicht objektivierend	klassische L.	w, $\neg a$
uneigentliche Gegenstände	objektivierend	klassische L. Quanten-L.	$\neg w$, a w, a

Bemerkungen zur Tabelle: Spalte 1 bezieht sich auf den Gegenstand, von dem die Aussagen handeln. Spalte 2 gibt die Interpretation an, die bei der Anwendung der logischen Gesetze zusätzlich verwendet wird. Spalte 3 gibt die verschiedenen Theorien und Spalte 4 deren Gültigkeit an. w bedeutet wahr, a anwendbar; $\neg w$ nicht wahr; $\neg a$ nicht anwendbar.

Das Problem der Gültigkeit der Logik in der Quantenphysik steht in engem Zusammenhang mit den Fragen, die sich bei der Diskussion des Substanzbegriffes und des Kausalgesetzes ergeben hatten. Das gemeinsame Problem, das diesen Fragen zugrunde liegt, ist das der Objektivierbarkeit beliebiger Eigenschaften eines quantenmechanischen Systems.

Bereits bei der Diskussion des Substanzbegriffes zeigte sich an Hand des Zwei-Löcher-Experiments, daß der Bezug aller meßbaren Eigenschaften auf ein System, also deren Objektivierung, zu logischen und wahrscheinlichkeitstheoretischen Widersprüchen führt. Auch das Kausalgesetz verliert seine Gültigkeit, wenn man es auf inkommensurable Eigenschaften anwendet, die man als objektive Eigenschaften eines quantenmechanischen Systems interpretiert. Schließlich zeigte die Untersuchung der Logik, daß für Aussagen, die das Vorliegen inkommensurabler Eigenschaften eines Systems behaupten, einige Gesetze der Logik falsch werden. Ein spezielles Beispiel für einen solchen Satz ist dabei der schon im Zusammenhang mit dem Substanzbegriff besprochene logische Satz. Weiterhin erwiesen sich die Restriktionen der Wahrscheinlichkeitstheorie, die sich bei der Diskussion des Zwei-Löcher-Experiments zeigten, als eine Folge der Einschränkungen innerhalb der Logik.

Eine naheliegende Schlußfolgerung aus diesen Ergebnissen ist, daß eine Objektivierung inkommensurabler Eigenschaften nicht möglich ist. Denn die Objektivierung führt, wie wir gesehen haben, zu logischen und wahrscheinlichkeitstheoretischen Widersprüchen und zum Verlust des Kausalgesetzes.

Auf der anderen Seite aber haben die Untersuchungen der Logik gezeigt, daß durch die Objektivierung nur einige Gesetze der Logik und entsprechend nur einige Sätze der Wahrscheinlichkeitstheorie ungültig werden. Das Kausalgesetz geht allerdings vollständig verloren. Die verbleibenden Theorien, die Quantenlogik und die Wahrscheinlichkeitstheorie inkommensurabler Aussagen, sind aber durchaus als brauchbare logische und mathematische Theorien anzusehen, die nach wie vor ein sinnvolles Sprechen über die uneigentlichen Gegenstände der Quantenphysik erlauben.

Man kann infolgedessen die Objektivierung aller Eigenschaften durchführen, d. h. die quantenmechanischen Systeme als Objekte im klassischen Sinn auffassen, wenn man dafür die erwähnten Einschränkungen der Logik, der Wahrscheinlichkeitstheorie und des Kausalgesetzes in Kauf nimmt.

LITERATURVERZEICHNIS

Allgemeine philosophische Fragen der Physik

W. Büchel, Philosophische Probleme der Physik, Freiburg 1965
E. J. Dijksterhuis, Die Mechanisierung des Weltbildes, Berlin 1956
W. Heisenberg, Physik und Philosophie, Stuttgart 1960
B. Kanitschneider, Philosophie und moderne Physik, Darmstadt 1979
P. Lorenzen, Die Entstehung der exakten Wissenschaften, Berlin 1960
C. F. v. Weizsäcker, Zum Weltbild der Physik, Stuttgart 1960
C. F. v. Weizsäcker, Aufbau der Physik, Hanser Verlag München, 1985.
H. Weyl, Philosophie der Mathematik und Naturwissenschaft, München 1929

Zur Relativitätstheorie (Kap. I u. II)

J. Audretsch u. K. Mainzer (Hrsg.), Philosophie und Physik der Raum-Zeit. B I – Wissenschaftsverlag, Mannheim, 1988.
M. Born, Die Relativitätstheorie Einsteins, Berlin 1920/1964
E. Cassirer, Zur Einsteinschen Relativitätstheorie, Berlin 1921
A. Einstein, Über die spezielle und allgemeine Relativitätstheorie, Braunschweig 1954;
A. Grünbaum, Philosophical Problems of Space and Time, D. Reidel Publ. Co., Dordrecht, Holland 1973
M. Jammer, Das Problem des Raumes, Darmstadt 1960/80
P. Mittelstaedt, Der Zeitbegriff in der Physik, Mannheim 1976/89
C. Møller, The Theory of Relativity, Oxford 1952
W. Pauli, Relativitätstheorie, Leipzig 1921, Torino 1963
J. Pfarr (Hrsg.) Protophysik und Relativitätstheorie, Mannheim 1981
H. Reichenbach, Philosophie der Raum-Zeit-Lehre, Berlin 1928
H. Reichenbach, Axiomatik der relativistischen Raum-Zeit-Lehre, Vieweg-Verlag, Braunschweig 1924/65
H. Scholz, Das Vermächtnis der Kantischen Lehre vom Raum und von der Zeit, Kant-Studien XXIX (1924), S. 21
H. Scholz, Einführung in die kantische Philosophie in „Mathesis Universalis", Basel 1961

I. Strohmeyer, Transzendentalphilosophische und physikalische Raum-Zeit-Lehre, Mannheim 1980

Ya. P. Terletskii, Paradoxes in the Theory of Relativity, Plenum Press, New York 1968

H. Weyl, Raum, Zeit, Materie, Berlin 1923

H. Weyl, Mathematische Analyse des Raumproblems, Berlin 1923

Zur Quantentheorie (Kap. III, IV u. V)

E. Beltrametti and G. Casinelli, The Logic of Quantum Mechanics, Addison-Wesley Publ. Co., Reading Mass. 1981

D. Bohm, Hidden Variables in the Quantum Theory, in D. R. Bates, Quantum Theory III, Academic Press, New York u. London 1962

E. Cassirer, Determinismus und Indeterminismus in der modernen Physik, Göteborgs Högskolas Arsskrift XLII (3) 1936, Göteborg 1937

Foundations of Quantum Mechanics – in the light of new technology, Tokyo 1983, Physical Society of Japan, Tokyo 1984. Foundations of Quantum Mechanics – in the light of new technology, Tokyo 1986, Physical Society of Japan, Tokyo, 1987.

W. Heisenberg, Die physikalischen Prinzipien der Quantentheorie, Leipzig 1930, Mannheim 1958

G. Hermann, Die naturphilosophischen Grundlagen der Quantenmechanik, Abhandl. der Fries'schen Schule, Neue Folge 6, Heft 2, Verlag „Öffentliches Leben", Berlin 1935

M. Jammer, The Philosophy of Quantum Mechanics, John Wiley, New York 1974

J. M. Jauch, Foundations of Quantum Mechanics, Addison Wesley, Reading, Mass. 1968

G. Ludwig, Foundations of Quantum Mechanics I and II. Springer-Verlag, New York, 1983/1985.

J. v. Neumann, Mathematische Grundlagen der Quantenmechanik, Berlin 1932

W. Pauli, Die allgemeinen Prinzipien der Wellenmechanik, Handbuch der Physik, 24, Berlin 1933

C. Piron, Foundations of Quantum Physics, W. A. Benjamin Reading, Mass. 1976

E. Scheibe, The Logical Analysis of Quantum Mechanics, Pergamon Press, Oxford 1973
G. Süßmann, Über den Meßvorgang, Abh. der Bayer. Akad. der Wissensch. 88 (1958)
Symposium on the Foundations of Modern Physics (1985), P. Lahti and P. Mittelstaedt, eds., World Scientific Publ. Co., Singapore, 1985.
Symposium on the Foundations of Modern Physics (1987), P. Lahti and P. Mittelstaedt, eds., World Scientific Publ. Co., Singapore, 1987.

Zur Quantenlogik (Kap. VI)

G. Birkhoff/J. v. Neumann, The logic of quantum mechanics, in Ann. of Math. 37, 823 (1936)
G. Birkhoff, Lattice Theory, New York 1940/73
J. M. Bochenski, Formale Logik, Freiburg 1956
Current Issues in Quantum Logic, E. Beltrametti and B. C. van Fraassen eds., Plenum Press. New York, 1981.
C.A. Hooker (ed.), The Logico-Algebraic Approach to Quantum Mechanics, Vol. I (1975), Vol. II (1979), D. Reidel, Publ. Co.,
H.B. Curry, Foundations of Mathematical Logic, Dover Publications, New York 1977
Dordrecht, Holland
Physical Theory as Logico-Operational Structure, D. Reidel Publ. Co., Dordrecht, Holland 1979
J. M. Jauch, Foundations of Quantum Mechanics, Chapter V, Addison Wesley, Reading, Mass. 1968
G. Kalmbach, Orthomodular Lattices, Academic Press, London, 1983.
W. Kamlah und P. Lorenzen, Logische Propädeutik, Bibliographisches Institut, Mannheim 1973
P. Lorenzen und K. Lorenz, Dialogische Logik, Darmstadt 1978
P. Lorenzen, Einführung in die operative Logik und Mathematik, Berlin 1955;
Metamathematik, Mannheim 1962/80
P. Mittelstaedt, Quantum Logic, D. Reidel Publ. Co., Dordrecht, Holland 1978
P. Mittelstaedt, Sprache und Realität in der Modernen Physik, B I – Wissenschaftsverlag, Mannheim, 1986.

H. Reichenbach, Philosophical Foundations of Quantum Mechanics, University of California Press, Los Angeles 1948

E. Scheibe, Die kontingenten Aussagen der Physik, Frankfurt 1964

Recent Developements in Quantum Logic, P. Mittelstaedt and E.-W. Stachow, eds., Bibliographisches Institut, Mannheim, 1985.

E.W. Stachow, Completeness of Quantum Logic, Jour. of Phil. Logic **5**, 237 (1976)

Logical Foundations of Quantum Mechanics, Int. Jour. of Theoretical Physics, **19**, 251 (1980)

C. F. v. Weizsäcker, Komplementarität und Logik, in Naturwissensch. 42, 521, 545 (1955)

REGISTER